中国电建集团西北勘测设计研究院有限公司

U0269646

流域山水林田湖草
生态保护与修复
——以宁武县汾河流域为例

Ecological Protection and Restoration of Mountains-Rivers-Forests-Farmlands-Lakes-Grasslands in River Basin—Taking the Fenhe River Basin in Ningwu County as an Example

白钰　高徐军　周晓平　薛珺华 等　编著

中国水利水电出版社
www.waterpub.com.cn
·北京·

内 容 提 要

人与自然和谐共生是我国推进生态文明建设的总体要求，本书以宁武县汾河流域山水林田湖草生态保护修复工程为例，梳理山水林田湖草系统修复的理论模式与方案思路，探索人与自然和谐共生之路、生态优先绿色发展之路，科学谋划生态文明建设实施路径，努力打造可借鉴、可复制的山水林田湖草综合治理示范样板。

本书可为从事相关专业的工程技术人员提供借鉴和参考。

图书在版编目（ＣＩＰ）数据

流域山水林田湖草生态保护与修复 ：以宁武县汾河流域为例 / 白钰等编著. -- 北京 ： 中国水利水电出版社，2023.11
ISBN 978-7-5226-1975-0

Ⅰ．①流… Ⅱ．①白… Ⅲ．①汾河－流域－生态环境保护－研究－宁武县 Ⅳ．①X321.225.4

中国国家版本馆CIP数据核字(2023)第234986号

书　　名	流域山水林田湖草生态保护与修复 ——以宁武县汾河流域为例 LIUYU SHAN SHUI LIN TIAN HU CAO SHENGTAI BAOHU YU XIUFU——YI NINGWU XIAN FEN HE LIUYU WEILI	
作　　者	白钰　高徐军　周晓平　薛珺华　等 编著	
出版发行	中国水利水电出版社 （北京市海淀区玉渊潭南路 1 号 D 座　100038） 网址：www.waterpub.com.cn E - mail：sales@mwr.gov.cn 电话：（010）68545888（营销中心）	
经　　售	北京科水图书销售有限公司 电话：（010）68545874、63202643 全国各地新华书店和相关出版物销售网点	
排　　版	中国水利水电出版社微机排版中心	
印　　刷	北京印匠彩色印刷有限公司	
规　　格	184mm×260mm　16 开本　16.25 印张　375 千字	
版　　次	2023 年 11 月第 1 版　2023 年 11 月第 1 次印刷	
印　　数	0001—1000 册	
定　　价	108.00 元	

《流域山水林田湖草生态保护与修复
——以宁武县汾河流域为例》

编　委　会

主　　编：白　钰　高徐军　周晓平　薛珺华

副 主 编：何新红　张　博　刘　倩

编写人员：杨承兴　杨晓丹　贺嘉怡　崔营营

　　　　　王雷刚　雷　龙　曹永翔　仇　静

　　　　　宋　佳　韩殿超　肖　森　王洁瑜

　　　　　何　洋　唐　政　程　靓　刚　鑫

编制单位：中国电建集团西北勘测设计研究院有限公司

前　言

　　党的十八大以来，以习近平同志为核心的党中央高度重视社会主义生态文明建设，坚持把生态文明建设作为统筹推进"五位一体"总体布局和协调推进"四个全面"战略布局的重要内容。党的十九大报告指出，建设生态文明是中华民族永续发展的千年大计，必须树立和践行绿水青山就是金山银山的理念，统筹山水林田湖草系统治理，实行最严格的生态环境保护制度，形成绿色发展方式和生活方式，坚持走生产发展、生活富裕、生态良好的生态文明发展道路。党的二十大报告明确，尊重自然、顺应自然、保护自然，牢固树立和践行绿水青山就是金山银山的理念，站在人与自然和谐共生的高度谋划发展，坚持山水林田湖草沙一体化保护和系统治理，推进生态优先、节约集约、绿色低碳发展的总体思路。打造山水林田湖草生命共同体是习近平生态文明思想的重要组成部分，2016年起财政部、原自然资源部、原生态环境部先后组织实施三批次山水林田湖草生态保护修复工程试点，截至2019年7月，我国共计实施25个山水林田湖草生态保护修复试点工程，投入中央支持建设资金共计360亿元。

　　汾河是黄河第二大支流，孕育了灿烂的三晋文明，被誉为山西的"母亲河"，汾河流域在山西经济和社会发展中的地位举足轻重。2017年6月，习近平总书记在山西省考察时明确提出"一定要高度重视汾河的生态环境保护，让这条山西的母亲河水量丰起来、水质好起来、风光美起来"。

　　2018年，山西省汾河中上游山水林田湖草生态保护工程试点被纳入全国第三批山水林田湖草生态保护修复工程试点。宁武县作为汾河源头，境内生态系统完整，自然禀赋独特，山、水、林、田、湖、草要素兼具，是京津冀地区乃至华北地区重要生物多样性保护区和山西最重要的水源涵养区，对黄河流域生态保护和高质量发展具有重要意义，是工程试点的重要组成部分。

宁武县深入践行2017年6月习近平总书记在忻州视察时提出的在"一个战场"打赢"脱贫攻坚和生态治理"两场战役的总体要求，深入剖析汾河流域水源涵养能力下降、水土流失严重、旱洪涝灾害频发、河流生境破坏、生物多样性锐减等生态问题根源，明确保护修复重点，科学制定流域生态保护修复方案。宁武县积极探索山水林田湖草生态保护修复系统实施方案，坚持尊重自然、顺应自然、保护自然的原则，统筹"修山、治水、育林、护田、复草、蓄湖"六大措施，注重生态系统保护修复的整体性、系统性、协同性和关联性，综合推进20项重点工程的顺利落地，极大改善了试点区生态环境质量。宁武县汾河流域立足"生态走廊、经济走廊、文旅走廊、脱贫走廊"四个定位，倾力打造具有宁武县特色的山水林田湖草生命共同体，构建"山青、水绿、林郁、田沃、河美"生态格局，为保护和修复山西重要的水源涵养区，构筑华北平原生态屏障，促进华夏文明永续发展做出积极贡献。

人与自然和谐共生是我国推进生态文明建设的总体要求，本书以宁武县汾河流域山水林田湖草生态保护修复工程为例，梳理山水林田湖草系统修复的理论模式与方案思路，探索人与自然和谐共生之路、生态优先绿色发展之路，科学谋划生态文明建设实施路径，努力打造可借鉴、可复制的山水林田湖草综合治理示范样板。

全书共分7章。第1章由白钰、薛珺华撰写；第2章由白钰、高徐军撰写；第3章由白钰、何新红撰写；第4章由白钰、周晓平撰写；第5章由白钰、刘倩、张博、曹永翔、杨晓丹撰写；第6章由白钰、杨承兴、杨晓丹、刘倩撰写；第7章由白钰、杨承兴、杨晓丹、刘倩撰写。贺嘉怡、王雷刚、王洁瑜、雷龙、崔营营、仇静、宋佳、韩殿超、肖森参与了本书部分章节的撰写。全书由白钰撰写大纲，并负责统稿与定稿。

鉴于专著内容涉及面广、专业综合性强，理论及技术还处于不断发展和完善之中，同时囿于作者知识和视野的局限性，难免疏漏及不足，尚祈国内外学者和实践工作者不吝赐教。

本书的出版要感谢山西省自然资源厅、忻州市汾河中上游山水林田湖草生态保护工程试点领导组专家对治理方案的审阅与指导；感谢宁武县人民政府对项目调研、实践的大力支持；感谢中国电建集团西北勘测设计研究院汾河项目组对于本书的技术及资料支持；同时，在研究过程中还参考和引用了大量的相关书籍和文献资料，均已在参考文献中列出，在此对各位作者一并致以衷心的感谢。

编者

2023 年 8 月

目　录

第 1 章

生态本底，
铸就绿色发展基础

1.1.1 汾河流域概况

汾河是黄河第二大支流，是山西省境内流域面积最大、流程最长的大河，孕育了灿烂的三晋文明，被誉为山西的"母亲河"。

汾河流域地处黄河中游，流域地形南北长 415km，东西宽 188km，呈不规则的宽带状，分布在山西省境中部偏西地区。流域控制面积 39471km²，占山西省总面积的 25.3%。汾河流域地势北高南低，西南为吕梁山脉，东南为太行与太岳山脉，汾河主干流纵向穿行其间，支流水系发育在两大山系之中。流域范围内东西两侧分水岭地带山峦重叠，是地势高峻的石质山区。流域中间地带河谷区域宽阔平坦，两岸为沟壑纵横黄土层覆盖的丘陵地貌。

汾河发源于山西省宁武县内管涔山脉南麓东寨镇北楼子山脚下的雷鸣寺泉。汾河流域地跨忻州、太原、晋中、吕梁、临汾、运城 6 个地级市，包括有 7 个县级市、8 个市辖县级区和 25 个独立建制县，共计 40 个县（市、区）。由正源到下游万荣县庙前村附近，河道全程 694km，河道总高差达 1308m，平均纵坡 1.12‰，河道弯曲系数 1.68。

汾河源远流长，支流众多。干流自源头到入黄口，沿途接纳大小支流 100 余条，流域面积大于 30km² 的支流有 59 条。按照河流自然地形将汾河分为上、中、下游三段。上游段属山区性河流，坡陡水浅流急。中游段属平原性河流，河道纵坡较缓，平均 1.7‰。汾河下游段属平原性河流，平均纵坡 1.3‰，河道弯曲，水流左右摆动。

汾河流域是山西省人口经济的集中发展区域，人口占山西省总人口的 39%。汾河流域内产业类型以农业生产为主，农民收入来源主要以种植粮食、蔬菜和养殖业为主。农作物主要包括小麦、玉米、高粱、谷子、土豆以及豆类，是山西省商品粮生产基地，流域范围内耕地面积占山西省耕地面积的 43%。全流域农业产值占山西省农业总产值的 40% 左右，工业产值占全省工业总产值的 51.50%，可见汾河流域在全省经济发展中占举足轻重的地位。

汾河流域地处中纬度大陆性季风气候带，春夏秋冬四季分明。春季雨水少，干旱多风沙；夏季气温高，雨量集中；秋季气候凉爽，雨量相对减少；冬天严寒干燥，雨雪较少，常有冷空气侵入。流域气温年较差和日较差大。流域气候具有明显的垂直分带性，即河谷热、丘陵暖、山区凉、高山寒。流域年降水量变化梯度大，由南向北锐减。全流域多年平均年降水量为 504.8mm，2000 年以来降水量呈下降趋势。汾河上中游区多年平均年降水量为 501.9mm，下游区为 545.3mm。

1.1.2 宁武县汾河流域概况

宁武县位于汾河上游，地处管涔山腹地。汾河发源于宁武县境内管涔山脉南麓东寨镇北楼子山脚下的雷鸣寺泉。宁武县东望云中山，与忻府区、原平市相牵相衔；南贯汾河川，与静乐县一脉相连；西耸管涔主峰芦芽山，与五寨县、岢岚县山水为伴；北依摩天岭、黄花岭，与神池县、朔州市相邻相挽。境域东西长 105km，南北宽 45km，总面积 1395km²。宁武县汾河流域范围如图 1.1 所示。

图 1.1　宁武县汾河流域范围

宁武县内山峦起伏，99 座山峰林立，平均海拔 2000m，中部高峰分水岭横亘管涔、云中二山之间，以分水岭为界，山势向南、北两翼下滑，向南涌入三晋母亲河汾河，向北归源桑干河上游恢河。

宁武县辖 4 镇 10 乡，473 个自然村。宁武县汾河流域涉及东寨镇、石家庄镇、涔山乡、余庄乡、迭台寺乡、圪廖乡、东马坊乡、怀道乡、化北屯乡、西马坊乡、新堡乡 11 个乡镇的 290 个行政村，人口 7.99 万人。

宁武县地处汾河上游，主要为土石山区和黄土丘陵区。汾河干流沿线及支流河谷主要为冲积平原区，两岸的山前主要为黄土丘陵区，向上主要为基岩山区。宁武县地处汾河源头，汾河宁武段属山区性河流，干流绕行于峡谷之中，平均纵坡4.4‰。宁武县汾河流域有 13 条支流汇入，构成了以汾河为轴的盆地状水系。

宁武县地处温带大陆性气候带，年平均气温 6.5℃，极端最高气温 36.7℃，最低−27.2℃，年均降水量 470～770mm。凉爽湿润的气候，造就了野生动植物栖息的良好生存条件。宁武县汾河流域山区面积达 90％左右，区内平均海拔 2000m，最低海拔 1260m，最高点海拔 2787m，相对高差 1527m，气候、土壤、植被植物呈垂直带状分布特征。

宁武县从古至今森林资源丰富，是"三北"防护林体系的核心地段。宁武县汾河流域的芦芽、管涔山区更是分布着大量的原始次生林，素有"林相夺华北之冠"之称。芦芽山国家级自然保护区是华北地区典型的寒温性天然次生林针叶林分布区，全区活立木总蓄积量为 126.9 万 m³，主要保护对象为国家一级保护动物——褐马鸡以及天然次生林生态系统。管涔林区海拔悬殊，高差达 1741m，森林形成垂直分布差异较大的特点，海拔 1500m 以上的高中山地区形成寒温性针叶林——云杉和华北落叶松占优势的森林群落。

宁武县矿产资源富集，蕴藏着煤、铁、铝、锰、黄铜、硫磺、水晶、大理石、石英、云母、钼等矿产资源，尤以煤炭为最。宁武煤田属山西省六大煤田之一，煤田储量丰，煤质优，煤层厚。

宁武县历史悠久，在新石器时代就有人类活动、聚居于此，是重要的屯兵要地和军事要塞之一，也是一处兵家必争的土地。悠久的历史铸就了宁武县的屯、营、坊、寨、口、堡、司、关要素，造就了具有边塞风情浓郁、军事宗教特征明显的人文景观，旅游资源汇集山、水、林、草、洞、石、谷、村、寺、关十大类。宁武县汾河流域集中了大量的旅游资源，旅游发展极具特色，其中芦芽山景区具有较高知名度。

1.2 自然禀赋

山西省位于我国西北黄土高原的东部，华北平原的西侧，地跨黄河中游和海河上游两大流域，挽近地质构造运动在流域形成了晋中、临汾两大断陷盆地，古有"表里山河"之喻。

汾河流域地跨山西省中部和西南部，流域面积约占山西省总面积的 25.3％。汾河流域的地势特点是北高南低，西南为吕梁山，东面为太行山，干流由北而南纵贯山西中部，支流水系发育在两大山系之间。流域东西两侧分水岭地带为地势高峻的石质山区外，广阔的中间地带被厚度不均的大面积黄土所覆盖，丘陵起伏，地势较为平缓，显现出山西黄土高原特有的地貌形态。从两大山系分水岭到干流河谷盆地，汾河流域地貌形态一般依石质山—土石山—峁梁塬—缓坡低山—阶地河谷的顺序过渡，流域地形地势特点大致为"七分多一点是山丘区，三分少一点是平川区"❶。汾河流域石山区面积占流域面积的 16.6%，土石山区占流域面积的 31.6%，丘陵区占流域面积的 26.1%，平川区占流域面积的 25.7%。

从地势地貌上可把汾河分成三个区段。上游段自宁武县河源至太原兰村烈石口河段长 217.6km，流域面积为 7705km²，属山区性河流，坡陡水浅流急。中游段自太原兰村至洪洞县石滩河段，该段河道长 243.4km，属平原性河流，河道纵坡较缓，平均为 1.7‰。汾河下游段自洪洞石滩至万荣县庙前入黄口，该段河道长 233km，属平原性河流，平均纵坡为 1.3‰，宽度 300～700m，河道弯曲，水流左右摆动。

1.2.1　地质地貌

汾河流域所出露的各地质年代的地层，从老到新分为四大段：第一段为岩浆岩和变质岩地层，占流域面积的 14.9%；第二段为寒武、奥陶系石灰岩地层，占流域面积的 11.7%；第三段为石炭系到侏罗系砂页岩地层，占流域面积的 18.1%；第四段上第三系以上新生代，为稳固胶结的松散沉积地层，占流域面积的 55.3%。

前两段地层大多分布在流域四周和隆起带形成的高山和中山地区，岩层坚硬，抗风化力强，森林覆盖，含涵水源，水土流失轻微。后两段地层，即砂页岩和新生界松散沉积地层，大部分出露或分布在流域的东西两侧，一般岩性抗风化能力差，尤其是第四系黄土极易湿解，面蚀与沟蚀都很严重，加之林草植被差，水土流失严重，成为干支流已建水库淤积泥沙的主要来源。

宁武县地处汾河源头，地质为新华夏二级构造体系，属山地断隆大宁台陷。南部在吕梁台拱东北部及偏关至神池台坪的东南端之间，受二叠系末的印支运动影响形成凹陷沼泽盆地，盆地内石炭二叠纪和侏罗纪并存。北东向为压性断裂和北西横向张断裂发育，地质构造复杂，盆地中心地层平缓，断裂稀少，呈向斜轴部，向边缘分布的排列盆地，整个县境主要有宁武—静乐向斜，盘道梁—化北屯向斜，春景洼—马仑背斜，呈平行斜列展布。宁武县地处山西黄土高原的东部边沿，由上古界至中生界侏罗系构造而成，表层为砂土类的砂、砾石、砂质页岩、泥灰岩，下部为石英岩、灰岩、白云岩。

宁武县地处晋西北高原东部边缘，重峦叠嶂，挺拔高峻，99 座大小峰峦分属管涔、云中山系，山区面积达 90% 左右。境内平均海拔 2000m，最低海拔 1260m，最高点海拔 2787m，相对高差 1527m。从整体地形看，宁武县总体地形中部高、东西低。地貌形态，主要分为河谷冲积平原区、基岩山区、黄土丘陵区。宁武县汾河流

---

❶　苏慧慧. 山西汾河流域公元前 730 年至 2000 年旱涝灾害研究［D］. 西安：陕西师范大学，2010.

域地貌海拔分析如图 1.2 所示。

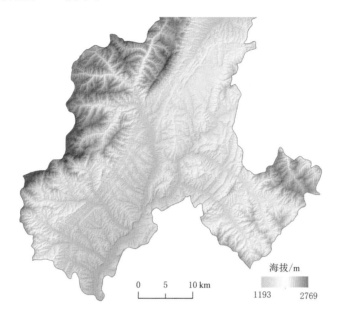

图 1.2　宁武县汾河流域地貌海拔分析

基岩山区地貌分布在盆地东西两侧，均由奥陶系及前寒武系古老页岩组成，山势险陡，与盆地内其他各地貌形态截然分割。基岩山地上覆盖零星黄土，加之岩层松软风化、地表径流的破坏侵蚀，形成低陷和破碎状态。

黄土丘陵区地貌分布于汾河东西高山内侧腰部。地形低矮而拱圆，黄土覆盖，只在沟谷内有零星二叠纪、三叠纪地层出露，其次在丘陵与山坡黄土内发育"V"字形，插入丘陵地内，呈羽毛状垂直于汾河。沟畔多呈悬崖陡峭，沟庭多为新生代砾石层及冲积层。

河漫滩山坡黄土地貌主要沿汾河分布，宽达 150～1500m，上游头马营村、二马营村、三马营村、东寨镇多卵石，下游石家庄以南多淤泥。汾河两岸阶地颇为发育，平坦且宽多居长，两侧坡度平稳，其他河身陡直少阶地，谷地多砾石堆积。高山湖泊地貌在海瀛寺与黄土坡、东栈沟之间。小型湖泊面积大小不同，深浅不一，分布位置高低有别。

1.2.2　水文气象

1.2.2.1　水文

1. 河流

汾河发源于宁武县雷鸣寺泉，是山西天然径流量最大的河流，流域面积约占山西省总面积的 25.3%。汾河流域地跨山西省中部和西南部，其地理坐标在东经110°

30′～113°32′，北纬 35°20′～39°00′。汾河流域的地势特点是北高南低，西南为吕梁山，东面为太行山，干流由北向南纵贯山西中部，支流水系发育在两大山系之间。

汾河由正源到下游万荣县庙前村附近注入黄河，河道全长 695km，流域面积 39471km²，汾河流域的多年平均水资源总量为 33.58 亿 m³。河源海拔 1676m，入黄口海拔 368m，河道总高差达 1308m，平均纵坡 1.12‰，河道弯曲系数 1.68。干流自北向南纵贯太原、临汾两大盆地，按河流特征，汾河可分为上、中、下游三段。

（1）汾河上游段自河源至太原市尖草坪区兰村区间，属山区性河流，干流绕行于峡谷之中，山峡深 100～200m，河流弯曲系数为 1.96，平均纵坡为 4.4‰。其中汾河源头至汾河水库库尾主要为土石山区和黄土丘陵区；汾河水库至汾河二库库尾流经峡谷，两岸山势陡峭，河道呈狭长带状分布，沿河两岸岩石裸露，河道大部分无设防，洪水在河床内摆动较大。自上至下汇入的主要支流有洪河、鸣水河、万辉河、西贺沟、界桥河、西碾河、东碾河、岚河❶。

（2）汾河中游段自太原兰村至洪洞县石滩，穿行于太原盆地和汾霍山峡，河道宽一般 150～300m，汇入的较大支流有潇河、文峪河、象峪河、乌马河、昌源河等。本段属平原性河流，地势平坦、土质疏松，河谷中冲积层深厚，河流两岸抗冲能力弱，在水流长期堆积作用下，两岸形成了较宽阔的河漫滩，河型蜿蜒曲折，中水河床与洪水河床分界明显，该段河道纵坡较缓，平均纵坡 1.7‰，由于汇入支流多，径流量大，坡度缓，汛期排泄不畅，是全河防洪的重点河段。

（3）汾河下游段为洪洞石滩至黄河口，该段汇入的较大支流有曲亭河、涝河、巨河、滏河、洪安涧河、浍河等。该河段是汾河干流最为平缓的一段，平均纵坡为 1.3‰。义棠—洪洞石滩为山区型河流，河势较稳定；石滩以下为平原河段，河道弯曲，水流不稳定，河床左右摆动，岸蚀愈烈。入黄口处，河道纵坡缓，流速小，常受黄河倒流之顶托，致大量泥沙淤积在下游河段中。

汾河上游干流流经忻州市的宁武县、静乐县，太原市的娄烦县、古交市、阳曲县、万柏林区和尖草坪区。宁武县位于汾河源头，由汾河源头至下游宁武县界总长 37.39km，起点集水面积为 283km²，终点集水面积为 1670km²。宁化堡水文站上游头马营村附近有万家寨引黄入晋工程南干线出水口，黄河水经宁化堡水文站、静乐水文站流入下游汾河水库。引黄入晋工程南干线设计年引水量 6.4 亿 m³，对汾河干流源头段水量年内分配有一定影响。

宁武县地处汾河上游，吕梁山黄土丘陵区，石山林区占总面积的 29.4%，土石山区占 29.8%，黄土丘陵沟壑区占 35.5%，河谷阶地区占 5.3%，沟壑密度 5～8km/km²，水土流失面积 5317km²，占总面积的 68.8%，是汾河流域水土流失最严

---

❶　山西省水利厅．汾河志［M］．太原：山西人民出版社，2006.

重的地区。宁武县汾河流域水土流失严重，年输沙量较大，因年内降水量主要集中于 7—9 月，使得大部分泥沙产生于汛期，呈现"大水大沙"的特点。经过多年的流域水土流失治理，20 世纪 80 年代以来输沙量减少了约 1/3。宁武县境内汾河流域处于国家重要江河湖泊水功能区——汾河静乐源头水保护区，汾河静乐源头水保护区控制流域面积 2799km²，根据代表断面水质监测结果，2015—2017 年按照全因子和水功能区限制纳污红线主要控制项目评价，代表断面宁化堡水文站全年水质类别为Ⅱ类，水环境较好。宁武县汾河流域各代表断面流域特征及径流量统计见表 1.1。

表 1.1　　　　　　宁武县汾河流域各代表断面流域特征及径流量统计

序号	项　目	流域面积 /km²	不同保证率（P）的天然年径流量/万 m³			
			20%	50%	75%	95%
1	起点（大庙河汇入后）	283	3630	1970	1150	568
2	洪河汇入前	474	5770	3120	1810	870
3	西马坊河汇入前	1063	12370	6680	3860	1829
4	鸣水河汇入前	1259	14200	7770	4610	2350
5	新堡河汇前	1523	16700	9200	5620	3060
6	终点（岔上河汇入前）	1673	18100	10100	6200	3460

宁武县汾河流域支流中：右岸有南岔沟、富儿沟、大寨沟、陈家半沟、张家沟、西马坊沟、新堡沟、阳坊沟等较大支流汇入，左岸有北石沟、弯桥沟、麻地沟、洪河等较大支流汇入，构成了以汾河为轴的盆地状水系。宁武县汾河流域支流特征情况见表 1.2。

表 1.2　　　　　　　　宁武县汾河流域支流特征情况

支流名	全长 /km	流域面积 /km²	纵坡 ‰	特　征
大庙河	14.5	112.25	30	植被好，水质佳
北石沟	18	93.2	40	植被良好，水土流失较轻
弯桥沟	10	23	—	植被不良，洪水势猛
西马坊沟	25.2	156	22	源于芦芽山，洪峰流量大
新堡沟	17	90	30	上游森林，下游裸露
阳坊沟	7	20	40	水土流失严重，逢雨即洪
麻地沟	6	12	60	植被极差，泥石流风险
陈家半沟	12	48	40	
南岔沟	4	5	—	

支流名	全长/km	流域面积/km²	纵坡‰	特　征
富儿沟	5	8	—	
大寨沟	7	16	6	
张家沟	8	16	—	植被不良，水土流失严重
洪河	38	504	12.5	植被极差，水土流失严重

2. 泉水

宁武县内泉水丰富，共有 888 处，总流量 1.441m³/s，绝大多数补给河水，其余沿山谷渗漏地下，汾河流域泉水统计见表 1.3。汾河源头的雷鸣寺泉古称"汾水盛源"，是三晋人民饮水思源之处，一股清冽的甘泉从水母像身底的泉口涌出，流入殿外"汾源灵沼"水潭内，水澄清见底，泉水过水潭由龙口喷出，悬山响玉，声若雷鸣。雷鸣寺泉泉域面积 377km²，天然资源量 0.54m³/s，可开采资源量 0.3m³/s，水质类型为 $HCO_3 - Ca \cdot Mg$。

表 1.3　　　　　　　　宁武县汾河流域泉水统计

乡镇	泉水数/处	流量/(m³/s)	现状年利用量/(万 m³/年)	乡镇	泉水数/处	流量/(m³/s)	现状年利用量/(万 m³/年)
东庄	4	0.1	1.05	涔山	8	0.10	0.88
迭台寺	21	61	6.64	大庙	9	2.58	0.66
春景洼	9	2.33	1.43	前马仑	11	15.8	1.92
东寨	18	154.07	43.93				

3. 湖泊

宁武天池与长白山天池、天山天池并称我国三大高山天池，是世所罕见的高山湖泊。宁武天池高山湖泊，主要集中在余庄乡东庄境内，大小湖泊有天池、元池、琵琶海、鸭子海、老师傅海、干海、暖海等。截至 2009 年，积水成湖的只有天池、元池、琵琶海、鸭子海 4 个，总面积约 4km²。这些湖泊水面海拔在 1771～1849m。湖群中面积最大、存水最多的是天池。

天池古称祁连池、祁连泊，因唐代在此设立天池牧监，故又称马营海，俗称母海，坐落在分水岭东海拔 1954m 的山巅，湖泊水面海拔 1771m，面积 80 万 m²，水深约 12m，蓄水约 800 万 m³，系天然高山淡水湖。元池古称玄池，又名公海，位于天池之东海拔 1845m 的高岗上，与天池彼此相望，合称鸳鸯二海。元池为长椭圆形，水面积 27 万 m²，水深约 10m，蓄水量 274 万 m³。琵琶海位于天池东南约

1.5km，平均水深5m，面积22.5万m²。鸭子海紧邻天池和琵琶海，位于海拔1840m的高岗上，水深4m，水面积12万m²，湖水清澈明净，色如玉露，形似鸭蛋。

1.2.2.2 气象

汾河流域地处中纬度大陆性季风气候区，属我国东部季风气候区与蒙新高原气候区的过渡地带，受极地的大陆气团和副热带海洋气团的影响，为半干旱、半湿润型气候过渡区，四季变化明显。春季多风干燥，夏季多雨炎热，秋季少晴早凉，冬季少雪寒冷。雨热同季，光热资源较为丰富。多年平均气温6.3℃，最高和最低均出现在河川阶地区，最高36.4℃，最低－30.5℃。全年日照时间2861h左右，流域内平均年蒸发量为1812.6mm。降水的年际变化较大，年内分配不均，全年70%降水量集中在6—9月，且多以暴雨形式出现。

宁武县处于汾河流域源头，属温带大陆性气候，为高山严寒区和寒冷干燥区。区域气候寒冷干燥、多大风、冬季漫长、无霜期短，山区雨多，平地少，雨量、高温同步匹配，多集中在7月、8月。区域气温、降水有明显的垂直分布，光照、风受山坡、谷地影响，差异很大。多年平均年降水量471mm，年最高气温34.80℃，年最低气温－27.20℃，年平均气温6.20℃，不小于10℃积温2340℃。全年日照时间2849h，无霜期115d。宁武县汾河流域地形以山地为主，丘陵山地面积占流域面积的70%以上。

表1.4　宁武县汾河流域气象特征

多年平均降水量/mm		471
气温/℃	年最高	34.80
	年最低	－27.20
	年平均	6.20
≥10℃积温/℃		2340
年日照时数/h		2849
无霜期/d		115
多年平均蒸发量/mm		1916.40
大风日数/d		34
平均风速/(m/s)		3.10

宁武县汾河流域气象特征见表1.4❶。高山、中山、低山、丘陵、河谷等自然地貌的组合，构成了流域生态环境的主体性、多层性、多类型的特点，从而形成流域气候具有明显的山地气候特点，高山气候的垂直地带性，即河谷热、丘陵暖、山区凉、高山寒的主体气候景观❷。流域内整体山势陡峻，坡地居多，部分土地缺乏植被覆盖，水源涵养条件差，加之全年降水70%集中于7月、8月、9月三个月，且多呈暴雨降落，所以，绝大部分降雨产生的径流，以山洪倾泻于汾河为主干，形成了境内水资源时空分布高度集中、地下水和地面水高度集中的特点。宁武县汾河流域地处

---

❶　郭靖凯．区域生态保护修复视角下静乐县土地利用结构优化研究［D］．北京：中国地质大学，2019.

❷　黄玉宝．基于景观指数的小流域形态下区划方法研究［D］．太原：太原理工大学，2012.

半湿润、半干旱气候的过渡地区，在干旱年份河流流量一般也同步剧烈衰减，干旱指数为 2.0～2.5，旱灾发生频繁，以春旱为普遍。洪水绝大部分发生在汛期，历年最大洪峰流量主要出现在 7 月、8 月两个月。

宁武县汾河流域气候特征整体分为三类区域。第一类区域海拔在 1500m 以下，年平均气温 6℃，无霜期 130～140d，年平均降水量 515mm，春旱较多，是农业生产条件较好的地区。第二类区域海拔 1500～2000m，年平均气温 4～6℃，无霜期 110～130d，年平均降水量 515～600mm。区域处于山区与河谷之间的缓冲区，小气候明显，丘陵起伏，沟壑纵横，水土流失严重，易发生旱涝灾害。第三类区域为高山严寒区，海拔 2000m 以上，山峰连绵，山高沟窄，气候严寒。年平均气温 4℃，无霜期 100d 以下，年平均降水量一般为 600～800mm。

1.2.3　土壤植被

1.2.3.1　土壤

汾河流域地形复杂，海拔差异很大，土壤的分布既受垂直生物气候性条件的影响（垂直地带性分布规律），也受纬度带生物气候性条件的影响（水平地带性分布规律），同时在长期人为耕作的影响下，土壤分布较为复杂。

流域内土壤垂直分布从高到低为：亚高山草甸土、山地棕壤、淋溶褐土、山地褐土、淡褐土、浅色草甸土。土壤有机质最低 0.18％，最高 14.21％，平均含量为 4.02％，且各类土壤的表层农化混合土样含有机质从高到低排列顺序是：棕壤、山地草甸土、褐土、草甸土。

亚高山草甸土主要分布在海拔 2700m 以上，主要理化性质为黑褐，轻壤，团粒疏松，pH 为 6.0，有机质含量 14.21％。

山地棕壤是主要林地土壤，海拔 1900～2500m。地表有 1～3cm 厚的枯枝落叶层，其下为 10～50cm 厚的腐殖质层，质地多为壤质及砂质夹有砾石，有机质含量 5.78％左右。

淋溶褐土分布于山地棕壤之下，海拔 1500～1800m，地表有 3～4cm 厚的枯枝落叶层，其下为 10～15cm 厚的腐殖质层，有机质含量 3.18％左右。

山地褐土分布于山地棕壤之下，海拔 1300～1600m，多与淋溶褐土复域存在，阳坡为山地褐土，阴坡为淋溶褐土，有机质含量 1.74％左右，已部分开垦耕作。

淡褐土主要分布在汾河二级阶地上的黄土丘陵地区，海拔 1200～1600m，土体干旱、淋溶微弱，全剖面以轻壤为主，粒径小于 0.001mm 的颗粒含量在 14％以下，pH 为 7.5～8.5，受强烈侵蚀，土体发育不良，土壤剖面的过渡层不明显，质地均匀，以轻壤为主，表层有机质含量不高，一般在 0.87％左右，主要用作耕地，是汾河水库上游最主要的耕作土壤。

　　浅色草甸土主要分布于汾河干流及较大支流的一级阶地上，有喜湿的苔草、蒿属等植被，土层为浅灰棕或棕灰色，质地沙壤至轻壤，沉积层次明显，有机质含量0.92%左右，多为农用地，是汾河水库上游优良的耕作土壤。

　　宁武县汾河流域土壤分类系统见表1.5，其流域土壤分布如图1.3所示。

表 1.5　　　　　　　　　　宁武县汾河流域土壤分类系统

土　类	土类占比/%	亚　类	亚类占比/%
山地草甸土	2.33	亚高山草甸土	0.27
		山地草甸土	0.15
		山地草原	1.91
棕壤	24.61	山地棕壤	13.71
		生草棕壤	4.62
		棕壤性土	6.28
褐土	64.27	淋溶褐土	12.67
		山地褐土	46.10
		淡褐土性土	5.50
栗钙土	6.47	山地栗钙土	4.27
		淡栗钙土性土	1.93
		淡栗土性土	0.27
草甸土	2.31	浅色草甸土	2.12
		盐化浅色草甸土	0.10
		泽化浅色草甸土	0.09

1.2.3.2　植被

　　汾河流域内郁闭度大于0.2的有林地面积622.28km²，占流域总面积的18.08%，覆盖度大于40%的灌木林302.38km²，占林地面积的8.79%，覆盖度大于40%的天然草地面积0.90km²，占流域面积的2.45%。流域内植被主要由乔灌草和各种作物构成，乔木主要分布在流域上游土石山地区，以天然针叶林为主，优势树种为油松、落叶松、云杉、桦树等。人工林多分布在沟道及土石山区的阴坡，树种以油松、落叶松、杨、柳为主，但由于管理不善，生长不良。灌木多分布在中游砂页岩山坳和土石山地上，主要有沙棘、黄刺玫、毛榛等，阴坡灌木覆盖度明显高于阳坡，阴坡灌木覆盖度60%～70%，阳坡则不足40%。草本植物分布在中下游两侧山坡及沟谷的灌木下层，草种有狗尾草、白草等。农作物以莜麦、豌豆、山药、胡麻、谷子、糜黍等为主，雨季覆盖度可达60%左右。

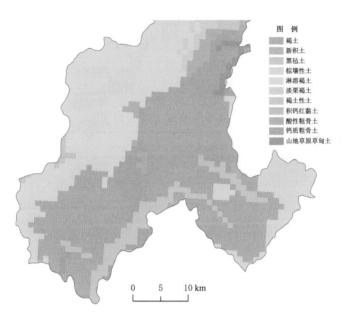

图例
褐土
新积土
黑毡土
棕壤性土
淋溶褐土
淡栗褐土
褐土性土
积钙红黏土
酸性粗骨土
钙质粗骨土
山地草原草甸土

0   5   10 km

图 1.3 宁武县汾河流域土壤分布图

宁武县汾河流域植被类型属于南部森林草原向北部干旱草原、荒漠草原过渡类型，有林地面积 438.71km²，森林覆盖率 31.45%。境内地形地貌复杂，主要分为海拔 1500m 以下的土地和滩涂以及海拔 2400m 的高山平台与缓坡地带，植物呈垂直带状分布特征。海拔 2000～2400m 的地域中，华北落叶松、云杉、灌木、草本间杂，植被覆盖率在 90% 左右。

高中山地草甸带主要分布于海拔 2680m 以上的荷叶坪、黄草梁、芦芽山一带，属于亚高山草甸。植物低矮、耐寒、喜温，如粗糙紫云英、紫花苜蓿、人头草、披碱、蒿草、苔草、兰花、棘兰等。夏季，植物生长旺盛，其残体大量进入土壤，草根盘结，吸水性强。但因通气不良，限制了有机质的分解。冬季，微生物活动微弱，有机质分解更差，表土中根系盘结交积，形成毡状草皮层。本带气候严寒，但地势开阔，草软地肥，是优良的天然牧场。

高中山针叶林带分布于海拔 1820～2680m，是境内森林的主要分布地带。植被类型为高、中山针叶林。主要有云杉、华北落叶松、白杨、白桦及高山灌丛，如鬼见愁、锦鸡儿、高山绣线菊、胡榛、野刺玫、铁杆蒿等。林内阴暗潮湿，灌木稀少，仅见苔藓、问荆、造苏等。

低中山疏林灌丛带主要分布于海拔 1400～1800m。主要乔木有云杉、油松、栎类、桦、山杨、华北落叶松等。灌木主要为沙棘、胡枝子。该区域森林稀疏，荒山连片，是营造林木的良好基地。

低山灌丛、农作区及水域带分布于海拔 1200～1500m，其灌丛组成与低中山带相似，林木有杨、柳、杏等阔叶树种。主要农作物为莜麦、豌豆、马铃薯、油菜、糜、谷等。该区域主要为农作区，从林业的角度来看，可营造阔叶树林。

山西芦芽山国家级自然保护区位于宁武县西南部地区，汾河干流以西。芦芽山自然保护区总面积 21453hm²，是山西省面积较大的自然保护区之一，是华北地区典型的寒温性天然次生林针叶林分布区。保护区内森林类型多样且保存完好，全区活立木总蓄积量为 126.9 万 m³，森林覆盖率高达 36.1%。芦芽山自然保护区是山西省面积较大的自然保护区之一，主要保护对象为山西省省鸟、国家一级保护动物——褐马鸡以及以云杉、华北落叶松为主的天然次生林生态系统。保护区生态资源基础好，森林资源主要以云杉、华北落叶松以及油松为主，此外桦木林、杨树、辽东栎等也有较多分布，气候垂直变化明显，植物资源丰富，其中大型真菌 31 科 103 属 275 种、地衣植物 17 科 26 属 38 种、藻类植物 25 科 36 属 101 种、苔藓植物 28 科 46 属 71 种、蕨类植物 8 科 11 属 16 种和种子植物 90 科 417 属 1002 种❶。

管涔林区面积较小，海拔悬殊，高差达 1741m，森林形成垂直分布差异较大的特点。海拔 1500m 以上的高中山地区，气温较低、降水量较多，形成寒温性针叶林——云杉和华北落叶松占优势的森林群落。该区土壤主要为山地棕壤和山地褐土，树种主要有云杉（青杆和白杆）、华北落叶松，其次为油松、山杨、桦树。随着海拔高差的变化，管涔山区的乔木、灌木和草本植物的垂直分布相应变化。海拔 1300～1600m 为灌木丛及农垦带，灌木以沙棘、黄刺玫、胡枝子、红花锦鸡儿、蚂蚱腿子为主，农作物以莜麦，马铃薯为主。海拔 1500～1800m 为中山阔叶混交林带一般是以白桦、山杨、青杆、白杆、华北落叶松为主的混交林，在阳坡分布着油松与辽东栎混交林，灌木以卫矛、胡枝子、山刺玫为主。海拔 1700～2600m 为高中山针叶林带以青杆和白杆为主，阳坡、半阳坡有小片的华北落叶松，灌木为悬钩子、黄刺玫、玫瑰、金露梅、皂柳等。海拔 2400～2787m 为亚丛草甸带，灌草以鬼见愁、高山绣线菊、金露梅、枸子木为主，其次是苔草、禾类地榆、毛茛、龙芽草、细叶羽衣草、矮生委陵菜等植物较多。

1.2.4 自然资源

1.2.4.1 矿产资源

汾河中上游为矿产资源富集区，地下矿藏资源品种多、储量大，蕴藏着煤、铁、铝、锰、黄铜、硫黄、水晶、大理石、石英、云母、钼等 50 余种矿产资源，其中煤炭储量最大。煤炭资源总储量 260 亿 t，主要分布于杜家村、刀儿沟、中庄、双路、娘子神、辛村、段家寨一带，主要为形成于侏罗纪、石炭纪两种。目前共有大小煤

---

❶ 白钰. 山西芦芽山自然保护区生物多样性保护修复策略研究［J］. 科技风，2021（26）：124-126.

矿50个，其中年产5万t以上的煤矿9个，年开采量48万t左右。铁矿石探明储量200万t，以镜铁矿为主，平均含铁量46%，主要分布于西马坊、前长安、晒庄等地。铝矾土储量1亿t，氧化铝含量达70%以上，主要分布于杜家村、双路、中庄、泉庄一带。石灰岩探明储量达3亿m³，氧化钙含量在55%以上，主要分布于县城附近的东碾河下游、双路河及鸣河上中游河岸。钾长石探明储量30亿t，大理石储量2万m³，水晶石探明储量230t。此外，云母、锰、花岗岩、石英等矿藏储量也极为丰富，而且品位较好，具有较高的开采价值。

宁武县汾河流域矿产资源中煤炭最多，含煤面积约1343.56km²，种类齐全、煤质优良，储量达290亿t，素有"地下黑色宝库"的美誉。宁武煤田属山西省六大煤田之一，煤田储量丰、煤质优煤层厚。铝土矿探明储量1.22亿t，占全省总储量的21.3%，年开采量8万～10万t，主要分布在薛家洼、阳方口、凤凰、余庄、东寨等地。同时铁、石灰岩、陶瓷黏土、白云岩、大理石、高铝黏土、锰铁矿、黄铁矿、水晶石、白云母等有色金属和非金属矿物质储存丰富。

1.2.4.2　水资源

1956—2000年，汾河流域多年平均年降水量为505mm，折合201亿m³，天然径流量为20.7亿m³/a。其中，汾河上、中游区多年平均年降水量为491mm，折合139亿m³，天然径流量为13.27亿m³/a；汾河下游区多年平均年降水量为539mm，折合62.6亿m³，天然径流量为7.40亿m³/a。汾河流域地下水资源为上、中游区14.76亿m³，下游区9.33亿m³，全流域地下水资源量为24.09亿m³，河川径流量（地表水）为20.67亿m³，全流域水资源总量为33.58亿m³。汾河流域1956—2000年水资源量见表1.6。

表1.6　　　　　　汾河流域1956—2000年水资源量表　　　　单位：亿m³/a

流域分区	水资源总量	河川径流总量	地下水资源量	重复量	不同保证率水资源总量			
					20%	50%	75%	95%
汾河上、中游	21.11	13.27	14.76	6.92	22.15	17.45	15.06	13.25
汾河下游	12.47	7.40	9.33	4.26	13.23	11.20	9.22	7.99
全流域合计	33.58	20.67	24.09	11.8	35.38	28.65	24.28	21.24

宁武县多年平均年降水量为517.6mm，平均产水系数0.158，产水模数10.09万m³/km²；宁武县汾河流域多年平均年降水量为522.6mm，汾河流域降水量较大，是全县降水量的高值中心。2017年宁武县平均降水量为640.1mm，汾河流域平均年降水量为665.1mm。宁武县多年平均水资源总量为1.81亿m³，地表水资源总量为1.72亿m³，重复计算量1.03亿m³。汾河流域多年平均水资源总量为1.46亿m³，地表水资源总量为1.41亿m³，地下水资源总量为0.88亿m³，重复计算量0.83亿

m^3。2017年宁武县水资源总量为1.94亿m^3，汾河流域水资源总量为1.65亿m^3。宁武县地下水资源总量为1.12亿m^3，汾河区地下水资源总量为0.88亿m^3。宁武县多年平均径流深93.9mm，地表水资源总量1.72亿m^3；汾河流域多年平均径流深98.6mm，地表水资源总量1.41亿m^3。2017年宁武县地表水资源量1.79亿m^3，相应频率38%，地表产流系数为0.045，径流系数为0.145。宁武县汾河流域水资源总量统计见表1.7。根据静乐站多年平均径流量的月分配图，年内分配不均衡，呈现夏秋多，冬春少的特征。根据静乐站年径流量变化情况，1956—2005年径流量整体上呈现减小趋势，2006年后呈现一定的增加趋势。由于水土保持及"退田还林、封山育林"措施的实施，宁武县汾河流域内植被覆盖率提高，地下水的出流能力、土壤的下渗能力以及流域的蓄水能力、调蓄能力增强，径流的年内分配也得到一定改善。

表1.7　　　　　　　　　宁武县汾河流域水资源总量统计

年　份	年降水量/mm	水资源总量/亿m^3			
		地表水	地下水	重复水量	总水量
宁武县多年平均（1956—2008年）	517.6	1.72	1.12	1.03	1.81
宁武县（2017年）	640.1	1.79	1.38	1.23	1.94
汾河区多年平均（1956—2000年）	522.6	1.41	0.88	0.83	1.46
汾河区（2017年）	665.1	1.59	1.11	1.05	1.65

1.2.4.3　生物资源

宁武县汾河流域山峦起伏，是"三北"防护林体系的核心地段，动植物资源丰富。截至2010年，宁武县有植物450多种，境内有管涔山林区，有药用植物上百种，野生食用菌20余种。宁武县有野生动物褐马鸡、金雕、小天鹅、金钱豹、雪豹、梅花鹿、原麝等160多种。

宁武县汾河沿线的芦芽山自然保护区是汾河流域动植物资源最丰富的地区。全区有林地面积5634.2hm^2，活立木总蓄积量为126.9万m^3，灌木林地面积1449.9hm^2。森林资源主要以云杉、华北落叶松以及油松为主，此外桦木、杨树、辽东栎等也有较多分布。保护区内气候垂直变化明显，植物资源丰富，其中大型真菌31科103属275种、地衣植物17科26属38种、藻类植物25科36属101种、苔藓植物28科46属71种、蕨类植物8科11属16种和种子植物90科417属1002种。区内有国家二级重点保护植物有野大豆，山西省重点保护站植物有刺五加、宁武乌头、山西乌头、红景天、党参等。完整的森林生态系统为野生动物提供了良好的栖息环境，至今已发现昆虫5目48科618种；其中蜘蛛17科41属77种；鱼类有3目5科15种；两栖类1目3科5种；爬行类2目4科13种；鸟类17目46科249种；哺乳动物6目15科44种。保护区有国家Ⅰ级重点保护动物有褐马鸡、金钱豹、原麝等 8 种，被列为国家 Ⅱ 级重点保护动物的有青鼬、石貂等 37 种，山西省重点保护野生动物有小麝鼩、隐纹花松鼠、飞鼠等共 22 种。❶

1.2.5　自然灾害

汾河流域的灾害主要为旱灾与洪涝灾害。

1.2.5.1　旱灾

据史料记载，中游地区在 1464—1980 年的 517 年，共发生旱灾 306 次，平均 1.7 年一次；下游地区自 1912—1979 年的 68 年发生过较大旱灾 22 次，平均 3 年 1 次。从 1949—1995 年的 46 年中全省性干旱有 41 次，平均 1 年多 1 次。中游地区几乎年年有旱情，严重的春旱有 20 余次，平均每年 1 次，夏秋旱平均 3～5 年 1 次，时有春旱连夏旱，夏旱又延至秋旱。如 1972 年大旱，春、夏、秋三季连旱，使汾河等 10 余条大河长时间断流。历史上明清时期的 500 年间，即明崇祯年间（1628—1644 年）和光绪初年（1877—1879 年），共发生过全省性的特大旱灾 25 次，据记载 1877 年洪洞县连续 349 天无雨，年降水量仅 5.2mm，当时全省降水量也只有 116mm，为正常年平均值的 22%。从夏至秋"天干地燥，烈日如焚""树根草皮皆尽，人相食""颗粒不收""赤地千里""饿殍盈途"。这场历史罕见的灾荒，导致全省人口大幅减少，当时仅太原府属地就有 90 余万人死亡。❶

宁武县汾河流域旱灾频发，一般以春旱出现最多，其次是春夏连旱、夏秋连旱和夏旱，春夏秋连旱较少，但危害严重。该区域干旱具有范围广、历时长、灾情重的特点。20 世纪 80 年代前，全县平均每年有 25% 的耕地遭受不同程度的干旱。20 世纪 90 年代后，平均每年因干旱受灾面积占总耕地面积的比例上升至 43.2%，严重影响了区域的农业发展。

1.2.5.2　洪灾

汾河流域的洪水灾害绝大部分发生在汛期，最大洪峰流量大多发生在 7 月、8 月两个月，洪涝灾害发生的区域多在中下游河段。据史载，自明洪武十四年（1381 年）至 1948 年的 567 年间，流域内先后发生过 132 次洪灾，平均每 4.3 年发生一次。中游河段，则是汾河水患的多发区，此前的近百年里，中游河段曾发生较大洪灾 20 余次，平均每 5 年发生一次。1949 年后，汾河中游地区先后于 1954 年、1959 年、1977 年、1988 年和 1996 发生过较大洪水灾害。1954 年灵石河段出现洪峰流量 2060m³/s，太原市以及晋中 19 个县受灾。1977 年下游洪洞河段出现 1280m³/s 的洪峰流量，使晋中、吕梁、临汾 3 地 15 个县严重受灾，冲垮平遥尹回水库等 16 座小

---

❶　白钰. 山西芦芽山自然保护区生物多样性保护修复策略研究［J］. 科技风，2021（26）：124 - 126.

水库，30 余千米同蒲铁路路基被冲。汾河干流历史洪水的洪峰流量，最大一次于 1942 年 8 月 3 日发生在兰村水文站断面，实测为 3530m³/s。

宁武县汾河流域暴雨的地区分布不均，暴雨的地区分布基本上是由流域周围的山地向河谷递减。流域上游段洪水基本由暴雨形成，大洪水多发生在 7—8 月，洪水陡涨陡落，泥沙含量大。流域内洪水年际变化较大，静乐站实测最大年份 1967 年为 2230m³/s，实测最小年份 2014 年为 28m³/s，极值比为 80。

1.2.5.3 水土流失

山西省地处黄土高原东部，属多山丘陵地区，是全国水土流失重点区域之一。山区、丘陵面积多，地形支离破碎，沟壑纵横，土壤疏松，降水集中，极易流失，汾河干流入黄河段在 1958 年实测的年输沙量达到 1.37 亿 t。在汾河上游区域，沉积着深厚的第三纪红土和第四纪黄土，极易受水蚀和重力侵蚀作用，故上游地区是汾河流域内水土流失最为严重的地区[1]。汾河上游地区，有水土流失面积 5317km²，占整个上游流域面积的 68.8%，属永定河上游国家级水土流失重点治理区。侵蚀类型以水力侵蚀为主，年侵蚀量约为 860.4 万 t，平均侵蚀模数为 6400t/(km²·a)，属于强烈侵蚀。

汾河水库上游地区，流域长 126km，宽 93km，流域面积 5268km²。全境群山起伏，沟壑纵横，坡陡谷深，地形破碎，其沟壑面积占总土地面积的 44%。汾河水库上游分布有大小沟道 19660 条，其中长 20km 以上的沟道 21 条，长 10~20km 的沟道有 49 条，长 5~10km 的沟道有 162 条，而坡地面积占到耕地面积的 83.8%。据水土保持技术规范划分土壤侵蚀强度的标准，汾河水库上游年土壤侵蚀允许值为 500t/km²，划分出汾河水库上游水土流失面积为 3688km²，占水库以上流域总面积的 70%。汾河水库上游汾河干流河道平均纵坡为 7.05%。主要支流有 12 条，年均土壤侵蚀量为 1874 万 t。上兰村至汾河水库区间的汾河干流河道平均纵坡为 2.69%，主要支流有 6 条，年均土壤侵蚀量为 772 万 t，年均输沙量 616 万 t，可见汾河水库上游地区是最集中的重点产沙区。

宁武县汾河流域总面积 1395km²，水土流失占总面积 85.02%。宁武县汾河流域多年平均输沙量为 276.5 万 t，以水力侵蚀为主，其中面蚀、沟蚀广泛，土壤侵蚀模数为 6400t/(km²·a)，属强烈侵蚀。

汾河岔上水文站集水面积 31.7km²，1956—2008 年多年平均实测输沙量 0.68 万 t，多年平均天然输沙量 0.68 万 t；汾河宁化堡水文站集水面积 1056km²，1992—2008 年多年平均实测输沙量 47.8 万 t，多年平均天然输沙量 47.8 万 t；汾河静乐水文站集水面积 2799km²，1956—2008 年多年平均实测输沙量 514 万 t，天然输沙量 515 万 t。汾河源头段各代表断面输沙量成果见表 1.8。从各站不同时段悬移质输沙

---

[1] 王鹏．汾河流域生态环境质量评价与分析 [D]．太原：太原理工大学，2011．

量统计资料可以看出，随着水土保持治理的不断深入，悬移质输沙量总的变化趋势是顺时序递减的。泥沙颗粒级配成果见表1.9。

表1.8　　　　　　　　汾河源头段各代表断面输沙量成果

项　目	流域面积/km²	输沙量/万t
起点（大庙河汇入后）	283	4.94
洪河汇入前	474	8.66
西马坊河汇入前	1063	20.29
鸣水河汇入前	1259	28.5
新堡河汇前	1523	39.6
终点（岔上河汇入前）	1673	45.8

表1.9　　　　　　　　泥 沙 颗 粒 级 配 成 果

站名	小于某粒径沙重百分数/%							d_{50}/mm	d_m/mm
	0.007/mm	0.010mm	0.025mm	0.05mm	0.10mm	0.25mm	0.5mm		
静乐	11.7	15.6	38.5	65.3	95.0	99.7	100	0.034	0.043

1.3　区域发展

1.3.1　社会经济

汾河流域在山西省经济社会发展中占据着举足轻重的地位，是山西省经济发展、人口集聚、城镇集中的核心区域。汾河流域面积仅占全省面积的1/4，但其人口占到全省总人口的37%，非农业人口占全省的45%，汾河流域国内生产总值占全省的44%。

宁武县汾河流域总面积1395km²，涉及11个乡镇，290个行政村，人口7.98万人，其中城镇人口2.21万人，农村人口5.78万人，城镇化率27.69%。该区域共计18755户，劳动力31728个，人口密度57.24人/km²，人均土地1.75hm²/人。

宁武县汾河流域国内生产总值18.56万元，耕地面积30621hm²，人均耕地面积5.7亩。总体来看，该区域经济总量增长较快，三次产业结构调整效果明显，第二产业增速有所下降，但第二产业仍过度依赖于煤矿，第三产业有较大的提升空间。

第一产业以种植业为基础，牧业发展为特色。主要粮食作物有莜麦、豌豆、山药、谷子、蚕豆、玉米、黑豆、黍子、糜子、荞麦、小麦等。主要经济作物有胡麻、油菜、黄芥。第二产业以原煤开采为主，其中凤凰镇、阳方口镇、薛家洼乡、余庄乡为重点产煤乡镇，2012年煤炭产量1318万t。第三产业以旅游业为主。宁武县旅游资源呈现多种类型复合交融的特质，独具特色，景区面积约600km²，景点150多个。其中自然旅游景观由以冰川遗迹为特色的地质景观、以垂直分布为特色的生态景观、以河源湖泊为特色的水文景观与以山岳风云雨雪为特色的气象景观复合交融等组成；人文景观由以祈雨为核心的道教文化、以华严寺为特色的佛教文化、以牧政为特色的边塞文化、以长城为重点的军事文化、以避暑为主题的休闲文化与以"悬空"为代表的建筑文化复合交融等组成。2018年全年旅游综合收入5.7亿元，增长21.27%，接待游客78万人次，同比增长21.87%。芦芽山国家级自然保护区以芦芽山主峰为中心，包括马仑草原、小芦芽山、梅洞、荷叶坪、林溪山等，景区面积200km²，保护面积2.13万hm²。不仅汇聚了奇峰异石、悬崖绝涧、林海松涛、飞瀑山泉、高山草甸、奇珍异兽等自然风光，而且以特殊的高山气候造就了芦芽佛光、芦芽日出、芦芽云海、芦芽金秋、芦芽岚光、芦芽夏冰等气象气候景观。《山西省宁武县芦芽山景区旅游发展总体规划》中以"将旅游业培育成为宁武经济发展支柱产业"和"全国一流度假地"为两大目标，将芦芽山景区定位为"世界地质公园"。《宁武县城市总体规划》中提出"以芦芽山景区为依托，结合晋北边塞人文景点，打造晋中北区域生态游休闲度假中心。"

1.3.2 村镇人口

宁武县汾河流域涉及东寨镇、石家庄镇、涔山乡、余庄乡、迭台寺乡、圪廖乡、东马坊乡、怀道乡、化北屯乡、西马坊乡、新堡乡11个乡镇，290个行政村，其中城镇人口2.21万人，农村人口5.78万人。汾河沿线村镇主要以农牧业为主，结合交通沿线分布少量零星商业及小型工业，邻近芦芽山区域发展旅游业。2015年农村人均纯收入4544元/人。宁武县汾河流域土壤贫瘠、干旱缺水、无霜期短，耕作主要依靠人力畜力，技术落后，是典型的靠天吃饭的旱地农业，农业发展效能低下，农业种植入不敷出，大片农田处于撂荒状态。村庄现状户籍人口较少，大部分常住人口为老人，大多年轻人选择外出务工，尤其是偏远山区许多村庄户籍人口不足50人，零散、闲置的农村居民点分布格局极大地浪费了土地资源，同时造成村内生活配套设施不齐全，给村民生活带来不便。

宁武县汾河流域村庄居民点所占比例最多的是石家庄镇和东寨镇。石家庄镇自然条件优越，农业发展基础好，东寨镇地处汾河源头靠近水源，旅游业发展势头较好，吸引了周围村庄大量的人口。西马坊乡和涔山乡位于芦芽山林地开发保护区，海拔较高，自然环境恶劣，加之交通不畅、基础配套设施落后等因素，村庄人口分布少，常住人口占总人口不足40%，常住人口密度不足20人/km²。

宁武县汾河流域村镇人口分布特征与河流、道路因素，关系密切。由于出行便利，对外联系通畅，主要干道500m范围内集中了流域53%的常住人口，居民点面积占63%。河流流经的区域，海拔较低、坡度较平且耕地较为集中，同时也是主要交通要道分布的地区，距离河流500m的地区集中了流域68%的常住人口，居民点面积占76.90%。

宁武县汾河流域村镇建设多为自主发展，建设无统一规划，以农民自发建设为主，建筑质量参差不齐，建筑布局混乱，土地资源浪费，建设无序，交通不畅。村镇内部道路不成系统，硬化率低，街巷道路较多，宽度较窄，行道树较为缺乏，沿街种植的树种比较单一。村庄缺乏垃圾收集、照明、雨污设施。汾河沿线村镇排污体制不完善，村内无排水管道，厕所均为旱厕，均由地面道路及沟渠任意排放，沿岸村庄的污水、雨水排放口沿河排布，生活污水直接排入河道之中，雨污没有实现分流，污水处理设备不完善，对汾河水质产生影响。沿线村庄中垃圾收集点较少，村民随意焚烧垃圾，倾倒至河道，对村庄环境造成污染。

1.3.3　基础设施

宁武县交通便利，北同蒲铁路、宁岢铁路、朔黄铁路和宁静铁路共同构成了宁武县的铁路运输网，宁武站现为二等站。其中宁静铁路贯穿县城南北，北起北同蒲铁路的宁武站，向西南经姜庄、马营海、东寨、化北屯，沿汾河干流通往静乐县，是以运煤为主的地方铁路。

宁武县的对外交通主要是省道，包括S46、S312、S215、S305、S40等，向北可达朔州市，向西可至偏关县、五寨县和岢岚县，向南可至静乐县，向东是忻州县、原平市和代县等，省会太原在宁武县的东南方向，车程约180km，2.5h可达。其中省道S312、S215和S305贯穿宁武县南北，是县域中主要的道路，道路基本上是沿着河流川道建设。此外，县道X126、X127、X123、S161等沿东西向布局，连接川道村落和山谷村庄。乡、村公路建设主要由县、乡、村三级负责完成，2008年实现了乡村道路通达各个行政村。

影响汾河上游的主要污染为工业、生活废水。宁武县汾河流域仅有宁武东寨生活污水处理厂，污水处理水平低，日处理能力为1250t，仅能达到国家污水处理排放一级B类标准，且由于管网不配套，污水收集率低，实际处理量达不到设计能力和标准要求，因而已不能满足污水排放量日益增长的需要。流域内100t/d垃圾处理厂虽已立项，但均未建成，垃圾处理能力为零。

1.3.4　水利建设

新中国成立以来，汾河全流域展开了大规模的人民治汾活动。对汾河干流河道的全面整治，开展固堤、疏浚、通路、绿化、治污和综合开发等一系列整治措施，包括对破旧堤防的拆除与加固，对堤防缺失段新建护砌，对险工段修复处理，全面提高河道的行洪标准。同时实施护岸控导整治措施，并通过河道清障，理顺和控制主河槽，保证行洪通畅和河势稳定，确保沿河城市、村镇、农田及人民生命财产的安全。汾河经过治理后，既能起到防洪、保安、减灾效益，又能产生实实在在的经济和社会效益，从而有利于流域经济的全面发展和生态环境的明显改善。对汾河流域的全面综合治理主要包括两方面：一是通过兴修水利工程对主要支流河道进行整治和拦洪蓄清，变水害为水利；二是对大面积的沟坡峁梁开展行之有效的水土保持工程。

1949 年后，在汾河上游建成了汾河水库，中游支流上建成了文峪河水库等大中型水库，并于 1969—1981 年对汾河河道进行了两次较大规模的治理，增加了对洪水的调蓄、防御能力，但治理标准不高。1998 年，汾河治理工作进入了一个新阶段。经过统一规划、系统实施，汾河治理工程共新建堤防 342.55km，加固堤防 486.1km，修建护坡长度 417.15km，对堤防险工地段修筑了丁坝、顺坝、铅丝笼块石护岸等控导、护岸工程，大大提高了抵御洪水灾害的能力。2001 年，山西省水利厅组织了头马营到汾河水库的汾河上游 81km 河道的综合整治工程。该段河道是万家寨引黄工程南干线通水到太原的必经通道。工程建设的总目标是"固堤、护岸、保滩、水清、流畅、岸绿"，确保引黄水高效、安全、清洁地输送到汾河水库。

汾河流域是山西省灌溉程度最高的区域之一，流域内有效灌溉面积 730.38 万亩，占全省有效灌溉面积的 39%，占流域内耕地面积的 40%。流域内现有 30 万亩以上大型自流灌区 4 处，分别为汾河灌区、汾西灌区、文峪河灌区和潇河灌区，有万亩以上自流灌区 25 处。还有大型提水泵站 2 座，分别为汾河下游的汾南泵站和西范泵站，还有中型泵站 26 座。❶

为了解决汾河流域供水水源严重不足的矛盾，在汾河上中游建设了万家寨引黄工程南干线大型跨流域调水工程。万家寨引黄工程是山西省有史以来最大的水利建设项目，工程途经偏关、平鲁、朔州、神池、宁武、静乐、娄烦、古交 8 个县（市、区），为解决太原、大同、平朔地区水资源短缺问题提供了可靠的保障。

引黄工程由万家寨水利枢纽、总干线（万家寨大坝向东至偏关县下土寨分水闸）、北干线（下土寨分水闸向东和向东北至大同市赵家小水库）、南干线（下土寨分水闸向南至宁武县头马营）和连接段（头马营向南至太原呼延净水厂）组成。总干线引水总量 12 亿 m³，设计引水流量 48m³/s，其中由南干线向太原市供水 6.4 亿 m³，由北干线向大同市、朔州市供水 5.6 亿 m³。❷

❶ 李鹏. 汾河上游径流时间序列成分分析和特性研究［D］. 太原：太原理工大学，2012.
❷ 韩冬. 基于云服务技术的水资源管理时态 GIS 的研究［D］. 太原：太原理工大学，2013.

1.3.5　土地利用

宁武县按自然条件及水文区域划分，属"云芦山间河谷区"（云中山西坡至芦芽山东坡之间的土石山区），山地丘陵多，平川少，属典型的土石山区。按照地形，该区域的土地类型分为黄土丘陵区（占 9.53%）、土石山区（占 89.02%）、冲积平原区（占 1.45%）。从经济结构看，以农业为主，煤炭工业发展相对突出，人均耕地在晋西北各县中最少，耕地的非农业使用，使农业用地相对减少。在农业土地使用中，土地资源的不充分利用，经营的掠夺性，导致土地质量日益下降。在农业用地与非农业用地矛盾突出的基础上，又呈用地结构不合理，重用轻管，严重水土流失，土地日趋贫瘠，成为制约全县农业生产发展的主要因素。

根据土地利用资源详查资料及外业调查核定，宁武县汾河流域总面积 139500hm²，其中耕地 30621.07hm²，占比 21.94%；有林地 43871.44hm²，占比 31.45%；"四荒"地 54135.48hm²，占比 38.81%；水域及水利设施用地 2770.48hm²，占比 1.98%；建设用地 2055.41hm²，占比 1.49%；未利用地 6046.40hm²，占比 4.33%。宁武县汾河流域土地利用现状见表 1.10。

表 1.10　　　　　　　　　　　宁武县汾河流域土地利用现状

项　目			面积/hm²	占比/%
耕地	灌溉面积	水浇地	391.41	0.28
	旱地面积	旱平地	4062.53	2.91
		坡耕地	19936.13	14.29
		梯田	3352.00	2.40
		坝滩地	2879	2.06
林地	有林地		43871.44	31.45
"四荒"地	灌木林地		6416.88	4.60
	其他林地		5827.29	4.18
	草地		86.08	0.06
	其他草地		41805.23	29.97
水域及水利设施用地	河流水面		144.26	0.10
	湖泊水面		89.27	0.06
	水库水面		82.20	0.06
	坑塘水面		12.80	0.01
	内陆滩涂		2428.04	1.74
	水工建筑用地		13.91	0.01

项 目		面积/hm²	占比/%
建设用地	园地	3.65	0.00
	交通运输用地	291.57	0.22
	居民点及工矿用地	1760.19	1.27
未利用地		6046.40	4.33
合 计		139500.00	100.00

1.4 演化历程

1.4.1 流域生态历史变迁

早期汾河流域是一个森林茂密、湖泊沼泽遍地的水乡泽国。在漫长的历史时期内，远古人类为求得最基本的生存环境，起初"逐水草而居"，即选择河湖、泉旁居住，但经常遭受洪水泛滥之害，后又"择丘陵而处之"，以躲避洪水侵扰。当人类进入原始氏族文明社会，开始由被动地躲避洪水变为主动地抵御洪水。尧、舜、禹时代，包括汾河流域在内的黄河中下游地区曾出现过特大洪水，自然界肆虐无常的洪水泛滥，促使人类对河流的主宰意识与日俱增，人类逐步获得了与自然斗争的主动权，进而对河流进行改造。秦汉时期，汾河流域水源充足、支流纵横、河宽水深，是山西省的水运动脉。唐宋时期，大兴土木，砍伐林木，森林植被遭到不同程度的破坏，在汾河流域垦荒屯田，不少丘陵河谷被开垦为耕地，农田灌溉一度达到传统时代的高峰，汾河水量逐渐减少。明清时期，汾河流域森林植被遭受极大破坏，大力实行军屯民屯，农田开垦规模空前，人口急增，泄湖造田，垦荒屯植。民国时期，由于长期战乱，森林植被又遭受了进一步的破坏，森林覆盖率一度下降到历史最低点。

纵观不同历史时期，汾河流域的生态环境受到人类活动的扰动，退化明显。流域支流源头高郁闭度的植被覆盖率逐步降低、水土流失逐渐加重，各支流上游沟壑纵横不断发育，流失的泥沙造成湖泊淤没，泄湖造田大规模地开展，低洼地带的湖泊逐步消失，湖泊面积不断减少。水土流失造成河床不断抬高，汾河在有文字记载的时期抬升高度在 20m 以上。

植被减少导致土壤涵养水源的能力降低，汾河水量减少，加之湖泊的逐步消失的影响，汾河流域洪涝灾害、旱灾频次增加。

1.4.2　人为扰动影响

1. 大规模的森林砍伐和农田开垦导致汾河流域植被覆盖率降低

据史料记载，唐代之前汾河上游森林覆盖率在 50% 以上，为天然状态。明清时期，北方居民逐渐向南进行迁徙，由于汾河流域上游的岢岚、宁武、静乐等地是战略要地，屯军驻兵，筑造城寨，斩林湮谷，毁林搜查使该区域的植被惨遭破坏。汾河流域人口的增长，致使当地耕地资源的不足，拓坡开荒，毁林焚草，扩展耕地，自然的林莽灌草尽化为灰。经过 100 多年的毁林拓坡，汾河流域广大的天然森林植被被付之一炬，生态环境急剧恶化。历史上建造房屋多用木材，贩木有巨利可图，因而兴起乱伐山林之风，加之封建朝廷腐败，禁令松弛，官商勾结，驻军、官府以及百姓群起伐木，到民国初年汾河上游地区的山林已砍伐殆尽。随着汾河流域人口激增，当地百姓常常沿山取木作燃料，更有砍伐树木烧制木炭、松烟、松煤，对于汾河沿线的植被更是雪上加霜。

2. 水资源的过度开发致使汾河水量骤减

据史书记载，汾河水量曾经十分丰富，从隋到唐、宋、金、辽，山西的粮食和管涔山上的奇松古木经汾河入黄河、渭河，漕运至长安等地。由于汾河流域是山西省经济最发达、人口密度最高、城镇最集中的区域，迅速增长的工农业和城市取水量使得汾河水量的大部分被引用消耗。汾河河道实际流量迅速减少，据统计，汾河流域地表水利用消耗率为 64.8%，水资源供需矛盾和生态环境恶化问题日益突出❶。汾河流域地表水利用率较低，地下水开采量逐年增加，1980 年以来地下水供水量一直占总供水量的 60%～70%。泉水流量一直处于明显的持续性衰减状态，主要大泉的平均径流量水资源地下水集中开采区地下水水位逐年下降。2017 年雷鸣寺泉年平均流量 0.304m³/s，与上年相比，减少了 11.6%。据 1956—2000 年统计数据，汾河流域的多年平均水资源总量为 33.58 亿 m³，多年平均河川径流量为 20.67 亿 m³，地下水资源量 24.09 亿 m³，地表水与地下水重复量 11.18 亿 m³。汾河流域水资源的一个重要特点就是地表水与地下水重复量在水资源总量中所占比重较大，当一些岩溶大泉用井采方式利用以后，河流中的清水流量迅速减少，甚至出现断流❷。

3. 汾河沿线污染排放影响汾河水质

汾河沿线人口持续增长，城市规模扩张，据调查 2007 年，汾河流域的排污量为 3.35 亿 m³，占全省排污总量的 48.7%，入河废水主要来自太原、临汾、晋中等城市的工业和生活污水。汾河流域区地表水评价的 1321km 河长中，全年劣 V 类水质

---

❶　张景. 汾河流域下游防洪能力分析与对策研究［D］. 太原：太原理工大学，2016.

❷　杨金龙. 汾河流域经济空间分异与可持续发展研究［D］. 太原：山西大学，2012.

的河长占 55%，其中上中游 V 类水质的河长占上中游评价河长的 46.6%，下游 V 类水质的河长占下游评价河长的 87.3%。据统计，汾河干流水体 80% 以上受到不同程度的污染，COD、氨氮等主要指标均超过国家地面水最低水质标准 3~40 倍，部分河段已丧失基本农田灌溉功能。●

汾河中上游污水处理能力低下，周边村镇排污体制不完善，沿岸村庄的污水、雨水排放口沿河排布，一些生活污水直接排入河道之中，雨污没有实现分流，污水处理设备不完善，对水质产生影响；沿河两岸分布有洗煤厂、乡镇企业等，到雨季，沟内及两侧的固体废物就会被矿井水、雨水冲刷到汾河主干道，对河流产生污染，尤其枯水期，流量小，污染加重。现状农业生产活动中农药化肥的施用不尽合理，农药中的氮和磷等通过地表径流、土壤渗滤进入水体，农业面源污染对河流水质产生一定的影响。

4. 粗放的矿山开采造成了严重的环境问题

汾河上游干流沿线共有煤矿 18 家，煤炭资源的粗放开采对汾河流域自然生态环境产生了巨大影响。由于矿山地下开采作业、地面及边坡挖凿，破坏了稳定的地质结构，将造成地表塌陷、地裂缝、山体滑坡、泥石流、崩塌等灾害。由于采空塌陷对含水层的破坏及矿井排（突）水引发的矿山地下水的破坏，加之洗煤污水排放，直接影响了汾河及其支流的补给水源和水量。煤炭的开采造成水土流失和土地资源、植被资源的严重破坏，严重影响了流域水资源的涵养能力，破坏了汾河支流和干流河床，从而导致地表水漏失，减少了汾河的来水量。煤矿矿山废水、废渣的排放对汾河造成了严重污染，煤炭燃烧和矸石自燃过程中排出大量有毒气体，污染大气，影响环境健康，易形成酸雨。煤矿开采破坏地层结构，造成地下水下渗，将导致地下水污染、泉水枯干等问题，天然水平衡遭到严重破坏。

5. 动植物资源受人类侵扰造成生物多样性锐减

汾河中上游沿线村庄多而分散，普遍以农业人口为主，大多数居住在河滩或林缘缓坡地带。历史上的烧荒开垦、伐薪烧炭等人类活动对当地植物生境造成了毁灭性打击。由于道路、农田、城镇等经济建设活动，对生物栖息环境也产生了巨大影响，致使珍稀保护动植物的原始生物栖息地碎片化，从而造成汾河沿线生物多样性保护面临巨大挑战。在人类活动的扰动下，动植物的分布、种群规模、数量及其动态较其原始状态都产生了巨大变化，动植物种群数量锐减，大量珍稀物种灭绝，褐马鸡、金钱豹、原麝等 8 种动物被列为国家 I 级重点保护动物。❷

---

❶ 辛冲．汾河下游河道生境水力参数数值模拟［D］．太原：太原理工大学，2013.

❷ 白钰．山西芦芽山自然保护区生物多样性保护修复策略研究［J］．科技风，2021（26）：124－126.

6. 衍生型自然灾害问题逐渐加重

植被覆盖率降低引发水土流失问题逐渐加重。地表植被破坏退化，各支流上游的沟道不断发育，地貌形态逐渐破碎，造成水土流失引起土壤有机质损失，生态自我修复能力受到破坏，河流泥沙含量增加。水土流失致使河床抬高、下游湖泊面积锐减。历史上汾河流域湖泊众多，先秦时期湖泊面积约 1800km²，至北魏时期减少到 700 多 km²，唐宋时期减少到 300 多 km²，至民国时期仅剩下部分小的湖泊。地表植被破坏使水源涵养能力下降致使洪灾、旱灾频发。自明弘治十四年（1501年）有记载以来的 500 余年间，汾河流域共发生洪水 248 次，明代平均 4 年发生 1 次，清代 2～3 年发生 1 次。旱灾频次增加，唐宋至辽金元平均 42 年发生 1 次，明清时期平均 4 年发生 1 次。

1.4.3 历次治理回顾

在漫长的历史时期内远古人类为求得最基本的生存环境，通过选择居住地点来躲避洪水侵扰。进入原始社会，人类创造了原始形态的防洪治水工程抵御洪水。随着社会文明与生产力的不断推进与发展，人类利用和改造汾河的意愿更加强烈。在以农业经济为主导的古代社会中，汾河流域的水利灌溉事业有着悠久的历史。自公元前 453 年战国初期的智伯渠始，山西省古代共修筑水利工程 389 项，这些水利工程大多集中分布在汾河中下游两岸及其主要支流。从西汉王朝开渠引汾灌溉的尝试，到唐代汾河流域引泉灌溉的兴起，到明清两代汾河中下游民间大规模的开渠引河灌溉，体现了人类的工程智慧，孕育了三晋文明。❶

新中国成立以来，山西省先后实施了四次大规模的汾河治理。

20 世纪 50 年代起，以建设骨干性工程开发利用水资源为主，在汾河流域主要水源区的干支流上建起了汾河、文峪河等一批大中型水库工程，并建成了汾河、文峪河、潇河等大型灌区。

20 世纪 70 年代进行了第二次治汾，主要建成了汾河一坝、二坝、三坝，修建了部分堤防，在流域内大规模开展了打井抗旱、开发地下水，在山区新建了一批淤地坝以控制水土流失。

1998 年长江大水后，实施了以修建堤防为主体的防洪体系建设，完成了汾河中下游 800km 堤防的新建和加固工程，建成了河流控导工程；实施了汾河上游 81km 河道治理，在整个干流形成了相对较为完整的防洪体系。

2008 年之后进行了第四次汾河治理，实施"千里汾河清水复流工程"，通过调引客水，实现了汾河干流不断流；河道复流对地下水的补给加大，是促成流域地下水

---

❶ 王威. 历史时期山西汾河流域水稻种植变迁研究［D］. 南京：南京农业大学，2019.

位逐步回升的因素之一。

宁武县汾河流域在 1988—2007 年，共计完成治理投资 7493 万元。新增治理水土流失面积 31652hm²，其中机修梯田 3352hm²，治理滩地 2879hm²，造林 21575hm²，发展经济林 403hm²，种草 3308hm²，实施封禁治理 3006hm²，建淤地坝 19 座，完成河道护岸工程 40.7km。

纵观汾河流域的治理历史，从水资源开发、水害防治、水土流失治理、治好母亲河，到绿化两座山，通过实施引黄、固堤、护岸、保滩、清水、畅流、绿岸等系列工程措施，使汾河沿线的环境生态有了很大程度的改观。

第 2 章

理念引领，
坚持绿色发展道路

2.1　传统文化的生态智慧

　　我国传统文化源远流长，蕴含着深邃的哲学生态思想，贯穿整个国家发展的各个历史时期。我国传统生态思想起源于对自然的敬畏，而后随着农业文明的发展，农事活动与自然联系十分紧密，孕育了我国传统农业文明时代深厚的生态思想，"天人合一""道法自然"的观念成为我国古代传统生态哲学思想的基本理念。

　　天人关系自古以来就是历代各学派致力研究与探索的问题，经过漫长的历史演化，逐渐形成以"天人合一"为核心的生态哲学观。孔子认为人既要"知天命"也要"畏天命"，提出"智者乐水，仁者乐山"，既对自然保持敬畏之心，也要热爱大自然，与自然天地和睦相处。汉代董仲舒认为天、地、人三者相互影响，是一个统一的整体。宋代张载明确提出"天人合一"概念，人与天地万物统一于气，揭示了人与人、人与物的同源关系。朱熹从本体论的角度出发，强调了人与自然和谐统一的关系，进一步发展了"天人合一"思想。

　　"人法地，地法天，天法道，道法自然"是道家思想的内核。老子提出"道生一，一生二，二生三，三生万物"认为人与世界万物是一体的，人们要敬畏自然，遵从自然，遵循和效法万事万物发展的普遍规律，不要对自然强加干扰。老子从道的角度严格反对浪费资源、破坏生态等暴殄天物，破坏自然秩序，违背自然界规律的行径，强调人类要顺应自然，按客观规律办事。

2.2　新中国成立以来生态理念

　　1949年新中国成立之后，由于遭受严重的水患灾害侵扰，严重影响了河流沿线居民的生命财产安全，因此国家开始兴修水利、治理水患、修建水库，并通过栽树等生态措施实现防风固沙、水土保持。

　　改革开放之后，面对一系列严重的环境问题，我国强调经济发展要与环境建设相协调，提出要将环境保护纳入人口、经济、社会、资源协调发展的过程中，明确了环境保护作为国家基本国策的地位。摒弃先污染后治理的发展模式，加强环境立法监督，制定并完善了《中华人民共和国环境保护法》《中华人民共和国野生动物保护法》《中华人民共和国大气污染防治法》《中华人民共和国水污染防治法》《中华人民共和国水土保持法》《中华人民共和国森林法》《中华人民共和国矿产资源法》《中华人民共和国草原法》《中华人民共和国土地管理法》等法律法规和各类国家标准。

随着我国社会经济的高速发展，环境保护的重要性更加突显。通过积极转变经济发展方式，调整产业结构，提高发展的质量和效益，从而实现我国经济社会的可持续发展。

2.3　社会主义生态文明建设

2.3.1　生态文明建设

随着社会经济和人口的高速增长，城镇化进行的持续推进，国土开发、矿业开采、城镇建设等因素叠加影响，生态系统退化、资源约束、环境污染等问题日益加剧。为实现可持续发展，党的十八大以来，以习近平同志为核心的党中央站在国家宏观战略高度和国家制度层面对生态文明建设进行顶层设计和体系架构，要求必须树立尊重自然、顺应自然、保护自然的生态文明理念，把生态文明建设放在突出地位，融入经济建设、政治建设、文化建设、社会建设各方面和全过程。

2.3.2　绿水青山就是金山银山

2013 年 9 月 7 日，习近平总书记发表了"中国要实现工业化、城镇化、信息化、农业现代化，必须要走出一条新的发展道路。中国明确把生态环境保护摆在更加突出的位置。我们既要绿水青山，也要金山银山。宁要绿水青山，不要金山银山，而且绿水青山就是金山银山。我们绝不能以牺牲生态环境为代价换取经济的一时发展。我们提出了建设生态文明、建设美丽中国的战略任务，给子孙留下天蓝、地绿、水净的美好家园。"，并强调"建设生态文明是关系人民福祉、关系民族未来的大计。"❶ "两山"理念论述了环境保护和经济发展的内在关联，明确了"保护生态环境就是保护生产力，改善生态环境就是发展生产力"❷ 揭示了生态环境保护与发展生产力的内在联系，指导了我国绿色发展的新路径。贯彻绿色发展理念，转变经济发展方式，加快建立健全以产业生态化和生态产业化为主体的生态经济体系，形成绿色发展方式是我们进行生态文明建设的必然选择。在经济新常态下，大力发展生态经济，推进供给侧结构性改革，全面推行绿色发展、循环发展和低碳发展，形成节约资源和保护环境的产业结构和生活方式。

---

❶　习近平 . 弘扬人民友谊　共创美好未来［N］. 人民日报，2013 - 09 - 08（3）.

❷　中共中央文献研究室 . 习近平关于社会主义生态文明建设论述摘编［M］. 北京：中央文献出版社，2017.

2.3.3　山水林田湖是一个生命共同体

随着生态文明建设大力推进，我国生态环境质量得到持续改善，林草植被覆盖率、森林覆盖率不断提高。但由于对山水林田湖草各生态要素之间的相互影响和制约的系统关系缺乏系统性、整体性考虑，造成自然资源产权归属不清晰、职能部门权责不明确，"修山、治水、护田"各自为战，部门之间各自为政、政出多门，各类生态要素分割治理，生态环境保护和治理的成效并不明显，生态系统整体功能并未得到明显改善。

为进一步推进生态文明建设进程，保障生态系统功能完整性，2013年11月，习近平总书记在《关于〈中共中央关于全面深化改革若干重大问题的决定〉的说明》中提出"山水林田湖是一个生命共同体，人的命脉在田，田的命脉在水，水的命脉在山，山的命脉在土，土的命脉在树。用途管制和生态修复必须遵循自然规律，如果种树的只管种树、治水的只管治水、护田的单纯护田，很容易顾此失彼，最终造成生态的系统性破坏。由一个部门负责领土范围内所有国土空间用途管制职责，对山水林田湖进行统一保护、统一修复是十分必要的。"

从生命共同体理念出发，建立系统完备的生态文明制度体系。针对全民所有自然资源资产的所有权人不到位，所有权人权益不落实的问题，决定提出健全国家自然资源资产管理体制的要求。总的思路是按照所有者和管理者分开和一件事由一个部门管理的原则，落实全民所有自然资源资产所有权，建立统一行使全民所有自然资源资产所有权人职责的体制。同时要完善自然资源监管体制，统一行使所有国土空间用途管制职责，使国有自然资源资产所有权人和国家自然资源管理者相互独立、相互配合、相互监督。

为进一步推进生态文明建设进程，保障生态系统功能完整性，针对当前自然资源所属者不明晰、国家机构之间部分职能重合、空间规划重叠等问题，开展国务院机构的改革，新组建自然资源部，统筹山水林田湖草系统治理。

2016年9月，财政部、原国土资源部、原环境保护部联合印发了《关于推进山水林田湖生态保护修复工作的通知》（财建〔2016〕725号），以"山水林田湖是一个生命共同体"为理念指导，对各地开展山水林田湖生态保护修复提出了明确要求，强调"对山上山下、地上地下、陆地海洋以及流域上下游进行整体保护、系统修复、综合治理，真正改变治山、治水、护田各自为战的工作格局"。针对生态环境的突出问题进行重点治理，通过实施矿山环境治理恢复、推进土地整治与污染修复、开展生物多样性保护、推动流域水环境保护治理、全方位系统综合治理修复等重点内容，推进生态文明建设进程。

2.3.4　美丽中国的发展目标

党的十八大以来，全国贯彻绿色发展理念的自觉性和主动性显著增强，生态文明制度体系加快形成，主体功能区制度逐步健全，全面节约资源有效推进，重大生态保护和修复工程进展顺利，森林覆盖率持续提高，环境状况得到改善。

统筹山水林田湖草系统治理的实质，就是要以系统思维的方法来推进生态文明建设。党的十九大报告提出了实现中国梦第二个百年奋斗目标两个阶段的生态环境保护目标：第一个阶段，从 2020—2035 年，在全面建成小康社会的基础上，再奋斗十五年，基本实现社会主义现代化。生态环境根本好转，美丽中国目标基本实现；第二个阶段，从 2035 年到 21 世纪中叶，在基本实现现代化的基础上，再奋斗十五年，把我国建成富强民主文明和谐美丽的社会主义现代化强国。

美丽中国建设需要着眼长远，党的十九大报告提出建设"美丽中国"四项任务：一是推进绿色发展，二是着力解决突出环境问题，三是加大生态系统保护力度，四是改革生态环境监管体制。❶

2022 年 10 月 16 日，习近平总书记在中国共产党第二十次全国代表大会上的报告中明确了"推动绿色发展，促进人与自然和谐共生"的总体要求，并提出了"尊重自然、顺应自然、保护自然，是全面建设社会主义现代化国家的内在要求。必须牢固树立和践行绿水青山就是金山银山的理念，站在人与自然和谐共生的高度谋划发展。"的总体理念，强调了"坚持山水林田湖草沙一体化保护和系统治理"的技术路径。❷

2.3.5　黄河流域生态保护和高质量发展

黄河是中华民族的母亲河，黄河流域在我国经济社会发展和生态安全方面具有十分重要的地位。黄河流域流经黄土高原水土流失区、五大沙漠沙地，是连接青藏高原、黄土高原、华北平原的生态廊道。黄河流域是我国重要的经济地带，即是重要的农产品主产区，也是煤炭、石油、天然气和有色金属资源丰富的能源和工业基地。由于历史、自然条件等原因，加之自然灾害频发，特别是水害严重，黄河流域经济社会发展相对滞后，其上游贫困人口相对集中，因此，黄河流域是打赢脱贫攻坚战的重要区域。

新中国成立后，在党中央坚强领导下，沿黄军民和黄河建设者开展了大规模的

---

❶　习近平 . 决胜全面建成小康社会　夺取新时代中国特色社会主义伟大胜利［N］. 人民日报，2017－10－28（1）.

❷　习近平. 高举中国特色社会主义伟大旗帜　为全面建设社会主义现代化国家而团结奋斗——在中国共产党第二十次全国代表大会上的报告［J］. 中华人民共和国国务院公报，2022（30）：4－7.

黄河治理保护工作，取得了举世瞩目的成就。党的十八大以来，生态文明理念的提出，黄河流域的发展和治理思路进一步明确。

2019年9月18日，习近平总书记在黄河流域生态保护和高质量发展座谈会上发表讲话，"治理黄河，重在保护，要在治理。要坚持山水林田湖草综合治理、系统治理、源头治理，统筹推进各项工作，加强协同配合，推动黄河流域高质量发展。要坚持绿水青山就是金山银山的理念，坚持生态优先、绿色发展，以水而定、量水而行，因地制宜、分类施策，上下游、干支流、左右岸统筹谋划，共同抓好大保护，协同推进大治理，着力加强生态保护治理、保障黄河长治久安、促进全流域高质量发展、改善人民群众生活、保护传承弘扬黄河文化，让黄河成为造福人民的幸福河。"

黄河生态系统是一个有机整体，要充分考虑上中下游的差异，加强生态环境保护。上游要推进实施一批重大生态保护修复和建设工程，提升水源涵养能力。中游要突出抓好水土保持和污染治理。下游的黄河三角洲是我国暖温带最完整的湿地生态系统，要做好保护工作，促进河流生态系统健康，提高生物多样性。

黄河水少沙多、水沙关系不协调，保障黄河长治久安必须紧紧抓住水沙关系调节，要完善水沙调控机制，解决九龙治水、分头管理问题，实施河道和滩区综合提升治理工程，减缓黄河下游淤积，确保黄河沿岸安全。

黄河水资源量有限，推进水资源节约集约利用，要坚持以水定城、以水定地、以水定人、以水定产，把水资源作为最大的刚性约束，合理规划人口、城市和产业发展，坚决抑制不合理用水需求，大力发展节水产业和技术，大力推进农业节水，实施全社会节水行动，推动用水方式由粗放向节约集约转变。

推动黄河流域高质量发展，沿黄河各地区要从实际出发，宜水则水、宜山则山、宜粮则粮、宜农则农、宜工则工、宜商则商，积极探索富有地域特色的高质量发展新路子。

黄河文化是中华民族的根和魂，保护、传承、弘扬黄河文化，要推进黄河文化遗产的系统保护，要深入挖掘黄河文化蕴含的时代价值，讲好"黄河故事"，延续历史文脉，坚定文化自信，为实现中华民族伟大复兴的中国梦凝聚精神力量。

2.4　推进山水林田湖生态保护修复工作

2.4.1　三部门联合推进山水林田湖生态保护修复工程试点

2016年9月，财政部、原国土资源部、原环境保护部联合印发了《关于推进山水林田湖生态保护修复工作的通知》（财建〔2016〕725号），进一步明确了山水林田湖生态修复工作的重要性、迫切性。各地贯彻落实党中央、国务院关于开展山水林田湖生态保护修复的部署要求，坚持尊重自然、顺应自然、保护自然，以"山水林田湖是一个生命共同体"的重要理念指导开展工作，充分集成整合资金政策，对山上山下、地上地下、陆地海洋以及流域上下游进行整体保护、系统修复、综合治理，真正改变治山、治水、护田各自为战的工作格局。

以生命共同体理念为指导开展山水林田湖草生态保护修复工程，应按照生态系统的整体性、系统性及其变化规律，以保障优化"两屏三带"国家生态安全战略格局体系为目标，以改善区域生态环境质量为重点，统筹考虑自然生态各要素关系。

2016 年起财政部、原自然资源部、原生态环境部先后组织实施三批次山水林田湖草生态保护修复工程试点。截至 2019 年 7 月我国共计实施 25 个山水林田湖草生态保护修复试点工程，投入中央支持建设资金共计 360 亿元。2017—2018 年国家山水林田湖草生态保护修复试点工程汇总见表 2.1。

表 2.1　　2017—2018 年国家山水林田湖草生态保护修复试点工程汇总

年份	批次	试点个数 /个	资金 /亿元	试点工程
2016	第一批	5	100	河北京津冀水源涵养区、江西赣南、陕西黄土高原、甘肃祁连山、青海祁连山
2017	第二批	6	120	吉林长白山、福建闽江流域、山东泰山、广西左右江流域、四川华蓥山、云南抚仙湖
2018	第三批	14	140	河北雄安新区、山西汾河中上游、内蒙古乌梁素海流域、黑龙江小兴安岭、三江平原、浙江钱塘江源头区域、河南南太行地区、湖北长江三峡地区、湖南湘江流域和洞庭湖、广东粤北南岭山区、重庆长江上游生态屏障、贵州乌蒙山区、西藏拉萨河流域、宁夏贺兰山东麓、新疆额尔齐斯河流域

2.4.2　山西省推进汾河中上游山水林田湖草生态保护工程试点工程

山西省人民政府高度重视生态环境保护工作，牢记习近平总书记在山西省考察时提出"先天条件不足，是山西生态环境建设的难点。同时，由于发展方式粗放，留下了生态破坏、环境污染的累累伤痕，使山西生态建设任务更加艰巨"重要论述，以及"一定要高度重视汾河的生态环境保护，让这条山西的母亲河水量丰起来、水质好起来、风光美起来"的嘱托。认真贯彻《国务院关于支持山西省进一步深化改革促进资源型经济转型发展的意见》（国发〔2017〕42 号）精神，坚持"山水林田湖草是一个生命共同体"和"绿水青山就是金山银山"的理念，把生态文明建设摆在突出的位置，在生态环境保护上先行先试、勇闯新路、努力探索出生态文明建设的"山西模式"。

山西先后出台了《山西省生态文明体制改革实施方案》《山西省人民政府关于加强环境保护促进生态文明建设的决定》（晋政发〔2012〕12号）、《山西省"十三五"环境保护规划》《山西省生态保护红线划定方案》《山西省采煤沉陷区综合治理工作方案（2016—2018年）》《太行山吕梁山生态系统保护和修复重大工程总体方案》《山西省水污染防治2017年行动计划》《山西省全面推行河长制实施方案》《汾河流域生态修复规划》等七河生态修复规划、《山西省汾河流域生态修复与保护条例》等一系列指导性文件，并制定实施了"生态山西"重大战略。

山西省汾河中上游山水林田湖草生态保护修复工程试点区位于山西省西北部，是华北平原重要生态屏障和山西最重要的水源涵养区，对调节区域气候、改善空气质量、提升生态环境功能和保障山西供水安全具有不可替代的作用，在国家生态安全格局中占有重要的地位。为全面贯彻落实党中央、国务院关于生态文明建设的总体部署和要求，深入贯彻习近平总书记系列重要讲话精神，树立和践行绿水青山就是金山银山的理念，统筹推进山水林田湖草系统治理，山西省组织编制了《山西省山水林田湖草生态保护修复工程试点实施方案》，重点围绕"汾河上游生态保护修复区、五台山及周边生态保护修复区、沿黄水土保持及生态保护修复区、太原西山矿区生态保护修复区"四大功能区展开，其中《山西省汾河中上游山水林田湖草生态保护工程试点实施方案》已纳入国家第三批山水林田湖草生态保护修复工程试点，获得国家20亿元的资金支持。

2017年6月，习近平总书记在山西省忻州市视察时提出："在生态环境脆弱地区，要把脱贫攻坚同生态建设有机结合起来。这既是脱贫攻坚的好路子，也是生态建设的好路子。"忻州市力争通过山水林田湖草生态保护修复工程的实施，从根本上改变生态脆弱现状，补齐生态短板，让绿水青山变成金山银山，做到在"一个战场"打赢"脱贫攻坚和生态治理"两场战役。以解决区域生态环境问题为导向，以提升区域生态系统服务功能，实现革命老区深度贫困群众的生态扶贫为目标，忻州市编制了《山西省汾河中上游山水林田湖草生态保护修复工程试点（忻州）区实施方案（2018—2020年）》。以"修山、护水、治污、增绿、扩湿、整地"有机结合为核心，以区域河流水系及水生态保护恢复、荒山造林绿化、水土保持、矿山生态环境综合治理、土地综合整治、生物多样性保护等系统性工程为抓手，坚持尊重自然、顺应自然、保护自然的原则，注重生态系统保护修复的整体性、系统性、协同性和关联性，努力实现"山青、水绿、林郁、田沃、河美"的区域生态格局。

2.5　研究现状

2.5.1　防洪安全工程研究现状

历史早期汾河流域经常遭受洪水泛滥之害，曾出现过多次特大洪水，影响了汾河两岸的生存环境。新中国成立以来，山西省先后实施了多次大规模的汾河治理工程，20 世纪 70 年代建成了汾河一坝、二坝、三坝，修建了部分堤防，1998 年实施了以修建堤防为主体的防洪体系建设，完成了汾河中下游 800km 堤防的新建和加固工程。2008 年之后汾河沿线实施了"千里汾河清水复流工程"，通过调引客水，实现了汾河干流不断流，河道复流对地下水的补给加大。新中国成立以来，对汾河的水利治理工程主要是针对开发水资源和建设防洪体系，党的十八大以来为贯彻习近平总书记关于保障水安全重要指示，按照山西省省委、省政府的总体部署及忻州市人民政府批示精神，宁武县逐步开展汾河治理工作，新增坝滩地 50.03hm²，改善滩地 473.3hm²，修筑排洪渠 330.4m，完成河道护岸工程 12932.2m。近年来，随着水利工程"十四五"规划、《水污染防治行动计划》（国发〔2015〕17 号）等的提出，关于水安全的倡议战略进一步得到高度重视，要提倡水资源集约利用，统筹分配，重视农业灌溉和流域防洪安全，关注雨洪防治及河道蓄水分析，从生态蓄水、生态海绵、雨水下渗等的角度治理洪涝灾害，将地下水源、地表径流等资源统筹，增加排涝设施。按照《山西省汾河中上游山水林田湖草生态保护修复工程试点实施方案》，宁武县汾河干流河道治理项目范围包括汾河干流区、窑子湾河段、东寨大桥至引黄出口段、芦芽山高速出口段、宁化古城段等打造生态景观堤岸 25km，汾河主要支流东马坊河、怀道河、新堡河、西马坊河、山寨河、宫家庄河、上鸾桥河河道治理长度 30km，河道疏浚 20km，形成一干多支"树形"布局，源头涵养保护自然；主干绿化控污减排，支流整治疏浚湿地；两翼节水保土治理，乡村清洁提质宜居；湖库调蓄供水增效，全面修复增水增绿。按照上述思路，以汾源为龙头，以汾河干流为主轴，以沿线各支流为侧翼，树立源头控制过程和末端治理并重的原则，实现源头蓄渗、中途调蓄、末端治理的有效结合，提高排水标准，自上而下进行划片规划分区布设综合治理措施。

2.5.2　河流生态修复研究现状

德国生态学家 Seifert 于 1938 年提出了"亲河川整治"的概念，并且将自然美学的概念引入到河道治理工程中。20 世纪 50 年代，"近自然河道治理工程"理念强调自然要素在河流水质改善方面发挥的重要作用。1971 年美国生态学家 Schlueter 强调了兼顾人类对河流的需求及流域物种丰富度的流域生态治理模式❶。1983 年，Bidner 提到河流整治过程中要考虑河道治理对生态的胁迫尺度，权衡河道水力特征、生态环境、自然地貌以及多样性之间的关系❷。随着社会的进步，人们将更大的研究力度投入到环境保护、生态规划等领域，标志着人们正从"生态觉醒"迈入"生态时代"。20 世纪末，欧洲各国提出自然化的理念，强调将流域改善到与自然相近的状态，英国将河道的生态功能作为重点考虑对象，并选取"近自然"手段进行修复。随后日本在 20 世纪末展开创"多自然型河川工法"。美国出版的《水域生态系统的修复》《河流廊道修复》适用于指导流域修复工作，运用"一河一治"的原则，使用独创的技术解决流域生态治理中遇到的具体问题❸。

"生态水工学"理论将生态学与水工学相融合，并通过工程实例中的技术革新来完善生态水工学，研究出了恢复流域生态健康的修复技术❹。将流域水功能区划引入到水生态修复当中，并提出了河流功能区划、治理的方法以及河流功能评估等方法，提出河流的生态修复的整体修复原则、修复目标量化原则及经济适宜性原则❺。

近年来，随着生态文明建设进程的推进，汾河生态修复逐步由粗放型向精细型转变。以汾河干流为主线，实施综合治理，坚持高标准，追求高质量，树立精品意识，治理工程确保高起点、全方位。化北屯、张家山、西马坊等区段，坡面以高标准的条田、坎鱼鳞坑整地，精心布置，种植 50cm 的大苗，一次绿起来，形成生态旅游环境；河滩以石垒堰，机械化垫地，高标准改良滩地，实行护坝、渠道、林网、道路综合配套，整个工程以园田化的标准进行综合治理，治理完成度达到 85% 以上。经过精心开发治理的汾河源头、暖泉沟库区水保治理和旅游开发相得益彰，形成"两山两盆一河"协调发展格局，重现山水相依、林泉相伴、河湖相映、溪水长流、湖光山色的田园风光，河畅泉涌、碧波荡漾、鱼鸟翔翔的大河风光，着力将汾河建设成为三晋腹地的生态长廊、宜居长廊和富民长廊。

2.5.3 水土流失综合治理研究现状

水土保持是一项建立良好生态环境的工作，通过对区域水土资源进行科学的保护和合理的改良，从而充分发挥水土资源的社会效益、经济效益和生态效益。水和

❶ Blahnik T，Day J．The effects of varied hydraulic and nutrient loading rates on water quality and hydrologic distributions in a natural forested treatment wetland［J］．Wetlands，2000，20（1）：48－61.
❷ 董哲仁．生态水利工程原理与技术［M］．北京：中国水利水电出版社，2007.
❸ 王薇，李传奇．河流廊道与生态修复［J］．水利水电技术，2003，34（9）：56－58.
❹ 董哲仁．生态水工学的理论框架［J］．水利学报，2003，34（1）：1－6.
❺ 石瑞花．河流功能区划与河道治理模式研究［D］．大连：大连理工大学，2008.

土是人类赖以生存的基本物质，是发展农业生产的基本要素。水土保持工作对发展山区、丘陵区和风沙区的生产和建设，改善生态环境，治理江河减少灾害等方面都具有重要意义。❶

我国的水土流失治理划分为 7 个阶段。

（1）第一阶段 1950—1963 年，起步与探索治理阶段。这一阶段水土流失治理只具备简单的技术和薄弱的理论基础，没有形成综合性的治理方案与模式，治理措施的配置比较分散，研究关注点主要集中于解决单一的水土流失问题或简单的生态建设问题。

（2）第二阶段 1964—1979 年，全面规划，重点治理阶段。这一阶段以工程措施治理为主解决特定下垫面的水土流失问题。同时，提出以基本农田建设为主要内容，形成了以坡改梯等为主的坡面水土保持工程治理模式。黄土高原水土保持开始从无序治理向全面规划，综合治理转变。

（3）第三阶段 1980—1990 年，小流域综合治理试点阶段。以小流域为单元，统一规划、山水林田路统筹兼顾，工程、生物和耕作措施结合，综合考虑经济效益、生态效益和社会效益，以经济效益为主的基本工作思路。

（4）第四阶段 1991—1997 年，注重效益、依法防治阶段。1991 年 6 月，颁布《中华人民共和国水土保持法》，传达"以防为主，综合治理，注重效益"的治理思想，确定依法防治、科学防治的观念。

（5）第五阶段 1998—2005 年，以生态修复为主，集中规模治理阶段。水土保持工作形成了规模化防治格局，水土流失治理模式开始大量出现，通过将大流域作为生态建设中规划单元，小流域作为生态治理的设计单元，形成了以恢复生态为主的流域水土流失综合治理模式。

（6）第六阶段 2006—2016 年，以生态修复和工程措施结合的大规模布局阶段。党的十七大将生态文明建设提高到了与经济建设、政治建设、文化建设、社会建设相同地位，标志着水土保持工作进入了生态文明建设新阶段。党的十八大首次将生态文明建设以单章列出、系统论述，并将其与另外四个建设方向相并列，形成"五位一体"的中国特色社会主义事业总布局。

（7）第七阶段 2017 年至今，统筹生命共同体的保护与调控阶段。党的二十大提出了"推动绿色发展促进人与自然和谐共生"的战略，加上近年来"绿水青山与金山银山""生态文明建设"的战略，水土流失治理思路上坚持以人为本，实施综合治理，治山、治水、治沙、治穷同步进行，是从工业文明向生态文明的转变。

---

❶　袁和第. 黄土丘陵沟壑区典型小流域水土流失治理技术模式研究［D］. 北京：北京林业大学，2020.

2.5.4 水资源保护研究现状

综合考虑水质、水量，水生态保护的目标和需求，采取法律、行政、技术和经济等多方面措施保护地表水以及地下水的资源属性，以实现水资源的可持续利用❶。从水资源安全角度，主要从水资源、社会经济、生态环境复合系统的有机协调、良性循环条件下，保障水的存在方式及水事活动对社会的稳定与发展的支持度。从水资源承载力角度，以生态环境和社会经济可持续发展为前提，水资源对社会经济规模可持续发展的支撑能力大于水资源承载力。从水足迹角度，生产一定人群消费的产品和服务所需要消耗的水资源数量。

世界各国从法律、行政、经济、技术等方面针对点源、面源及内源污染的不同特点，采取了有针对性的系列措施。美国制定了比较完善的总量控制制度体系，基本上形成了以基于污染控制技术的排放标准管理为主、水质标准管理为补充的水污染防治机制，特别注重运用市场机制和经济手段来刺激污染源防治水污染。日本实行严格的污染物排放总量控制，根据监测排放总量控制的执行情况，在总量控制的基础上，各地方自治企业每年都要提出下一年度的污染物削减指标，通过污染物总量控制。瑞典建有 200 座城市污水处理厂，COD 和主要污染物负荷大大降低，去除率达到 90% 以上。

我国的水资源保护工作开展于 20 世纪 50 年代，1995 年起颁布了《地表水环境质量标准》（GB 3838）、《地表水资源质量标准》（SL 63）、《水环境监测规范》（SL 219）等标准，使水环境标准工作有了法律依据和保证。20 世纪 80 年代起，七大流域机构相继制定了流域水资源保护工作的相关内容。2012 年 1 月，国务院颁布了《关于实行最严格水资源管理制度的意见》（国发〔2012〕3 号），2016 年全国各地大力开展河长制工作，《"一河（湖）一策"实施方案》等相关规划与方案的提出，对水资源与社会经济的协调发展、生态文明城市建设，水资源、水环境、水生态协调提升提出了更高的要求。

通过实施兴水战略和山西省大水网建设，为汾河流域生态修复提供了水量保障。"十一五"期间，山西省相继建成了 35 项应急水源工程，其中在汾河流域建成了 5 座大中型水库和 2 处引调水工程；"十二五"期间，又启动实施了大水网工程建设。其中已建成投产的禹门口提水、引沁入汾和川引水工程，加上万家寨引黄南干线工程，以及大水网中部引黄和东山供水两大骨干工程，在汾河流域形成"五水济汾"的水资源配置格局，以上五大工程年最大供水能力可达到 12.3 亿 m³，接近流域近

---

❶ 钱逸颖. 基于水足迹的区域水资源保护策略研究［D］. 上海：上海交通大学，2019.

10 余年年均水资源量的 1/2，为流域水资源配置和生态修复提供了水量保障。❶

2.5.5　矿山生态修复研究现状

自 20 世纪初学者们开始关注矿山土地资源与生态环境修复，大规模系统性的矿山修复工程目标主要集中在修复自然生态系统、恢复土地生产力、为社会带来生态价值与经济价值。美国矿山资源丰富，1977 年颁布《露天采矿管理和复垦法》，使美国露天矿山生态修复步入法制化管理的阶段，矿山恢复率由 20 世纪 70 年代的 47%迅速提升为 70%，在矿山土地修复模式上强调恢复原有土地状态，即林地恢复为林地、耕地恢复为耕地，同时开创了鼓励公众参与的矿山生态修复典型模式❷。德国露天开采的褐煤矿对生态环境造成极大的破坏，20 世纪 40 年代德国开始对采矿废弃地进行生态修复，恢复矿山区域生态环境，并将修复工程与居民对生态环境的需求相结合。采矿业是澳大利亚的主导行业之一，澳大利亚注重边开采边修复，坚持走生态矿业可持续发展的道路，注重生态系统的自我维持功能，尽可能地将矿山修复治理到原始状态已经形成兼具景观与生态功能的高科技指导、多专业联合和综合治理开发的矿山生态修复模式。

1989 年我国正式颁布了《土地复垦规定》，标志着我国的矿山生态修复工作开始迈入有法可依的新时期，矿山生态修复工作更加有秩序地开展。此外，《全国土地整治规划（2011—2015 年）》《全国土地利用总体规划纲要（2006—2020 年）》都明确了土地利用的目标和重点区域。2018 年自然资源部成立并设立国土空间生态修复司，足以看出国家和政府对生态修复的重视和关注，矿山的生态修复也有了统一管理的部门，更有利于矿山生态修复多元化发展的需求。目前我国对废弃矿山的生态修复方向主要有农业用地、林业用地、建筑用地、娱乐用地或养殖用地等方向❷。

宁武县作为煤炭资源大县，要想做好矿山综合治理就必须在充分调查研究的基础上，根据党的十八大提出的"生态文明建设"总体要求，借原国土资源部矿山复绿行动实施的东风，从地质灾害、地质环境、生态建设等不同层面做好综合治理规划，建设生态宁武。

2.5.6　天池高山湖泊群研究现状

宁武县天池区高山湖泊群位于山西宁武县西南管涔山与云中山之间的夷平面上，是以降水补给为主的高山小型封闭淡水湖泊群。宁武县天池所在区域出露的基岩以紫红色中细砂岩夹棕红色砂质泥岩为主，根据区域地层为中侏罗统天池河组，主要

---

❶　李海军. 汾河流域生态修复可行性研究［J］. 山西水利，2016（11）：5-6.

❷　张春燕. 北京市典型废弃矿山生态修复模式研究［D］. 北京：北京林业大学，2019.

由古生代和中生代沉积岩组成，仅在山体前缘的河流阶地和低洼地带零星分布着晚更新世黄土和冲洪积沉积物。

宁武县天池区及其周边地区地层大体以宁武县天池区为中心，西部管涔山一带地层大体向东南倾斜，倾角由下向上逐渐变缓，至公海、马营海东侧近乎水平，东部云中山及以东地区，地层大体向西北倾斜，倾角自下而上逐渐变缓，至宁武县天池区一带近乎水平。在管涔山东侧至宁武县天池区所在夷平面的西缘，存在多条与该断裂带近乎平行的小型断裂，形成一系列与此深沟和管涔山山脊近乎平行的多个沟谷相间的地貌形态。宁武县天池区的代表性湖泊均发育在早、中侏罗统天池河组之上，天池高山湖泊周边出露的地层以厚层灰紫红色中粗砂岩、紫红色中细砂岩和薄层棕红色砂质泥岩互层组成，部分中细砂岩层位含大型交错层理。由于挤压/拉张作用引起的垂直节理构造和岩石支离破碎的特征，可清楚地看到流水岩石裂隙、节理和砂岩岩体向下渗透，在透水性差的砂质泥岩层顶形成含水层补给湖泊的现象，表明构造运动可能是宁武天池湖泊群形成的主控因素。在断裂带附近出现低洼地带，在基岩之上开始堆积砂砾石沉积物，随着积水不断增加形成湖泊。❶

宁武县天池高山湖泊群的湖相地层可以为湖泊演化历史和区域构造运动提供重要证据。通过实测干海、马营海（天池）、琵琶海边缘的浅井挖掘剖面，建立地区相对完整的湖相沉积序列，在公海中心位置获取了钻穿湖相地层的岩芯，岩芯上部以湖相沉积为主：第 1 岩性段以灰褐色粉砂质黏土为主，偶含植物化石；第 2 岩性段以暗色有机质泥岩为主，含浅灰色黏土层；第 3 岩性段以深灰色粉砂质黏土和淡灰色粉砂组成，偶含灰黄色砂。在湖相地层之下发育了一套薄层沙砾石层，可见明显的成土和河流作用痕迹。

近年受降水、地下水等补给要素的影响，宁武县高山湖湖泊群水面面积逐渐缩小，水量衰减明显。由于矿业开发、隧道施工等人类活动造成天池底部隔水底板产生不同程度的裂隙，使天池水沿基岩裂隙下渗排出，天池湖泊水量明显减少。因为近年湖泊群水量的减少，水位下降，使得大多湖泊面临干涸缺水的状态，自然环境变迁很大，沼泽地增多，使得宁武县天池高山湖泊群水生植物按种群发生了巨大的变化。

2.5.7 生物多样性保护与修复研究现状

1995 年，联合国环境规划署将生物多样性定义为"生物和它们组成的系统的总体多样性和变异性"。生物多样性概念十分广泛，主要研究方向为遗传（基因）多样

❶ 王鑫，王宗礼，陈建徽，刘建宝，王海鹏，张生瑞，许清海，陈发虎. 山西宁武天池区高山湖泊群的形成原因 [J]. 兰州大学学报（自然科学版），2014，50（2）：208-212.

性、物种多样性、生态系统多样性、景观多样性 4 个层次。生物多样性是人类赖以生存和发展的可再生自然资源的基础，具有支持生态系统服务及可持续发展的作用❶。由于人类生活空间的不断扩张，加速生物多样性的丧失，降低了生态系统的服务能力，从而导致无法估量的损失。

导致生物多样性丧失的因素有多方面，主要包括：①栖息地的消失；②栖息地（景观）的破碎化；③外来种的入侵和疾病的扩散；④过度开发利用；⑤水、空气和土壤的污染；⑥气候的改变。❷ 其中大部分影响因素都是人为因素，尤其是人类开发活动造成的栖息地消失和破碎是生物多样性消失的最主要原因之一。

1992 年联合国发布《生物多样性公约》，生物多样性的保护成为当今人类环境与发展领域的中心议题之一。研究主要涉及：①信息系统建立及动态监测；②人类扰动影响分析；③生态系统功能；④物种濒危机制；⑤野生近缘种的遗传多样性研究等。

我国对植物多样性的研究大多是对自然群落植物多样性的调查，各类外部因素对多样性影响的发生机制，影响多样性群落功能的作用机制等方面。我国生物多样性研究的热点可以归为：①生物多样性的调查及信息系统的建立；②人类活动对生物多样性的扰动；③生物多样性生态系统功能；④生物多样性长期动态监测；⑤物种濒危机制及保护对策的研究；⑥生物多样性保护技术与对策。❸

1990 年中国科学院成立了生物多样性工作组。在"八五""九五"期间，我国还完成了中国生物多样性保护生态学、濒危植物保护生态学和生物多样性保育与持续利用的生物学基础等重大科研项目。20 世纪以来我国重点开展了生物多样性丧失机制研究，生物多样性的保护与管理策略研究，生物多样性的价值评估与生态补偿机制的经济学研究等。生物多样性的研究所占的比例比较大，主要是以某一地理区域为单位。生物多样性的研究主要以探讨生境类型的差异及不同生境中生物群落在物种组成及多样性上的变化为主。❹

我国先后颁布《中华人民共和国环境保护法》《中华人民共和国森林法》《中华人民共和国草原法》《中华人民共和国渔业法》《中华人民共和国野生动物保护法》《野生植物保护条例》《森林和野生动物类型自然保护区管理办法》《中华人民共和国

---

❶ 田民，王育新．生物多样性保护现状及发展趋势［J］．河北林果研究，2008，23（4）：407 - 409.

❷ 陶晶．云南哈巴雪山自然保护区生物多样性及保护研究题名［D］．北京：中国林业科学研究院，2010.

❸ 彭邦良．生物多样性研究综述［J］．绿色科技，2014（11）：242 - 244.

❹ 李春宁．陕西省牛背梁国家级自然保护区生物多样性及其保护研究［D］．咸阳：西北农林科技大学，2006.

自然保护区条例》等一系列法律法规，新修订的刑法也增加了"野生动植物的保护条款"，从法律层面保护野生动植物。通过制定《中国自然保护纲要》《中国生物多样性保护行动计划》，确定我国生物多样性保护的策略及方向。启动了天然林资源保护、退耕还林、京津风沙源治理，"三北"及长江中下游地区等重点防护林、野生植物保护及自然保护区建设、重点地区速生丰产用材林基地建设等六大林业重点工程，生态效应显著。❶ 新中国成立以来，全国共建立各种类型、不同级别的自然保护区2194 个，自然保护区总面积为 1482216 万 hm²，有效地保护了我国 85％的陆地生态系统种类、85％的野生动物和 65％的高等植物。1992 年我国加入《关于特别是作为水禽栖息地的国际重要湿地公约》以来，积极抢救和恢复湿地资源，全国已建立各类湿地自然保护区 473 处，已成为保护世界珍稀濒危水禽栖息地和典型湿地生态系统的主体力量。

2.5.8 农田综合治理研究现状

美国为控制面源污染提出"最佳管理措施"，在农田种植时，让农民合理使用土地，通过实施科学的技术、硬性的法律法规等措施来提高公民对减少污染物的意识与行动，避免农田面源污染的形成。欧盟从法律法规方面着手，出台了一套完善的政策对农民进行补偿和补贴，践行环境友好型农业的发展理念，鼓励农民自觉自愿接受并且采纳，进行良好的农业实践和清洁生产❷。英国 2005 年启动了 GFPS/PC管理计划设置新的环境管理员方式，对于在农地上的参与不同程度环境治理的农场主进行补贴，参与程度越高，补贴越多❸。

在 2007 年我国第一次进行全国污染源普查，结果显示，农业生产的污染物在工业、生活和农业三方面里排放量最高，其中在氮、磷等主要污染物的排放量达到工业源与生活源排放量的 2 倍❹。目前国内对农业污染源防治实践主要处于控源节流和规划管理措施等方面。控源节流主要是为了减少营养物质的积累量和流失量，加强对施肥环节的科学治理，对水土流失进行控制。当前我国农业面源污染综合治理一般分为源头控制、过程阻断、末端治理三个环节。源头控制方面，源头控制主要在从当地的小流域农业面源污染的污染源产生源头进行治理。针对流域种植业化学肥

❶ 李春宁. 陕西省牛背梁国家级自然保护区生物多样性及其保护研究 [D]. 咸阳：西北农林科技大学，2006.

❷ 滕海键.1972 年美国《联邦水污染控制法》立法焦点及历史地位评析 [J]. 郑州大学学报（哲学社会科学版），2016（5）：121-128.

❸ AYZ，BXJ，BYL，et al. Project for controlling non-point source pollution in Ningxia Yellow River irrigation region based on Best Management Practices [J]. Journal of Northwest A & F University (Natural Science Edition)，2011，39（7）：171-176.

❹ 王小伟，王卫，单永娟，等. 我国经济发展与大气污染物排放的关系研究——基于全国第一次污染源普查数据的实证分析 [J]. 生态经济（中文版），2016，32（5）：165-169.

料污染较严重，在流域内一般推广精准配方施肥、绿色施肥、调整使用肥料的结构和改变不良的施肥习惯等减少化学肥料的使用，可显著减少氮、磷流失。对畜禽养殖业污染和生活污染较严重的农田流域，推行对中大型畜禽养殖场进行整治、大型畜禽养殖场进行规划治理、对靠近河道畜禽养殖场的进行整体或部分搬迁以及修建污水处理站和配套管网系统，对生活污水处理实现达标排放、城乡垃圾定点回收、厕所改造等。❶❷❸

2.5.9　环境设施提升研究现状

宁武县煤矿资源丰富，汾河沿线矿业企业生产方式粗放，产生污染风险。宁武县高度重视沿汾河企业污染治理，对汾河沿线煤矿及企业进行污染源排查，主要是针对研究区内的煤矿、洗煤厂以及堆煤场进行详细的调查。通过调查，基本查明区域污染现状，确定各个污染源的位置，生产规模、排污情况、周边地质、水文地质条件。对于煤矿，主要调查其规模、开采历史、开采层位等，查明其有无排污，纳污水体及去向；对于洗煤厂，确定其规模、出露地层、污水处理情况，以及洗煤水去向。对于堆煤场，重点查清其规模，堆煤时间，出露地层，包气带特征及煤堆淋滤水去向。

宁武县汾河沿线是重要的农业区域，农业面源污染问题对汾河的水质产生了严重的压力。农药化肥的过量使用、畜禽粪污随意排放、农作物秸秆处置不当等，造成农业面源污染日益严重。在《农业部关于打好农业面源污染防控攻坚战的实施意见》中，习近平总书记指出，农业发展不仅要杜绝生态环境欠新账，而且要逐步还旧账，要打好农业面源污染治理攻坚战。2015 年，中央 1 号文件《中共中央　国务院关于加大改革创新力度加快农业现代化建设的若干意见》就明确将农业生态环境作为治理重点，并强调将农业面源污染作为治理难点；农业农村部积极响应国家号召，出台防治农业面源污染的意见。2016 年，国务院《政府工作报告》指出转变农业发展方式、推进农业现代化建设，重点是加强农业面源污染治理。我国从各自研究领域不同程度地研究和分析总结了农业面源污染问题，并形成了系统的研究成果：根据我国农业实际情况，阐明了我国农业面源污染源头；针对我国农业面源污染来源，从政策机制、经济手段、文化机制等方面提出对策；创新观念，提出综合治理、协同治理

❶　刘邵伟. 丰乐河典型小流域农业面源污染分析与治理效果评价［D］. 合肥：安徽农业大学，2020.

❷　杨会改，罗俊，刘春莉，等. 湖库型乡镇饮用水水源地非点源污染控制研究［J］. 中国农村水利水电，2014（11）：63 - 67

❸　何敏. 成都市小流域水环境治理模式和经验研究［J］. 环境科学与管理，2013，38（2）：1 - 4.

模式。❶

汾河是山西省的母亲河，水质要求高，出水排放标准日益严格，旧污水处理厂的提标改造是大势所趋。针对现状东寨污水处理厂进出水质进行分析，分析该厂提标升级的重点处理项目，并采取对比分析的方式对污水处理生化池工艺及深度处理工艺进行选择，确定最优改造方案并进行中试试验，为该厂的提标改造的建设提供技术保障，同时统计分析试运行结果，旨在为将来该水厂运行以及类似的升级改造工程提供参考。我国的污水厂提标改造的技术路线主要有污水处理厂生化池改造、在原工艺末端增加深度处理、生化池改造＋深度处理三种。

据原建设部 2005 年 10 月《村庄人居环境现状与问题》调查报告，96％的村庄没有排水渠道和污水处理系统，污水随意排放，农村污水除处理率低，间歇排放排量少且分散。宁武县汾河沿线村庄分布，因此，加强农村地区的污水排放收集和处理设施建设工作，避免因污水未经处理直接排放而对汾河水体、土地等自然环境产生污染影响，是在村庄建设中加强基础设施建设、推进村庄整治工作的一项重要内容。由于汾河沿线村庄发展不平衡，有部分集中，也有部分分散，应根据农村具体现状、特点、风俗习惯以及自然、经济与社会条件，因地制宜地采用多元化的污水处理模式。污水分散处理模式适用于村庄布局分散、规模较小、地形条件复杂、污水不易集中收集的村庄污水处理。稍大的村庄或邻近村庄的联合宜将所有农户产生的污水进行集中收集，统一建设处理设施对村庄全部污水进行处理。

随着农村经济的发展和农民生活水平的提高，农村生活垃圾产生量快速增加。由于缺乏专门有效的垃圾处理设施和运行管理机制，农户的生活垃圾多被随意堆放，就地焚烧，多数农村生活垃圾问题仍未能够得到有效解决❷。从 2010 年起，我国进一步组织开展包括农村生活垃圾治理在内的农村环境连片整治工作。学者对我国各地区农村生活垃圾组分进行了调查，结果表明农村生活垃圾主要组成为厨余垃圾，其余为废弃塑料、废纸等可回收垃圾以及灰渣。宁武县汾河沿线取暖做饭用的燃料是煤炭，因此生活垃圾中渣土所占的比例相当大（约为 62％）。有学者通过对浙江省 11 个地区农村生活垃圾砖瓦灰渣等无机物的研究，结果发现经济发达地区以电和液化气等为主要能源，燃料灰渣产生百分比低，反之在经济欠发达农村地区，由于经济收入低，生活燃料主要以原煤林材为主，因此垃圾中灰渣成分高，说明通过优化能源结构可以有效降低农村地区的垃圾量。

❶ 万君. 长三角地区农业面源污染治理存在的问题及对策［D］. 合肥：安徽农业大学，2017.
❷ 鞠昌华，朱琳，朱洪标，孙勤芳. 我国农村生活垃圾处置存在的问题及对策［J］. 安全与环境工程，2015，22（4）：99－103.

2.6　实践案例

2.6.1　青海省湟水流域空间治理

湟水位于我国青海省东部，长 349km，年径流量 46.3 亿 m³，为黄河四大支流之一。青海湟水流域涉及区域北依祁连山脉，南靠拉脊山，中拥湟水谷地，是青海省五大生态板块河湟地区生态功能板块的核心组成部分，生物类型多样、生态环境脆弱、生态地位十分重要。青海省湟水流域属于祁连山系的西北—东南走向的山地丘陵地形，属西北黄土高原过渡地带，自上而下呈峡盆相间，似如串珠。区内山峦起伏，主要山脉有达坂山和拉脊山，山地占全区总面积的 96%。湟水河干流南北两岸支沟发育，地形切割破碎，支沟之间多为黄土或石质山梁，沟底与山梁顶部，高差一般都在 300～400m。面对青海湟水流域生态承载力超负荷、生境破碎度不断升高、生物多样性破坏等问题，按照"格局引导、单元管控、重点治理"的整体思路，"生态保护格局""保护修复单元""重点治理区域"3 层次构建黄河上游青海湟水流域山水林田湖草沙一体化保护和修复工程整体布局。根据流域生态系统的空间分布特征，结合生态服务功能及其对区域社会经济发展的作用，在环境承载力、国土开发强度和生态环境现状评价的基础上将流域生态空间划分为"一廊、两屏、三区"（湟水河干流生态廊道、达坂山生态屏障、拉脊山生态屏障、金银滩草原生态区、湟水上游生态区、湟水中下游生态区）的保护格局。通过将区域地貌类型、气候条件、水文水系、流域区域、自然保护地、生态功能区、主要生态系统、主导生态服务功能、主要生态问题等要素进行叠加，将项目区生态空间划分为覆盖全域、特征鲜明的 6 个生态保护修复单元，通过"单元管控"，保护修复单元的主导生态功能。进一步深入开展生态系统服务功能、生态系统敏感性、生态系统质量、生态系统格局、生态问题 5 类 30 项指标评估分析，治理单元急迫生态问题，优化单元生态系统格局，提升单元生态系统质量。治理工程项目包括水生生境恢复及生态连通项目、生态岸线建设项目、生态廊道修复项目、林草植被恢复辅助项目、湿地公园生物多样性保护项目、水源涵养能力提升项目、林草生态系统质量提升配套项目、退化林草保护修复项目、生态清洁小流域建设项目、野生动物救护繁育研究基地建设项目、原生植物保育和示范基地建设项目、生态环境监测体系建设项目等。

2.6.2　茅洲河流域水环境综合整治工程

茅洲河位于深圳市西北部，属珠江口水系。茅洲河流域面积 388km²，流经深圳、东莞 2 市 3 地，干流长 41.69km。其中，宝安片区流域面积 112.65km²，境内干流全长 19.71km，下游河口段 11.4km 为深圳市与东莞市界河。茅洲河流域是原宝安县的主要产粮区，是历史上受洪涝影响较多的区域，随着城镇化发展，乡镇企业的建设，导致流域内城镇建设用地逐渐增加，而耕地面积逐年缩减。由于缺乏全面综合的整治，河道防洪、排涝、排污负担日益加重。长期的严重污染，导致茅洲河干支流水质劣于地表水Ⅴ类，水体黑臭，水生态环境亟待改善。茅洲河流域水环境综合治理以"流域统筹、系统治理"为思路，按照"控源截污、内源治理、活水循环、清水补给、水质净化、生态修复"的技术路线，整合已有及新建工程，开展综合治理，系统性提高茅洲河流域的水环境质量。其中：①控源截污工程主要包括22 个片区雨污管网系统建设、2 个片区污水管网接驳完善、18 项沿河截污管系统建设；②内源治理工程主要包括底泥处置工程以及流域内河道清淤工程；③清水补给工程主要包括污水厂再生水补水以及珠江口取水补水工程；④水质净化工程包括污水厂提标扩容、源头分散应急处置设施等；⑤生态修复工程包括原位强化处理、河道生物治理、湿地建设以及支流原位生态修复工程。

为实现流域全面消除黑臭的目标，在实施水环境综合治理工程的过程中谋划"四步"逐级推进方案，即织网成片、正本清源、理水梳岸、寻水溯源。

（1）织网成片。逐步完善排水管网系统，提高管网密度，保障新建管网与现状干管的衔接。

（2）正本清源。在全面调查工业企业、公共建筑、住宅小区、城中村的基础上，实施小区雨污分流、海绵城市、城市更新、城中村综合整治等工程，全面提高源头污水收集率。

（3）理水梳岸。梳理雨水系统、整理排水口路径、收集处理初雨、复核提升防洪排涝能力、美化岸线景观，实现"污水不入河、雨水少进厂"的目标。

（4）寻水溯源。对茅洲河流域内干、支、汊流源头生态基流进行持续三年多的实地调研，寻找合适补水水源，充分利用雨洪资源、再生水补水，借助西江引水工程，对东江、西江水资源进行合理调度，进一步提高茅洲河生态流量，亚海水补水，利用海水为感潮河段配水，可有效改善河道水环境。

工程项目实施后应充分结合产业结构调整、城市更新及管理进一步巩固成果，做到长治久清。茅洲河治理后效果如图 2.1 所示。

2.6.3　兆河生态清洁小流域建设（巢湖市段）

巢湖为全国五大淡水湖之一，是长江下游重要的生态湿地，也是全国水污染重点防治的"三河三湖"之一。为落实合肥市政府工作部署，合肥市环湖办编制了《合肥市兆河流域生态清洁小流域建设可研编制实施方案》，将兆河流域纳入合肥市

图 2.1 茅洲河治理后效果图

生态清洁小流域建设一期工程（环巢湖六期工程）中。

兆河生态清洁小流域建设工程（巢湖市段）位于合肥市巢湖市境内，治理范围北至巢湖，西至兆河，南至东环圩河，东至流域分界线（县界），总面积 197km²，范围内共涉及镇区污染源治理工程、农田面源治理工程、流域生态提升工程、防洪工程及智慧管理工程五大类工程。

（1）镇区污染源治理工程主要是石茨河湿地的建设，占地约 49 亩，处理水量约 2000m³/d，湿地根据现有地形及湿地进水水质，采用多水塘活水链技术，地形改造、植物种植等措施。

（2）农田面源治理工程工程实行从"源头减量、过程拦截、末端净化"的全过程控制，构建源头减量综合调控、过程拦截、末端净化和农田面源污染综合防控示范四项工程。农田面源治理源头减量工程主要包括种植结构调整 1135 亩，安装太阳能杀虫灯 3000 盏，诱捕器 10000 只；过程拦截工程包括建设生态沟渠 73.22km，末端治理工程包括建设生态净化塘 33.47 万 m²。针对湖东自然湿地建设面源净化湿地，总面积 625 亩，采用接近自然状态的表流湿地，提升河道入兆河水质，从而巩固巢湖生态屏障。对禁养区存在复养风险的养殖户采取关闭补偿措施，其余类型畜禽养殖可按规模类型采取种养结合、原位发酵床及异位发酵床等措施，进行全流域的畜禽防治。针对环巢湖 1km 以内的 16 个村庄进行环境提升、水系治理，通过坑塘整治、沟渠清淤疏浚，逐步消除水体黑臭、环境脏乱差现象，并充分发挥坑塘沟渠的生态景观、水源调蓄等功能，提升水质及周围环境，打造宜居的农村环境。

（3）流域生态提升工程以生态河道构建为主，主旨是通过低影响干预和引导，以流域内 7 条骨干河流为框架，通过水生植物净化系统构建和水生动物群落构建，强化流域生态骨架和自然基底，结合流域自然修复功能，逐步恢复流域生物多样性和生态系统稳定性。辅以河床清淤、岸坡清障、生态护岸改造、老旧堤防改造加固等措施，并在重点河段进行生态缓冲带建设，结合项目范围内河流水系周边的自然生态斑块，针对不同河段制定不同的治理策略——"生态保育""生态修复""生态提升"，从而真正实现以生态修复为基底，打造清净、生态、活力的清洁小流域。同时对兆河小流域（巢湖市段）内 30 个（槐林镇 20 个、坝镇 10 个）城镇重点区域范围内的坑塘进行清淤疏浚，布设生态护岸，增加调蓄库容，构建水生植物净化系统，进行生态化改造，使其成为兼顾水质净化、生态养殖、雨洪利用、生态补水、休闲游憩等多种功能于一体的生态坑塘。从边坡护岸生态修复、控制建筑物、污水排放、水生植物搭配、合理空间布局等多个设计参数或运行和管理措施的角度出发，对坑塘进行生态化修复。兆河流域生态修复治理效果如图 2.2 所示。

图 2.2　兆河流域生态修复治理效果

（4）防洪工程中石茨河、南大圩撇洪沟镇区段主要针对现状河道堤防不满足 20 年一遇标准的河道驳岸进行提标改造，构建复式亲水型生态驳岸。永丰河巢庐路至创业大道段，由于巢庐路桥阻水严重，导致上游汛期壅水，设计在永丰河巢庐路新建分洪箱涵并改善水流流态，以解决汛期桥梁阻水问题。

（5）智慧管理工程结合流域范围内现状情况，主要建设内容包括基础建设、数据中心建设、在线监测系统建设、应用系统建设、综合门户建设以及移动 APP 系统建设等，共计布设 29 个现场监测点位，并采取相应的长效管控措施，对全流域进行实时监测和智能化水管理。

采用流域统筹、系统治理、正本清源、标本兼治的原则，通过对水安全、水环境、水资源、水生态、水管理现状调查分析，识别流域存在的问题，落实减什么的问题；根据流域治理目标，通过污染负荷计算与结构分析、水环境容量分析，明确污染物削减目标，落实减多少、减哪里的问题。通过"五位一体"现代治水体系，精准施策，统一达标，落实怎么减的问题。项目结合流域现状突出的问题，以治理目标为导向，以"流域统筹、系统治理"的现代治水理念、以标本兼治的整治措施，追根溯源，从根本上解决兆河流域（巢湖市段）水环境问题。兆河流域（巢湖市段）水环境治理效果如图 2.3 所示。水安全是所有水环境治理措施的基础，是河流沿线发展的安全保障，以河流防洪提升为安全保障，实施水环境工程削减存量的措施，统筹水资源、水生态措施是扩大水环境容量。通过建管一体化智慧水务管理平台，落实如何管的目标要求，最终实现兆河流域各河段防洪达标，水质稳定达到地表水Ⅲ类标准，实现提升生态系统功能，提高流域综合管控能力，创造沿线城乡共享水清岸绿美好环境与和谐发展生态空间。

图 2.3　兆河流域（巢湖市段）水环境治理效果

2.6.4　陕西省秦岭生物多样性保护

秦岭是我国南北气候的分界线和重要的生态安全屏障，生物多样性十分丰富，被誉为生物多样性的宝库，秦岭是全球 34 个生物多样性热点地区之一，是我国生物多样性最丰富的两个地区之一。党中央、国务院高度重视秦岭生态环境保护工作。目前，秦岭的生物多样性面临多重威胁和挑战，陕西省开展了陕西省秦岭生物多样性保护工作。根据《陕西省秦岭生物多样性保护规划（2019—2025）》，深入分析研究生物多样性保护事业发展规律，立足秦岭实际，查找弱项，明确目标，制定措施。以自然保护区群和生态廊道建设为基础，保护秦岭地区自然生态系统和重要物种栖息地的原真性、完整性与连通性，尽量减弱重大工程项目对栖息地的破坏。加快以国家公园体制建设为主体的自然保护地体系建设，加快湿地保护系统工程建设，建立陕西省生物多样性保护数据库和信息化监测体系，改革创新和完善管理体系，加强人才队伍建设，强化野生动植物保护管理，积极开展遗传多样性保护和研究，维护生态平衡、促进人与自然和谐发展，有效保护生物多样性。通过推进大熊猫国家公园建设规划、就地保护工程、本底调查和监测评估、迁地保护工程、监测体系建设、保护管理机构建设等项目，完成大熊猫国家公园试点，优化秦岭生态系统进行保护和结构，实施大熊猫等珍稀动物栖息地修复，提升秦岭生物多样性综合保护能力，严控有害生物入侵，规范秦岭旅游产业，积极开展生物多样性保护宣传教育，建立健全保护法规体系，严厉打击破坏物种多样性的违法行为，建设完善物种多样性保护管理网络体系，加强伞护物种栖息地保护，开展秦岭地区珍稀野生动植物专项调查，建立物种多样性信息化监测体系，推动野生动植物迁地保护及繁育基地建设，建立秦岭省级种质资源库、种子库、菌种库和精子库，保护秦岭的动植物遗传资源。

2.6.5 江西省赣州市寻乌县生态文明试验区建设

寻乌县位于江西省东南边隆武夷山与九连山余脉相交处，为赣、闽、粤三省交界处。寻乌因寻乌河得名，是革命老区县、客家聚居地、东江源头县、资源富集区，是赣、闽、粤三省对接的桥头堡。寻乌县区位优越，生态系统完整，各要素兼具，尤其以山、水为重，山川秀美，资源丰富，东江发源于三标乡东江源山，发达的水系孕育了丰富的河、湖（塘、库）。寻乌县森林覆盖率达 81.5%，源头东江源山的森林覆盖率高达 95%。寻乌以山地丘陵为主，林地面积占土地总面积的 81.5%，境内重峦叠峰，活立木总蓄积量 789.03 万 m^3。寻乌属亚热带红壤区南部，土地肥力较好，土壤普遍呈酸性，适合种相橘、脐橙等，果业丰富，是中国蜜橘之乡、中国脐橙之乡。寻乌水系发达，河网密布，共有大小河流 547 条，河道总长 1902km，寻乌县水资源总量 21.32 亿 m^3，地下水径流总量为 5.57 亿 m^3。寻乌矿产资源丰富，矿种有 30 余种，地热资源丰富，素有"稀土王国"之称。

寻乌是东江发源地，境内生态系统完整，山、水、林、田、湖、草要素兼具，构筑了赣东南重要的生态屏障。从改革开放早期探索实践，到党的十八大以来全面加强生态文明建设，寻乌始终坚持走绿色发展道路。寻乌县县委、县政府贯彻落实习近平生态文明思想，全面加强生态文明建设，牢固树立社会主义生态文明观，大力发展生态产业，坚决践行生态优先、绿色发展理念。寻乌县坚持"发展为先、生态为重、创新为魂、民生为本"理念，出台了《关于实施"净水、净空、净土"工程全面推进生态文明建设的工作意见》，积极打造生态环境安全体系、生态产业发展体系、生态和谐宜居体系、生态制度保障体系，努力探索符合寻乌县实际的生态文明发展之路。

2016 年 12 月，在赣州市委、市政府的全力争取和高位推动下，寻乌县作为国家级重点生态功能区列入了全国首批山水林田湖草生态保护修复工程试点。

寻乌县积极探索创新生态保护修复，坚持以"山水林田湖草是一个生命共同体"的理念，告别"九龙治水"，实现"抱团攻坚"，推行全景式策划，做到治理区域

"山、水、林、田、湖、草、路、景、村"九个一体化推进；实现全要素保障，项目实行资金、人力、技术等要素保障"三优先"；做到全域性治理，项目坚持"三同治"推进，以小流域为单元分区治理，采取了"山上山下同治、地上地下同治、流域上下同治"整体保护、系统修复、综合治理的试点模式，坚持梯次推进、分步巩固，实现小流域生态环境自我修复功能持续改善。寻乌县紧紧围绕打造山水林田湖草综合治理样板区的目标，深入实施山水林田湖草生态保护修复试点工程，做好治山理水、显山露水的文章。

寻乌县坚持以人为本、尊重自然、保护为主、治理优先、开发为辅的原则，通过整体保护、系统修复、综合治理，使用生态技术手段和方法，围绕生态保护、基础设施、污染防治、系统开发等重点领域，全方位、立体化实施生态保护项目，着力解决废弃稀土矿山环境、水土流失、植被、山水林田地表水质、小流域自我修复功能缺失等相互关联的基本生态问题，修复生态及系统断链，实现区域生态环境持续改善。

寻乌县始终坚持"绿水青山就是金山银山"发展思路，牢固树立尊重自然、顺应自然、保护自然的生态文明理念，切实抓好生态环境治理，建立生态文明建设考核评价体系，纵深推进东江流域上下游生态补偿，全力打造山水林田湖草治理示范样板，实施"净水""护林""兴业"等绿色工程，生态文明建设水平不断提升，全县生态环境得到明显改善，致力于把寻乌打造为"城在林中、路在绿中、楼在园中、人在景中"的生态宜居园林城市。坚持在发展中保护、在保护中发展，全面推动工业、农业、服务业提档升级，实现经济社会发展和生态环境保护协同共进。大力发展低碳经济、循环经济，探索建立"会寻安"生态经济示范区，努力把寻乌这片绿水青山建设成为人人共享、代代受益的"绿色银行"。

寻乌县以对人民群众、对子孙后代高度负责的态度抓好生态文明建设。要求牢固树立生态民生观，增强生态产品供给能力，让人民群众享受更多的生态福利，让生态成为最普惠的民生福祉。大力实施生态扶贫、大力整治城乡环境。加强生态资源共享，开展"增绿、创绿、爱绿、护绿"等活动，实施城镇拆违透绿行动计划，实现开窗见绿、出门见园，增加绿色公共产品供给。

寻乌县坚持生态建设为基础，全力抓源头、重治理，厚植发展新优势。在"建"上求实效，持续开展低质低效林改造，攻坚克难推进山地复绿，深入实施柯树塘废弃稀土矿山环境综合治理与生态修复工程，力争打造成全国山水林田湖草的示范样板。在"治"上出实招，新建各乡（镇）污水管网及污水处理站，全面实施城市雨污分流工程，统筹农村改水及"厕所革命"，强化畜禽养殖管控，全面消除Ⅳ类水质，确保团丰桥和斗晏电站断面水质稳定达标。在"管"上动真格，坚持全县封山育林不动摇，全面落实《寻乌县太湖水库集中式饮用水水源保护区生态环境保护暂行办法》。严格执行建设项目环境影响评价制度，坚决拒绝重金属、过剩产能等高污染、高能耗项目落户。全面禁止露天焚烧，打赢蓝天保卫战。严厉打击非法开采稀土、"收尾水"及其他矿产无序过度开发等生态违法行为。

寻乌县坚持把统筹规划、整体推进作为首要前提，按照生态系统的整体性、系统性及其内在规律，统筹考虑自然生态各要素，采用整体到部分的分析方法、部分再到整体的综合方法，把维护水源涵养、防风固沙、洪水调蓄、生物多样性等生态功能作为核心，突出主导功能提升和解决主要问题，维护区域生态安全、确保生态产品供给和生态服务价值持续增长。坚持全景式策划、全员性参与、全要素保障，攥指成拳，凝聚合力，积极构建"抱团攻坚"与"十指弹琴"协调统一的治理格局❶。

寻乌县以协同引领山水林田湖草生命共同体建设。寻乌县在推进山水林田湖草项目建设中，根据废弃稀土矿山特点，坚持问题导向、因地制宜，将工程措施与林草措施相结合，实行"三同治"：以小流域为单元，按照分区治理原则，对废弃稀土矿山采取山上山下、地上地下、流域上下，同时进行整体保护、系统修复、综合治理，实现小区域生态环境自我修复功能持续改善。一是山上主要采取矿山地形整治、修复边坡、建挡土墙、截排水沟等措施，提升防灾减灾能力，消除大型崩岗、泥石流等地质灾害，控制治理范围内的水土流失。二是山下主要构建水流截排和水质治理系统。地上地下同治，地上采取土地平整，土壤改良，植被恢复、人工湿地建设，因地制宜种植油茶、竹柏等经济作物。三是地下采用高压旋喷桩等技术措施截流地下污水引流至地面进行综合治理。流域上下游同治，上游主要控制水土流失、恢复植被，重点是山、草、林，下游重点是水、田、湖，主要通过生态护坡挡墙、人工湿地、土壤改良、高标准农田建设等措施，实现从流域上游到下游的全过程治理，充分贯彻和体现了生命共同体理念。

寻乌县以统筹提升山水林田湖草生命共同体建设。寻乌县长期坚持统筹抓好资源环境工作，着力提高资源综合利用水平。一是抓保护，持续实施封山育林政策，取消外销商品材采伐指标。落实基本农田保护措施，加强用地预审和批后管理，节约集约用地。认真落实饮用水源保护措施，启动城乡供水一体化工程建设，尽早让群众喝上"干净水"和"放心水"。二是抓治理，不断完善稀土整治工作机制，严厉打击非法开采稀土行为。加强中小河流域综合治理，推进废旧矿区复垦复绿造地综合整治工程。抓好工业污染源治理，有效控制农业面源污染。开展农村环境综合整治，加快垃圾填埋场、污水管网等项目建设，建立污水处理长效机制。三是抓发展，

---

❶ 寻乌县发展和改革委员会. 山水林田湖草生命共同体建设——寻乌县生态文明试验区建设的实践与探索［M］. 北京：学习出版社，2019.

积极发展生态农业、生态旅游和循环低碳产业，抓好青龙岩生态旅游和东江源温泉养生小镇深度开发项目建设。推进生态村、生态乡镇和生态工业园创建活动，努力实现寻乌县"青山常在、绿水长流"。

寻乌县以绿化支撑山水林田湖草生命共同体建设。寻乌县自觉践行山水林田湖草生命共同体理念，创新绿化工作，获评为"全国造林绿化先进县"。一是植树绿化氛围"浓"。牢固树立植树造林就是建造"绿色银行"，是子孙后代宝贵财富的思想，扎实开展造林绿化工作，全民义务植树氛围浓厚，形成"全民参与、人人动手"的良好氛围。全民义务植树在 66 万株以上，各乡（镇）都建立了义务植树登记卡制度，建卡率达到了 100％。二是造林绿化机制"全"。积极探索绿化造林新机制，规范和完善绿化机制体制。2012 年以来，全县实施的珠江防护林国债项目、林相改造等林业重点工程，均由具有绿化造林施工资质的专业队承包造林，通过机制体制的规范和完善，林业工程项目建设质量得到充分保证，全县森林覆盖率由 2010 年的79.5％提高到目前的 81.5％。三是城市园林绿化品位"高"。按照"城区园林化、城市森林化、道路林荫化、乡村林果化"的目标，高起点规划、高标准设计、高品位建设推进创建工作，取得了显著成效。村庄绿化覆盖率达到 32.7％；城区绿地率为42.21％，公园绿地面积 1473 亩，人均公园绿地面积为 11.01m²，植物种类 300 余种。城市重要水源地森林植被保护完好，功能完善，森林覆盖率达到 88.43％；城区新建地面停车场的乔木树冠覆盖率达 38.01％；市民出门 500m 有休闲地。四是矿山综合整治力度"大"。积极开展矿区复绿工程建设，以造林复绿结合种草或种植经济作物的综合治理方式进行矿山复绿。积极发展特色产业，引进专业企业，利用废弃矿区种植长林系列高产油茶，产业复绿造地 3000 亩。❶

2.6.6　陕西省牛背梁国家级自然保护区建设

陕西省牛背梁国家级自然保护区横跨秦岭主脊南北，地理环境复杂多样，自然景观分异明显，生物多样性丰富，是我国南北气候交替，秦岭东段生物多样性最为丰富、森林生态系统保护较为完整的区域。牛背梁国家级自然保护区是我国唯一的以羚牛及其栖息地为主要保护对象的森林和野生动物类型自然保护区❷。保护区科学界定核心区、缓冲区和实验区，按各功能区的性质实行严格管理，完成了一系列的动植物物种多样性与区系、群落生态学、动物行为生态学等生物多样性保护方面的科学研究，形成了从"管理局"到"保护站"再到"责任人"的三级管理体制。通过

---

❶　寻乌县发展和改革委员会. 山水林田湖草生命共同体建设——寻乌县生态文明试验区建设的实践与探索［M］. 北京：学习出版社.

❷　李春宁. 陕西省牛背梁国家级自然保护区生物多样性及其保护研究［D］. 咸阳：西北农林科技大学，2006.

健全管理制度，实现社区共管，建立信息系统的监测网络等方式，持续促进生物多样性的有效保护。通过牛背梁国家森林公园建设，将秦岭造山带地质内容的科学内涵和地表景观风光整合在公园内，使地质遗迹景观、人文景观、植物资源交相辉映。

2.6.7 广东省南岭生物多样性保护优先区域建设

广东省南岭生物多样性保护优先区域总面积 15922.6km²，主要生态功能为水源涵养、生物多样性保护和水土保持。区域森林生态系统面积最大，占总面积的86.08%，包括温性针叶林、针阔叶混交林、常绿阔叶林等，保存有华南五针松、山地常绿阔叶林、山顶（常绿阔叶）苔藓矮曲林等原生植被。区域内保护地类型有自然保护区 44 个、森林公园 42 个、湿地公园 3 个、风景名胜区 3 个、地质公园 2 个、世界自然遗产地 1 个、水产种质资源保护区 4 个。面对人口活动和经济社会发展对生物多样性的胁迫，区域制定了科学有效的保护策略，切实保护生物多样性。根据区域生物多样性及其保护现状、资源分布、土地利用现状和经济社会发展规划等，开展规划分区，实施分级分类保护，制定相关管理办法。按照生物多样性保护要求，建立生态环境硬约束机制，严格限制建设项目准入。通过生态补偿激发各地保护生态环境的内在动力。利用"3S"技术，结合野外调查、模型模拟等方法，定期开展区域生态系统格局、生态系统质量和生态系统服务功能状况调查评估。对区域内的陆生野生高等植物资源、陆生野生动物资源、水生生物资源、微生物资源进行本底调查，调查物种的种类、数量、分布、生境、威胁因素等。依托现有保护地，在具有国家代表性的大面积自然生态系统分布的地区，积极探索建立国家公园。❶

2.6.8 福建省龙岩市长汀县水土流失综合治理

长汀（古称汀州）县地处福建省龙岩市，是闽、粤、赣三省边陲要冲，全县辖18 个乡（镇），总人口 53 万，土地面积 3099km²。由于人类活动、地形地貌、气候变化、历史变迁等原因，长汀县水土流失非常严重，生态环境急剧恶化。早在 20 世纪 40 年代，长汀县被列为全国三大水土流失区，其历史之长、面积之广、程度之重、危害之大，均居福建省之首。据 1985 年遥感普查，长汀县水土流失面积达974.67km²，占全县总面积的 31.5%，土壤侵蚀模数达 5000～12000t/(km²·a)，植被覆盖度仅 5%～40%，地表温度可达 70 多摄氏度，堪称"火焰山"，生物多样性面临严重退化，维管束植物不到 110 种，鸟类不到 100 种，珍稀野生动物逐渐消失濒危。长汀县坚持从实际出发，因地制宜、因山施策，探索出一条适合当地实际、工

❶ 庄长伟，修晨，张荣京，张晓露．广东南岭生物多样性保护优先区域规划建设策略［J］．林业调查规划，2021，46（3）：167－170，177．

程措施与生物措施相结合、人工治理与生态修复相结合、生态建设与经济发展相结合的水土流失防治之路。

（1）山地植被恢复模式。长汀县采取以工程促生物，以生物环保工程及人工客土施肥和先种草灌、再种乔木的多树种草灌乔混交模式，为生态修复创造条件，加快了植被恢复。在治理技术路线上，大力实施"等高草灌带种植""陡坡地小穴播草"等行之有效的新技术，成功治理强度以上水土流失面积 166.9km^2。

（2）崩岗综合整治模式。对山体比较稳定的崩岗采用"上截、下堵、中绿化"办法进行综合整治，即顶部开截水沟引走坡面径流，底部设土石谷坊拦挡泥沙，中部种植林草覆盖地表；积极探索崩岗开发治理模式，通过"削、降、治、稳"等措施，崩岗区变成层层梯田，栽满了杨梅树，套种了大豆、金银花等季节性作物，生态效益、经济效益、社会效益同步实现，累计治理崩岗 1417 座。

（3）生态清洁小流域系统治理模式。以小流域为单元，山水林田路村系统治理，实施村旁、宅旁、水旁、路旁等"四地绿化"，因地制宜选取具有生态、景观、亲水功能的沟渠和河道进行综合治理，结合进户、河道周边路网建设生态休闲观光道路，构建"绿水相间、绿带成网、绿环村庄"的水美乡村，成功创建生态清洁型小流域 45 条、国家级生态乡镇 15 个、省级生态乡镇 17 个、省级生态村 63 个、市级生态村 195 个。

（4）生态提质提效模式。对已治理水土流失区，树种结构单一，缺乏生物多样性，抵御自然灾害能力较弱的林地，进行树种结构调整和补植修复，实施阔叶化造林，构建以水源涵养为主的复合生态系统面积 133km^2。

2.6.9　浙江省嘉兴市平湖市林埭镇农田综合治理工程实践

林埭镇是浙江省嘉兴市平湖市辖镇，全镇区域总面积 46.23km^2，总人口 35184 人。全镇水产养殖面积有近 4000 亩，为全市水产养殖面积最大的一个乡镇。由于水产养殖尾水排放和农田灌溉期农田排水对河道水质产生了较大影响，农业面源污染已经成为制约林埭镇水环境提升的关键因素。通过实施全镇水产养殖规模养殖户"三池两坝"尾水治理模式，养殖尾水得到了有效的改善。为进一步处理和改善灌溉期农田排水对河道水体造成的影响，林埭镇在市级河道广陈塘和新港河各建设了一条农田氮磷生态拦截沟渠，建设总长度达 3.8km。农田氮磷生态拦截沟渠建成后，对农田退水中的氮磷等物质进行有效拦截，显著降低农业面源污染，确保周边河道水体健康和水质达标，实现农业高效生产和生态环保的双赢。通过加快推进测土配方施肥、农作物病虫害绿色防控和农药、化肥减量任务，让农药化肥使用更科学、更精准。近年来，建设水稻病虫害绿色防控示范区一个，面积达到 2011 亩，辐射带动面积 2.03 万亩，覆盖率达 95%；推广测土配方施肥技术面积 6.09 万亩，覆盖率达 93% 以上，化肥、农药使用量实现连年递减。

第 3 章

问题导向，
明确保护修复重点

汾河流域位于山西生态功能区的核心区，不仅是华北平原的生态屏障，还是我国"三北"防护林体系的重要组成部分，以及黄河中游地区重要的生态建设区，对阻挡西北寒流和风沙进入华北平原具有重要的控制作用。宁武县地处汾河源头，是山西省汾河中上游山水林田湖草生态保护修复工程试点区的重点治理区域，是温带针叶林的典型代表区，生物多样性丰富，是京津冀地区乃至华北地区重要生物多样性保护区和山西最重要的水源涵养区，对黄河流域生态保护和高质量发展具有重要意义。

宁武县汾河流域虽拥有独特的生态资源，但受人类活动以及地形地貌、气象气候等自然因素的影响，水源涵养能力下降、水土流失严重、干旱洪涝灾害频发、河流生境破坏、生物多样性锐减等问题突出，区域生态环境脆弱。进行宁武县汾河流域系统治理，应剖析生态环境问题根源，明确保护修复重点，从而科学制定流域生态保护修复思路、目标及方案，实现最大治理效益。

3.1 两岸山区生态环境问题调查

3.1.1 地貌起伏，地质疏松，侵蚀强烈

宁武县汾河流域总体呈山地高原地貌特征，地势高低起伏悬殊，丘陵起伏的沟壑地貌发育，黄土冲沟和梁峁丘陵相间分布，基岩山地上覆盖零星黄土，加之岩层松软风化、地表径流的破坏侵蚀，形成塌陷和破碎状态。黄土丘陵区地貌分布于汾河东西高山内侧腰部，地形低矮而拱圆，黄土覆盖，只在沟谷内有零星二叠、三叠纪地层出露，在丘陵与山坡黄土内发育 V 形，插入丘陵地内，呈羽毛状垂直于汾河。宁武县地处汾河上游区域，沉积着深厚的第三纪红土和第四纪黄土，极易受水蚀和重力侵蚀作用，宁武县汾河流域水土流失面积占比达到 85.02%。该区域岩性松散，结构性差，抗分散力弱，孔隙度大，垂直节理发育，在沟壑发育的山区、丘陵区，若遇暴雨、强风和冰雪消融等，极易出现水蚀，风蚀和重力侵蚀。加上宁武县汾河流域耕地资源多以坡耕地形式分布于山区，经年耕作，原生植被破坏，水土流失愈加严重。宁武县汾河流域受到风蚀严重的坡状丘陵、峁状丘陵地表疏松，加之黄土覆盖，植被覆盖率低，汛期暴雨，造成径流对地表切割强烈，冲沟密布，土壤侵蚀严重，多年平均年输沙量为 276.5 万 t，平均侵蚀模数为 $4167t/(km^2 \cdot a)$，为黄河中上游水土流失最严重地区之一，亦为黄河多沙粗沙主要源区之一。

3.1.2 刀耕火种，乱砍滥伐，生态恶化

历史早期汾河流域是一个森林茂密、湖泊沼泽遍地的水乡泽国。秦汉时期，汾

河流域水量充沛，是山西省的重要水运动脉。唐宋时期，历代王朝大兴土木，砍伐林木，森林植被遭到不同程度的破坏，在汾河流域垦荒屯田，不少丘陵河谷被开垦为耕地。明清时期，大力实行军屯民屯，农田开垦规模空前，泄湖造田，垦荒屯植，汾河流域森林植被遭受极大破坏。民国时期，长期战乱，森林植被遭受破坏，森林覆盖率下降到历史最低点。宁武县地处汾河流域上游是战略要地，屯军筑寨，使该区域的植被惨遭破坏。随着各时期人口的急速扩张，致使当地耕地资源的不足，在汾河流域拓坡开荒，毁林开垦，扩展耕地，对自然环境破坏严重。建造房屋、烧制木炭、贩卖木材等行为使得山区、丘陵区的森林和灌丛再度遭到蚕食。长久以来，山区居民垦荒种粮、乱伐薪材、挖药材、刨草根、掘树蔸等人类活动，加上沿山一带的矿业开采，经过 100 多年的无序发展，汾河流域广大的天然森林植被破坏殆尽，生态环境急剧恶化。

3.1.3   土壤侵蚀，耕地破坏，良田减少

宁武县汾河流域属云中山西坡至芦芽山东坡之间的土石山区，山地丘陵多，平川少。其中黄土丘陵区占 9.53%，土石山区占 89.02%，冲积平原区仅占 1.45%，约 65% 的耕地分布在 15° 以上的黄土坡面。黄土丘陵区耕地主要分布在沟谷边沿的梁峁塬上，由于暴雨径流冲刷，原来完整的塬面多被水蚀切得支离破碎，沟壑面积越来越大，坡面和耕地越来越小，坡耕地流失严重。冬春之际，春夏之交，风力强盛，强劲的风力将表土和幼苗刮走，在背风区落沙，耕作土壤被淹没于落沙之下，形成沙盖或流动沙丘，将农田掩埋。汾河流域内严重侵蚀的黄土丘陵沟壑区和黄土残塬区一年之内就可以流失 1cm 厚的表土，而经过扰动的土壤，每 12 年才可形成 1cm 厚的表土层，表土流失速度数十倍于成土速度。水土流失的表土中每吨含全氮0.5kg、全磷 1.5kg、全钾 20kg，除此之外土壤中的硼、锌、铜、锰、铁等微量元素也随之流失了。水土流失不仅剥蚀土壤，影响耕地肥力，而且破坏土壤结构，造成耕作层结皮，抑制微生物活动，影响农作物生长发育和有效供水，严重影响农作物产量和质量。❶

3.1.4   生态失调，旱涝灾害，淤积严重

水土流失加剧，导致生态失调，旱涝灾害频繁发生。分析旱灾发生频次，西汉至隋代末年平均 47 年发生一次旱灾，唐宋时期平均 34 年一次，元代平均 7.4 年一次，明代平均 2.5 年一次，清代平均 4.3 年一次，1950—1979 年的 30 年中，平均1.4 年一次，1950—1990 年，平均每年因旱受灾面积占总耕地面积 25%，成灾面积

---

❶   晋京串．山西水土保持生态建设模式研究［D］．咸阳：西北农林科技大学，2005．

占 16.7%，可以看出来由于生态的破坏干旱发生频率逐渐增多。宁武县汾河流域源头，属温带大陆性气候，气候寒冷干燥、多大风，多年平均降雨量 471mm，6—9 月降水量占全年总降水量的 70% 以上。该区域雨量、高温同步匹配，多集中在 7、8 月，存在山区雨多、平地雨少的现象，山区暴雨历时短、强度高，是造成该区域洪涝灾害的本底因素。从洪灾发生的频次分析，据统计 1464—1985 年 522 年间，发生特大洪水年 6 次、大洪水 49 次、一般洪水 271 次，洪灾发生频率，从元代以后逐渐增多，至明代后期频次增加显著，清代及民国时期达到巅峰，新中国成立后随着生态恢复和防洪设施的建设，洪灾发生显著降低，但仍有大量耕地、村庄受到洪水侵扰绝收，并有小水库、水利工程、桥梁等设施被洪水冲毁。

严重的水土流失，使大量泥沙下泄，淤积水库、河道和渠道，影响水利事业发展和水利工程效益的正常发挥。汾河水库从 1961 年拦洪到 1987 年的 28 年间，进入水库的泥沙达 3.3 亿 m³，已占到水库总库容的 45%。为拦沙保库，1988—1997 年 10 年间，汾河水库上游宁武、静乐、岚县、娄烦四县开展水土流失综合治理，取得显著成效，到 1997 年，汾河水库年入库泥沙 530 万 m³，比治理前减少了 48%，汛期泥沙含量由 10 年前的 32kg/m³ 降为 16.4kg/m³。汾河上游发育在山区的支流每年大量推移质下泄，逐步堵塞峡谷河道口，造成部分河段抬高，两岸堤防防洪能力降低，河道行洪能力不能达到设计流量，桥梁底部淤塞流水不畅，溢流堰等水利设施淤积严重，引洪灌溉的渠道，亦常被泥沙淤高，清淤工作耗资费工，严重影响了水利设施的效益。

3.2 河道防洪安全问题调查

自大禹时代起汾河洪水问题就频频发生，最初汾河两岸人口稀少经济也不发达，洪水虽大但灾情不严重。随着汾河沿线经济的发展，人口逐渐增加，洪水带来的侵害也愈加严重，为保护沿线的城镇和村庄免受洪水侵扰，汾河沿线开始兴筑护城、护地的防洪工程，但数量和规模非常有限。新中国成立以后在党的领导和大力支持下，汾河的水害治理开始进入一个全面治理的阶段。20 世纪 50 年代至 60 年代末，以局部防洪治理为主，采用干砌石在村镇两岸局部修建防洪堤，20 世纪 70 年代初至 80 年代初，开展了大规模的农田水利建设工程，部分河段形成比较稳定的河槽，1988 年开始的汾河水库上游大规模的水土保持综合治理，对两岸山坡、沟壑产流区进行了生物措施和工程措施，2005 年前后实施的汾河上游干流治理工程，将宁武段的防洪标准提高到 10 年一遇，调整理顺紊乱的河道，减少河槽摆动，稳定主槽流路，减轻对两岸滩地的冲刷。

3.2.1　现有堤防年久失修，防洪标准不一，堤防不连续

汾河宁武段的堤防最早修建于新中国成立初期，经过实际现场调查，现状沿汾河主河道堤防部分修建于 20 世纪六七十年代，采用的是干砌石，堤防在滩面上直接砌筑或基础埋深较浅，年代久远，无明确的防洪标准，洪水抵御能力较差，在洪水的冲刷下，部分段已经垮塌，还有部分堤防是 5 年一遇的防洪标准。汾河沿线大部分堤防修建于 2005 年左右，设计防洪标准为 10 年一遇防洪标准。宁武县汾河干流沿线堤防标准不一，断面形式各不相同，堤防平面布置杂乱无章，堤防衔接不畅，局部堤防已出现破损，部分河段甚至无堤防，未形成连续的防洪体系，存在防洪安全隐患。汾河宁武段堤防现状如图 3.1 所示。

图 3.1　汾河宁武段堤防现状

3.2.2　现状堤防衔接不顺，未形成连续的堤顶抢险道路，存在隐患

宁武县汾河流域沿线现状堤防修建于不同历史时期，堤防的平面布局衔接不顺，存在堤防错位的问题。由于设计、建设没有一体化实施，堤防顶部的高度不一，型式也不同。现状堤防部分有堤顶道路，为 2～4m 宽土路，已与农耕路结合供村民耕作之用，部分河段堤防无堤顶道路，堤防仅有一道浆砌石挡墙，未形成连续的防洪抢险道路，防洪抢险存在一定隐患，汾河宁武段堤顶路现状如图 3.2 所示。

3.2.3　部分河段淤积严重，影响河道行洪，导致支沟洪水下泄不畅

宁武县地处汾河源头，水土流失严重，河道比降为 5%～6%，洪水频发裹挟泥沙涌入主河道，在河道纵坡平缓地段极易形成淤积，拥塞主河道，影响主河道行洪能力。宁武县汾河上游支流发生洪水时洪水流速较大，河道冲刷严重，洪水携带大

图 3.2 汾河宁武段堤顶路现状

量泥沙从支沟汇入主河道,由于支沟交汇口往往比降平缓,导致大量泥沙淤积在支沟口及跨沟桥涵处,对支沟行洪影响较大,对支沟沿线居民生产生活构成了一定的威胁。汾河河道淤积现状如图 3.3 所示。

图 3.3 汾河河道淤积现状

3.2.4 部分支沟未形成封闭堤防,对沿线居民安全存在一定威胁

宁武县汾河沿线支沟发育在两岸山区,支沟纵坡陡,汇水面积大,面临集中降雨支沟水量增长迅速,洪水风险极大。汾河沿线大部分村镇都分布在支沟口附近,大部分优良的农业用地也分布在支沟口,加上公路、铁路、电力、通信等设施均与支沟口交叉,支沟口发生洪水带来的危害非常严重。现状汾河沿线阳房沟、宫家庄沟、梁家沟、王家沟、廖家沟、山寨沟、厚黑豆沟、张家沟、石佛爷爷沟、西马坊沟、新堡沟等 11 条支沟现状未与汾河主河道形成封闭的连续堤防,对沿线防洪安全

产生威胁。汾河沿线支沟堤防现状如图 3.4 所示。

图 3.4　汾河沿线支沟堤防现状

3.2.5　现状堤防形式阻隔河道与湿地环境，溢流堰蓄水区淤积严重

宁武县汾河沿线现状大部分堤防为浆砌石挡墙重力式堤防，这类型堤防形式僵化，阻隔了河道与沿线湿地环境的自然交流，与自然环境难以融合。"生态优先，绿色发展"，汾河治理不仅限于单纯防洪和水利功能，对于堤防等水利设施的设计也应满足生态景观环境的综合效果。宁化古城、西马坊沟交汇口下游有一处溢流堰，堰高 1.0~2.0m，宽度 100~110m，现状溢流堰回水区淤积严重（图 3.5），已失去原有蓄水功能，并且淤积物堵塞河床，导致河道行洪不畅，存在一定的安全隐患。

图 3.5　溢流堰回水区淤积现状

河流沿线生态环境问题调查

汾河为宁武县第一大河，发源于县境管涔山中，东寨西北 1km 处的雷鸣寺"汾源灵沼"，正源由雷鸣寺山脚下峭壁出水，从石凿"龙口"中流出，从北向南流经东寨、三马营、宫家庄、二马营、头马营、化北屯、山寨、北屯、蒯屯关、宁化、坝门口、南屯、十里桥、川湖屯、石家庄、阳房、定河、潘家湾。河流两侧多条支流汇入，右岸有南岔口、富儿沟、大寨沟、陈家半沟、张家沟、西马坊沟、新堡沟、阳方沟等较大支流汇入，左岸有北石沟、鸾桥沟、麻地沟、洪河、明河等支流注入。此外，头马营村处为引黄工程出水口，从汾河左岸注入主河道，下游水量明显增大。

汾河沿线为河漫滩山坡黄土地貌，宽达 150～1500m，河身稍有弯曲，上游头马营、二马营、三马营、东寨多卵石，下游石家庄市以南多淤泥，常年流量 3m³/s 左右，汾河两岸阶地颇为发育，平坦且宽多居长，两侧坡度平稳。东西高山内侧腰部为黄土丘陵区地貌，地形低矮而拱圆，黄土覆盖，部分沟谷内有零星二叠、三叠纪地层出露。

汾河两岸土地利用现状以耕地为主，同时也是镇村建设用地的集中分布地带，沿线村镇多分布在河流右岸。东寨镇以上河流两侧多为山体，土地利用现状以林地为主；东寨镇至头马营村段河流两岸地势开阔平坦，两岸分布有较大面积的耕地；头马营至宁化古城段河流西侧以农田为主，东侧为山体，草地林地相间；宁化古城至潘家湾段河流两岸以耕地为主。沿线村镇、企业、农业等形成了点面源污染，影响汾河水质。

总体来看，汾河两岸地势平坦、多流汇入、耕地连片、村镇集聚，生态资源丰富，自然环境良好，但由于人类活动的破坏，河流自然生境遭到破坏，造成一系列的生态环境问题。

3.3.1 自然生境破坏，植被覆盖率降低

汾河流域植被资源丰富，但由于砍伐林木、垦荒屯田、泄湖造田等人类活动的影响，曾经"万木下汾河"的盛景不复存在，流域植被覆盖率持续降低。现状汾河两岸植被稀疏，地表裸露现象明显，山前地带植被以灌丛、草地、耕地为主，林地稀疏、林分单一，植被结构简单，缺乏连续成片的防护林带，无法起到蓄水保土、护堤护田、防风固沙的作用，造成水土流失，致使河流河床迅速抬高，生态系统逐渐退化，水源涵养能力逐步降低，大小旱涝灾害频发。流域丘陵起伏、沟壑纵横、地形破碎、高差悬殊，由于地表植被覆盖率较低，加之集中降水，水力侵蚀严重，径流多泥沙，

平均侵蚀模数为 6400t/(km² · a)，致使下游水库淤积严重。

两岸居民对土地的无序利用，不合理的耕作方式，如陡坡开荒、顺坡耕作、过度放牧等，以及矿山开采、煤炭初加工等生产活动，破坏了地面植被和稳定的地形，进一步降低了土壤的蓄水保土能力，加剧水土流失。矿产资源的开采、人造工程等破坏了原始生态，使得生态系统抵抗外来物种入侵能力减弱，资源的过度利用，使生态系统自我恢复能力逐渐减弱。主河道与支流交汇处，由于大量泥沙沉积影响了滩涂原生的生态系统，破坏了原有的亲水植物群落，相关的动物及微生物栖息场所也彻底破坏。汾河河道里原生的茂密水生植物由于农业开垦、无序放牧等因素而消失殆尽，形成了大量的裸露天然滩涂地，植被覆盖程度低，无法为动物、植物、微生物提供良好的栖息地，自然生境破坏严重。汾河主河道植被退化生境破坏现状如图 3.6 所示。

图 3.6　汾河主河道植被退化生境破坏现状

3.3.2　湿地系统退化，生物多样性降低

宁武县汾河流域河流湿地系统包括河道、河岸、河漫滩等区域，作为重要的生态廊道对于生态系统的安全有着不可替代的自然调控与景观作用。湿地生态系统属于水域生态系统，水是组成湿地生态系统的重要因素，汾河源头水源涵养能力下降，汾河水量逐年减少，沿河的湿地生态系统中的水量显著减少，对湿地生态系统造成严重影响。

汾河流域曾经湖泊沼泽遍地，沿河湿地生态系统稳定，水源涵养能力强，生物多样性丰富。但是随着人类在汾河沿线的资源开采和土地利用，改变了湿地用途，原生的生态环境受到严重的影响。河道两岸滩涂的开垦与利用，破坏了天然河滨植被和河流植物，导致水域湿地面积逐渐减少，水生态系统遭到严重破坏。汾河两岸耕地开垦侵占天然河滩湿地如图 3.7 所示。沿河生境的破坏，使动植物丧失了栖息空间，河流的生物多样性逐步降低。天然植被的破坏，会导致鱼类的产卵条件发生变化，导致动物栖息地、避难所的破坏，从而造成物种的数量减少或者消亡。沿河的人类聚居以及工农业发展，占用了原有的湿地，用水量激增致汾河水量骤减，导致汾河沿线湿地面积减少、蓄水量减少、水质恶化，整个湿地生态系统功能降低，生物多样性减少，更加速了湿地萎缩，导致区域性持水能力下降，还容易引发区域性洪水灾害。

由于汾河沿线人工开垦、沟渠排水及采砂等人类活动，导致湿地景观类型多样性降低、河网系统破坏、湿地支离破碎多呈斑块状分布斑块间相互远离，从而严重削弱了原有的湿地景观生态功能，造成生物多样性降低。主河道内河滩种植农作物如图3.8所示。湿地景观纵向梯度格局的连续性、完整性和复杂性是非常重要的。土地开发活动改变原有湿地地形，水文情势和洪泛过程影响了河床、河势自然变化，降低了湿地景观空间异质性，造成湿地地貌多样性降低，生境类型减少，引起植被群落退化、河岸侵蚀等问题。❶

图3.7 汾河两岸耕地开垦侵占天然河滩湿地

3.3.3 点源面源污染，影响河流水质

汾河沿线村镇建设、企业生产、农业种植等一系列人类活动，形成了点面源污染，同时由于缺乏系统的排污治污措施，从而影响汾河水质，破坏河流生态环境。由于两岸村镇排污体系不健全、污水处理设备不完善，村庄内的污水雨水排放口沿河排布，生活污水直接排入河道内，污染水质。河道沿线的洗煤厂（图3.9）、乡镇

---

❶ 赵倩. 基于生态恢复的河流湿地建设与评价研究［D］. 大连：大连理工大学，2013.

图 3.8 主河道内河滩种植农作物

企业等排放的污水，以及乱堆乱放的固体废弃物随雨水冲刷至河道内，严重污染水质。由于环保意识薄弱、监管不到位和环卫基础设施的缺乏，在河边、路边和地边许多小型企业、乡村或城郊居民直接倾倒生活垃圾的现象普遍存在。河道内生活垃圾破坏水系统的良性循环和河流生态环境，从而导致河道水质较差。汾河宁武段工业污染主要来自化北屯乡的潞宁煤业有限公司以及两岸分布的洗煤厂、乡镇企业等，河道内因煤矿生产排放矿井水及以工业、建筑垃圾为主的固体废物，到雨季，沟内及两侧的固体废物就会被矿井水、雨水冲刷到汾河主干道，污染水环境，汾河沿岸的畜禽养殖企业排放的污水进入河道，粪便淤积，形成汾河流域污染源。

图 3.9 汾河主河道右岸洗煤厂

宁武县汾河沿线现状污水处理水平较低。宁武县汾河流域现仅有一座生活污水处理厂，位于东寨镇，2007年建成，日处理能力仅为1250t，污水处理水平低，仅能达到国家污水处理排放一级B类标准。由于处理能力不足，管网体系不完整，东寨镇仍有30%~40%的污水是无法进入污水处理厂处理直接排放的，连周边村庄污水也无法收集处理，污水厂的处理能力和处理标准都不能满足汾河上游对于水质的要求。汾河沿线散布的其他乡村没有配套任何污水处理设施，生活污水均直排入汾河，严重影响了汾河水质。

宁武县汾河沿线目前垃圾处理体系不完善。村镇生活垃圾随意倾倒，汾河沿线及支沟生活垃圾堆积随处可见，未形成完善的收集、转运、处理、监督体系，对生态环境产生负面影响。

河流沿线分布有大量的农田，农业生产活动中农药化肥的不合理施用，造成农药中的氮和磷等通过地表径流、土壤渗滤进入水体，从而污染水质。村镇企业点源污染以及农业面源污染是造成水质污染的主要因素，尤其到枯水期，径流较小，水量交换缓慢，稀释扩散强度弱，污染物对河流水质的扰动较为明显，水质污染加重，造成个别月份水质检测不达标。

汾河源头水保护区（宁武段）是忻州市重要的地表水功能区之一，水质监测断面为宁化堡站，2018年宁化堡站水质为Ⅱ类，水质达标率为91.7%（12次评价中有一次不达标），与《第三批山水林田湖草生态保护修复试点工程绩效目标情况表》（忻州市）中水功能区目标达标率95%的标准仍存在一定的差距。2018年宁化堡站地表水功能区全因子全年水质类别见表3.1。

表3.1　　　2018年宁化堡站地表水功能区全因子全年水质类别

代表断面	宁化堡	硒/（mg/L）	<0.0003
长度/km	57.7	砷/（mg/L）	0.0003
pH	7.61	汞/（mg/L）	0.00001
溶解氧/（mg/L）	8.2	锡/（mg/L）	<0.002
高锰酸钾指数/（mg/L）	2.1	六价铬/（mg/L）	<0.004
化学需氧量/（mg/L）	4	铅/（mg/L）	<0.020
五日生化需氧量/（mg/L）	0.5	氰化物/（mg/L）	0.001
氨氮/（mg/L）	0.128	挥发酚/（mg/L）	<0.002
总磷/（mg/L）	0.021	石油类/（mg/L）	<0.04
铜/（mg/L）	<0.004	阴离子表面活氧剂/（mg/L）	<0.04
锌/（mg/L）	0.005	硫化物/（mg/L）	<0.005
氟化物/（mg/L）	0.28	水质类别	Ⅱ

3.3.4　两岸土地利用粗放，景观环境有待提高

现状汾河两岸的土地使用粗放，居民点、养殖场、煤炭储存仓等分布缺乏统筹，耕地、园地、林地、草地呈碎片化分布。汾河干流沿线的耕地多为原有河滩地填土后耕种，土壤层薄，保水性差，现有耕地粗放经营，部分耕地荒废，形成广种薄收的状况。河流沿线村镇建设用地缺乏统一规划，存在乱占乱用、乱围乱堵、乱堆乱放、乱建违建的现象。河道沿线的土地资源无序、粗放、低效利用现象，制约汾河沿线经济发展的同时，也破坏了汾河两岸的生态景观环境。

河道作为生态系统的重要组成部分，不仅应保持特有的河道生态系统特性，还应与周围生态环境相协调。随着汾河两岸人类活动的逐渐增强，村庄居民点和道路的修建，河滩的开垦，导致河道的原生环境发生了变化。河道边坡护岸采用碎石、石块或者混凝土预制块等完全硬化的形式将河道与周围生态环境相对孤立起来，会导致河水与地下水难以进行有效交换循环，河水与土壤也难以进行物质交换，河道沿岸的湿地面积不断减少。❶

河道断面多样性受到影响，河岸两侧不同时期的浆砌石堤防（图 3.10）阻隔了河道内外的物质交换，使得河道生态系统生境异质性降低，影响了河道沿岸生态系统形态的多样性，降低了河道生态系统的服务功能。河流两岸水利设施的建设，改变

图 3.10　生硬的浆砌石堤防阻隔河流和外界的生态物质交换

---

❶　代婷婷，刘加强．城市河道生态治理与环境修复研究［J］．中国资源综合利用，2021，39（6）：186-188，192.

了原有蜿蜒自然的河床、浅滩、河岸，浆砌石堤防的建设打破了河流原本的生态平衡，河道两旁的植被破坏严重，河道两旁因为农田开垦，也破坏了生物生存的天然栖息场所。河道两岸土地的粗放利用，破坏了河道原有的生态系统平衡，导致河水中溶解氧浓度降低，不利于河道中水生动植物的生长繁殖，河道生态系统平衡被打破，河水的自净能力也被削弱，影响了天然的景观环境。

汾河廊道作为串联众多旅游节点的重要轴线，其生态景观的提升对区域旅游发展具有重要意义，汾河沿岸绿色生态廊道的打造，不仅能够串联汾河沿线自然景观以及人文景观资源，积极融入全域旅游格局，同时也是宁武县文化旅游支柱产业形成的重要助力。然而现状一系列的生态环境问题，沿岸景观环境较差，使得汾河沿岸的景观环境差强人意，与芦芽山、管涔山、汾源等景区环境形成鲜明对比，无法为游客提供良好的过渡空间以及服务环境，同时也无法为当地居民提供宜人的生活空间，严重制约着沿河旅游经济的发展。

3.4 水资源特征及问题调查

3.4.1 水资源时空分布不均匀，降水与植物需水不平衡

汾河流域水资源的突出问题是水、土、煤、矿资源的组合机制不平衡，水资源在时间和空间分布上的变化比较大，年内、年际变化极不均匀，区域分布上与耕地、人口、工业密集程度极不平衡。宁武县汾河流域境内水资源丰枯悬殊，年内年际变化显著。汛期中的 7 月、8 月两个月降水量可占到全年降水量的 48.8%，枯水季（12 月—翌年 3 月）降水量仅占全年降水量的 4.07%，这是造成汾河流域"十年九旱，旱涝交替，春旱年年有"的主要气象原因。河道来水量 70%～80% 集中在 6—9 月内，且年际丰枯变化大，丰水年与枯水年相差 5 倍。由于境内高差变化较大，影响气温及水汽分布，空间上呈现山区雨量大，平原、河谷区雨量偏少的特征，上游山区岩溶泉水丰富，水质较好，下游水量逐渐减少，泥沙含量大。降水、河川径流与地下水的转化强烈，一部分河川径流转入地下以潜流形式流出境外，加剧了区域内河川径流的干枯程度。宁武县汾河流域地处半干旱半湿润区，干旱频率甚高，尤其春季 4—5 月缺水甚多，墒情不好，无灌溉措施的地区，春季植树造林难度大，农作物难保全苗，主汛期 7—8 月常因暴雨频繁，冲毁农田和新栽树苗，亦给生态恢复和农业生产带来较大负面影响。此外，汾河流域在水资源开发中还存在许多问题，如煤矿开采漏水、工农业争水、对水资源供需关系缺乏统一安排等。

3.4.2　植被退化，水资源涵养功能减弱

宁武县汾河流域两岸岩体抗风化能力差，表面覆盖第四系黄土极易湿解，黄土梁峁沟壑发育，在集中暴雨的影响下，水力侵蚀发育严重，面蚀、沟蚀广泛。历史上汾河源头原生森林植被覆盖率较高，水源涵养能力较强，建立了良好的降水、地表水、地下水的循环关系，岩溶泉水发育良好，汾河水量稳定。汾河是山西省、京津冀地区重要的水源涵养区，宁武县地处汾河源头水源涵养作用更加突出。随着原生的天然植被遭受破坏，天然林面积减少，原生植被覆盖率降低，新栽植苗木的郁闭度较低，林冠层厚度较小，在暴雨集中季节林冠层的截留能力较弱，暴雨形成了丰富量大的地表径流，加剧了地表水土流失。天然林的退化和破坏也影响了天然的枯枝落叶积蓄层对大量雨水的持水性和透水性，破坏了积蓄层对地面土壤的保护作用，在雨水的作用下，有机质流失加剧，土壤的黏粒含量减少，雨水的下渗和保持能力减弱，土壤的持水性能减弱。天然林和原生植被的破坏和退化，破坏了原有的土壤动力学模型，从能量、水量平衡、土水势角度、林分及植物生长、土壤物理性质等方面打破了原有和谐的土壤水分与植物生长的平衡关系，破坏了原有良好的水资源涵养功能，致使该区域水源涵养能力明显减弱。

3.4.3　岩溶大泉流量衰减，水质污染

雷鸣寺泉域位于宁武县西部中段的管涔山，泉域内地势高峻，山势陡立，起伏崎岖，沟谷发育，群山耸立，西部管涔山最高，主峰芦芽山海拔2772m，春景洼一带最低，海拔1935m。受到植被破坏、水土流失、降水减少等多重因素影响，雷鸣寺泉出水量已由有记载的最大为$1m^3/s$，下降到20世纪50年代的$0.6m^3/s$，再下降到20世纪末的$0.4m^3/s$，至2020年已下降到$0.2m^3/s$左右。根据雷鸣寺泉2015—2017年水质监测结果，枯水期水质类别达到《生活饮用水卫生标准》（GB 5749—2006）Ⅱ类水，丰水期水质类别达到GB 5749—2006 Ⅲ类水。泉域内石炭、二叠纪地层分布面积约$28km^2$，主要呈条带状分布于泉域东侧，除在斜坡地带存在局部无压区外，基本为岩溶地下水带压区。部分岩溶水为宁武县城供水水源，设计引水能力为340万m^3/a，现状引水量为189万m^3/a。除引水工程外其余泉水基本未利用，流入汾河，补给下游。

雷鸣寺泉泉域北部边界由两条NEE向断层组成，以神头泉为界。一条为五寨东沟—神池钱家窝—黄儿洼沟—熊王沟—水泉梁南，长8.5km；另一条为刘新峁疙旦—金山梁—扬乍，长8km，均为隔水边界。泉域西部和西南部边界是地表水的分水岭，自南向北为黄草梁—上管庄东—下管庄东—大东沟，边界为雷鸣寺泉域与天桥泉域的边界。南部边界为汾河支流地表分水岭，自西向东由黄草梁—达毛庵—笔

贺山—大壁沟山。根据上述地质特征圈定的泉域面积为 377km²，其中可溶岩裸露面积 249.5km²（奥陶系 138.53km²，寒武系 110.97km²）。2008 年以来，根据山西省开展的汾河流域生态修复治理与保护工程，原划定泉域内的煤矿已全部关停。

基于地质勘探深入和对于水质水量的进一步监测，原有的雷鸣寺泉域东北侧与神头泉域边界划分是以汾河与恢河地表分水岭划界的，但根据进一步技术探测，神头泉域与雷鸣寺泉域交界一带地下的岩溶含水层间不存在任何隔水岩体，在该区域进行地下水开采，特别是在煤矿带压区进行采煤会对岩溶泉水量与水质产生较大影响。据此，应开展泉域以外的岩溶泉地质特征勘察，开展泉水补给路径研究，进一步精确泉域保护范围，实施有效保护措施。

雷鸣寺泉域补给区点源、面源污染治理是影响雷鸣寺水质的主要问题。雷鸣寺泉域保护范围内生活着两万多居民，偷伐盗采树木危害区域内森林植被，影响泉水涵养功能。历史上煤矿乱采乱挖现象经历百年之久，严重破坏了地下水原有的补径排条件，对雷鸣寺泉水乃至整个区域的泉水造成了影响。此外，雷鸣寺泉域保护范围内蕴藏着大量的优质花岗岩，在利益驱使下当地农民乱开乱采现象严重，对植被造成了破坏，影响了水资源的补给渠道。

3.4.4 地下水超采，补给受限

由于地表径流季节变化较大，枯水期水质较差等问题，不能满足汾河沿线居民生活用水和企业工业用水需求，因此，宁武县汾河沿线主要通过开采地下水满足用水需求。随着国民经济的迅速发展，汾河沿线用水需求不断增大，地下水开采量也逐步增大。宁武县汾河沿线集中了主要的乡镇居民和厂矿企业，由于地下水开采缺乏统一监管，部分区域超采严重，带来机井吊泵、井孔下卧、民用水井枯竭、地下水位持续下降等问题。大规模的煤炭开采对地下水造成破坏，打破了地下水原有的自然平衡，形成以矿井为中心的大面积降落漏斗，影响了地下水的补给通道。历经百年的河道治理工程，建立的河道防洪大堤将历史上 2～3km 压缩至 250～300m，将历史上的水域、湿地改造成农田，大幅度减少了河流对地下水的补给面积和补给量。为了控制水资源环境的恶化，必须限制地下水的无限开采，实行严格的地下水保护制度，实行与地表水资源统筹调配。

3.4.5 高山湖泊水量减少，植被退化

宁武天池高山湖泊群位于宁武县汾河流域与恢河的分水岭地带，海拔在 771～1849m。宁武天池高山湖泊群形成于新生代第四纪冰川期，距今约 300 万年，是在中更新世侏罗纪紫红色砂页岩系上发育的古河道，受中更新世晚期或晚更新世早期的构造运动影响，产生地形倒置，使河槽中的一些深潭形成闭塞洼地并积水成湖。历

史上宁武天池高山湖泊群湖泊大小分布达几十处，因为降水、地质、人为破坏、排水造地等因素的影响，目前仅存的天然湖泊有 15 个。湖泊群中最大的是马营海，湖面海拔 1771m，面积 1200 亩，水深 8～12m，蓄水 800 万 m³。公海海拔 1845m，面积 412 亩，水深 8～11m；琵琶海海拔 1940m，面积 338 亩，水深 5～6m；鸭子海海拔 1840m，面积 180 亩，水深 2～4m；老师傅海海拔 1708m，面积 113 亩，水深 1.2m；干海海拔 1849m，面积 102 亩，分为里干海、外干海、前干海、后干海，平时多干涸，雨季积雨成湖，水草茂盛；小海子海拔 1778m，原有水面 165 亩，受到人为破坏，排水后耕种。

宁武天池高山湖泊群是珍贵的高山湖泊和地质历史遗迹。宁武天池高山湖泊群的湖水量年内受降水丰枯调节的影响较为明显，年际水量总体呈逐年减少趋势。近年宁武天池高山湖湖泊群水面面积逐渐缩小，水量衰减明显，正在向沼泽化、干涸化演变，形势十分严峻。宁武天池高山湖泊群的水量补给主要途径是降水、地表径流以及地下水补给，主要的排泄途径有水面蒸发、湖水渗漏。据统计数据，1980—2000 年天池高山湖泊群年渗漏损失量为 15 万～30 万 m³，年蒸发损失为 1100～1200mm，地下水补给量为 48.9 万～75.9 万 m³，径流补充量为 11.8 万～15.8 万 m³。❶ 由此可知，这一时期蒸发损失是主要排泄途径，地下水补给量是天池水量的主要补给来源。据 2008—2016 年天池高山湖泊群水量监测数据，自 2011 年起湖泊水量出现大幅度减少。对比分析该阶段降水量和湖泊水量可以看出，降雨量的变化对于湖泊水量的影响并不明显，天池的主要补给来源并不是降水，该时期蒸发量也不存在明显变化，因而宁武天池高山湖泊群水量的衰竭并非自然因素引起的。通过对于天池湖泊群渗漏量和地下水补给量的比对分析，可以看出天池高山湖泊群的水量衰竭主要原因是矿业开发、隧道施工等人类活动造成天池底部隔水底板产生不同程度的裂隙，使天池水沿基岩裂隙下渗排出，同时，人为工程的扰动也破坏了区域地下水的补给通道，导致地下水补给量减少。通过对天池高山湖泊群附近隧道、隧洞和排渣洞的实地调查，发现隧道、隧洞有多处出水量较大，甚至有几处出现涌水严重的现象。

宁武天池高山湖泊群是一个非常具有生物多样性研究价值的水生生物群落。经过现场调研发现，宁武天池高山湖泊群水生植物群落共 55 种（含变种和变型），分别属于 24 科 42 属，包括蕨类植物、双子叶植物、单子叶植物等。天池湖泊群中的溪木贼、光叶眼子菜、川蔓藻、黑藻、柔茎蓼、杉叶藻、黄花狸藻几类植物是山西省新纪录。宁武天池高山湖泊群水生植物在科、属、种分布类型上丰富多样，在特殊的高山环境下，该区域地理成分比较复杂，植物区系的分布区类型具有鲜明特征，

❶　刘晓东，郭劲松，赵鹏宇. 山西宁武天池水量衰减分析［J］. 工程勘察，2016（6）：47-50.

植物区系的温带性质主要体现在属种水平上，属的间断分布类型比较丰富，单型属
（单种属）丰富，中国特有种匮乏，属在科中的分布表现不均匀，种在科中的分布也
不均衡，种属分布表现为单种属的数量相对较多。

宁武天池高山湖泊群水生植物按种群的生活型可划分为湿生植物、挺水植物、
浮叶植物和沉水植物四种类型。因为近年湖泊群水量的减少，水位下降，使得大多
湖泊面临干涸缺水的状态，自然环境变迁很大，沼泽地增多，使得湿生植物在数量
上占绝对优势。湿生植物既能生长在浅水，又能生长在沼泽地，是具有两栖性适应
性的植物种群，从种类上说湿生植物数量最多，占总种类的74.5%。挺水植物主要
分布在水岸，植物根部浸入水中，上部挺出水面，受水面变化影响，许多挺水植物
种群生境变化，导致种群数量锐减，植被种类数量也只有总植物种类的7.3%，主要
有芦苇、水蓼、浮毛茛、菖蒲等。沉水植物主要是沉浸在水中的植物，是净化水体
的重要组成，湖泊中的沉水植物主要有光叶眼子菜、篦齿眼子菜、穿叶眼子菜、荇
菜、川蔓藻、黄花狸藻、黑藻、杉叶藻和狐尾藻等，占总种类数的16.4%。浮叶植
物主要扎根在水底，叶片浮于水面，主要有水葫芦苗等，种类较少仅占总种类的
1.8%。随着天池高山湖泊群的水量变化，水生植物的生活环境会发生变化，同一地
点的植物群落会发生转变，部分沉水植物在水体较浅处表现为浮叶、挺水植物类型，
或者挺水植物、沉水植物、浮叶植物转化为湿生植物。宁武天池高山湖泊群水生高
等植物种类见表3.2。

表 3.2 宁武天池高山湖泊群水生高等植物种类表

科	属	种
木贼科	木贼属	溪木贼（水问荆）
川蔓藻科	川蔓藻属	川蔓藻
眼子菜科	水麦冬属	水麦冬
	眼子菜属	穿叶眼子菜
		光叶眼子菜
		篦齿眼子菜
水鳖科	黑藻属	黑藻
禾本科	芮草属	芮草
	芦苇属	芦苇
	早熟禾属	草地早熟禾
	硵茅属	星星草
	稗属	稗
		无芒稗

续表

科	属	种
莎草科	蔗草属	扁秆蔗草
		东方藨草
灯心草科	地杨梅属	小灯心草
天南星科	菖蒲属	菖蒲
百合科	葱属	合被韭
蓼科	蓼属	水蓼
		长鬃蓼
		柔茎蓼
藜科	藜属	小藜
毛茛科	碱毛茛属	水葫芦苗
	毛茛属	浮毛茛
小檗科	小檗属	长穗小檗
十字花科	播娘蒿属	播娘蒿
	萍菜属	沼生萍菜
蔷薇科	委陵菜属	朝天委陵菜
		蕨麻
		匍枝委陵菜
豆科	苜蓿属	天蓝苜蓿
小二仙草科	狐尾藻属	狐尾藻
杉叶藻科	杉叶藻属	杉叶藻
唇形科	黄芩属	并头黄芩
	薄荷属	水薄荷
	地笋属	硬毛地笋
	香薷属	香薷
		密花香薷
	罗勒属	疏毛罗勒
龙胆科	荇菜属	荇菜
玄参科	婆婆纳属	北水苦荬
		水苦荬
狸藻科	狸藻属	黄花狸藻

科	属	种
车前科	车前属	大车前
		车前
菊科	泽兰属	泽兰
	鳢肠属	鳢肠
	鬼针草属	狼把草
	蒿属	冷蒿
		矮蒿
		蒙古蒿
	旋覆花属	欧洲旋覆花
	麻花头属	缢苞麻花头
	风毛菊属	银白风毛
	蒲公英属	蒲公英

3.5 矿山地质环境问题调查

　　宁武县矿产资源富集，煤、铁、铝、锰等矿产资源富集，其中尤以煤炭为最。宁武煤田属山西省六大煤田之一，煤田储量丰厚，煤质优良，煤层深厚，煤炭储量290.94亿t。宁武县煤层赋存状态呈以北东—南西方向为轴的向斜构造格局，主要含煤地层为石炭二迭系山西、太原组和侏罗系大同组。宁武县主要储煤带沿汾河流域分布，石炭纪含煤面积约1343.56km²，侏罗纪含煤面积468km²。

　　宁武县煤炭开发历史悠久。宁武县内煤层露头发育，开采十分方便，自清代起汾河流域东西两山就分布有不少自采自用的小煤窑，民国年间汾河流域小煤窑大规模开发，最多时达230余座，窑工总数2000多人。清末和民国初期，采煤方式多为斜井以掘代采，无坑木支护，麻油灯照明，运煤由人工背或担。新中国成立后，汾河流域的煤矿数量增长迅速，尤其是在1980年"有水快流"开采方针指导下，1986年煤矿数量达到了246座。20世纪50年代，采煤方式改为斜井开拓，以电钻打眼放炮，先掘进后回采，设有券石拱和坑木支护，照明改用煤油灯和电石灯，到50年代后期改为110V低压电灯照明。运煤有电车、绞车、平车等工具。20世纪七八十年代，各矿架设了高压线，绞车、矿车、轨道、刮板运输机等机械设备得到广泛应用。到20世纪90年代后期，煤矿采、掘、机、运、通等各大系统基本实现半机械化作业。从 2005 年开始，宁武县开展煤矿整顿"三大战役"，实施"十关闭""十整顿"，转变了"多、小、散、乱"的状况，至 2007 年保留煤矿 66 座。到 2009 年年底，宁武县煤矿整合重组为 28 座，全部为国有煤矿或国有控股煤矿。2003 年开始，宁武县开展采煤方法改革，推广矿井自动化设施建设，推广新采煤技术，实现全面机械化采煤。由此开始，各煤矿进行以双回路电源建设、瓦斯监测监控系统建设、采煤方法改革、洒水灭尘系统等为基础开展矿井现代化建设，逐步淘汰落后的设施、设备和采煤方式。

宁武县内煤层露头发育，开采十分方便，是全国 200 个重点产煤县之一，煤炭开采已有百年的历史，是山西省煤炭生产基地，多年以来煤炭产业一直是宁武县的支柱产业。煤炭资源的大量开采在促进经济社会高速发展的同时，也带来了一系列的生态环境问题，造成植被退化，导致崩塌滑坡、泥石流、地面塌陷、地裂缝等灾害频发。长期的煤矿开采导致，宁武县汾河沿线林区、矿区出现了大量的矿渣（矸石）石乱堆乱放、地表塌陷、煤层自燃、地下采空区、生态环境退化等问题，由此产生了大量的不稳定边坡、潜在崩塌、严重水土流失、地下水降落漏斗，加之暴雨影响，泥石流灾害风险巨大。煤炭资源的开采，破坏植被及自然地貌景观的同时，煤矿废渣也会侵占土地，矿井废水的排放对地下水、地表水、土壤造成污染。大面积出露的矿区，自然风险巨大，对管涔山大面积林区形成极大威胁，现开采矿山和整合关闭矿山，没有及时对矿山地质环境进行恢复治理，导致土地资源破坏、植被减少、泉水断流、水源污染等一系列生态环境问题，对天然植被环境产生毁灭性打击。

3.5.1　生态环境破坏

宁武县煤矿资源主要沿汾河主河道两侧分布，尤其在管涔山林区分布有大面积出露的矿区，在煤矿开采过程中的矿区露天采场、工业场地、矿渣（矸石）及废石场、弃土弃渣、运输道路等占用了大量土地资源，严重地破坏了汾河流域的自然环境，煤矿开采破坏自然环境如图 3.11 所示。分布于管涔山林区及其周边的露天开采煤矿形成了大量的地表剥离和挖损破坏，加之堆放尾矿、煤矸石、粉煤灰和冶炼渣等，地表的原生环境遭到了严重的破坏，植被退化，生态景观和功能丧失。矿业开采破坏了森林生态系统，山体形态遭到破坏，土地资源被压覆毁坏，废石与垃圾堆置，严重破坏了地表自然景观，昔日郁郁葱葱、风光秀美的山体被挖得千疮百孔，对生态环境产生了极大的负面效应。矿山开采造成的裂缝、塌陷、滑坡、崩塌等，导致土地的平整性与连续性变差，同时破坏了土地耕种条件，加速了土地的干旱和退化，使山区土壤环境进一步恶化，减少可利用土地和耕地面积，土地资源遭到破坏。人类采矿活动，使山体和植被遭到了严重破坏，打破了自然界的生态平衡系统，严重影响了自然界中动植物的繁衍和生存，由此引起了自然生态系统功能的严重退化。

图 3.11　煤矿开采破坏自然环境

3.5.2　地质灾害频发

宁武县汾河沿线煤矿的开采造成了许多地面塌陷和地裂缝的产生。矿山采空区内地面塌陷和地裂缝较多，规模较大，且破坏程度较严重。根据煤矿采空的程度地裂缝呈现不同形态，有的单独出现，有的成组出现，一组裂缝的条数一般为 2～3 条，最多一组可达数十条。塌陷和地裂缝的稳定性与产生地裂缝的采空区开采时间、开采规模、开采进度密切相关。正处在采动状态的地裂缝稳定性较差，容易进一步发展破坏。塌陷和地裂缝产生的危害主要是破坏土地资源损毁耕地、林地，毁坏公路、建筑等地面设施。矿区周边村庄因采煤地裂缝导致房屋变形，上万亩土地被破坏无法耕种，泉水断流，威胁到居民的生命和财产安全。

由于矿区属于黄土地貌，采煤引起了地下矿层采空沉陷，形成地裂缝切割山体斜坡，使其稳定性降低，加之暴雨、水流等其他因素的作用而形成滑坡❶。另外，露天采矿排土场排弃高度超过基底承载力，由于矿坑排弃物推进速度较快，平盘坡角往往达不到设计要求，当排弃高度过大时，将会产生滑坡灾害。由于坡体岩性为 Q2 砂质黏土，湿陷性强，遇水不稳定，黄土坡面有垂直裂隙发育且有土体剥落，坡体不稳定，修路切坡等采矿相关工程，易造成不稳定斜坡发育，有的不稳定斜坡高度达 60～85m，加之暴雨等降水因素影响，极易引起地表变型，存在重大安全隐患。滑坡主要是由松散堆积物组成，滑坡滑体呈舌形，表面结构疏松，发展趋势不稳定，有可能会进一步发生滑动，有的滑坡坡底有农田和居民房屋，威胁居民人身安全。崩塌主要由于采煤破坏原有稳定的山体结构出现边坡失稳导致。崩塌堆积体压占农田，威胁坡前建筑物，极易形成安全威胁。煤矿开采引发的自然灾害如图 3.12 所示。

矿山开采过程中的尾矿、煤矸石、生活垃圾、粉煤灰、采矿排弃物等大量松散

---

❶　张建萍. 浅析山西省矿山环境地质问题的基本特征及主要类型［J］. 华北国土资源，2004（3）：38－40.

图 3.12　煤矿开采引发的自然灾害

堆积物存在为泥石流的发生提供了物源条件，加上汾河流域季节性暴雨及山高坡陡的汇流条件，采矿废弃物就会成为物源而形成泥石流，危害巨大。采矿对生态环境造成的各种地质危害具有长期性、不确定性等特征，如果不及时进行治理，随时都会带来人员伤亡和财产损失。

3.5.3　水资源体系破坏

汾河流域的煤矿开采严重改变了地下水自然流场及补、径、排条件，打破了地下水原有的自然平衡，形成以矿井为中心的大面积降落漏斗，改变了降水、地表水与地下水"三水"的转化关系。由于采煤塌陷对含水层的破坏及矿井排水引发的矿山地下水破坏，雷鸣寺泉源等岩溶大泉出流量减少，直接影响了汾河及其支流的补给水源和水量，导致了水井枯竭、泉水断流等危害。过度矿业开采对自然地形地貌的破坏，影响了汾河干流和支流的河床，引起地裂缝、地面塌陷和滑坡、崩塌等一系列地质灾害，导致地表水漏失，减少了汾河的来水量。过度地开采煤炭还造成了水土流失和植被资源的严重破坏，影响了流域内水资源的涵养能力。煤炭露天开采形成闭矿坑积水、地面沉陷与地表裂缝，地下采煤形成导水裂隙带、底板采动裂隙、钻孔封闭不良、导水地质构造等问题导致矿业污水进入地下水系统，污染含水层，严重影响了区域地下水的质量，造成了严重的矿山区域地下水污染问题。当采空区面积不断扩大，采空区导水裂隙带和开采沉陷范围也随之扩大，在局部地段，采矿带与地表水发生水力联系，地表水渗入地下或矿坑，导致地表径流减少，大量含有有毒、有害物质的矿井水、尾矿废水排入河流，使地表水受到不同程度的污染。据估算，汾河流域煤矿每年开采矿坑水产出量为 1.31 亿 t，直接破坏的水资源总量约为 4.08 亿 t。❶

---

❶　张建萍. 浅析山西省矿山环境地质问题的基本特征及主要类型［J］. 华北国土资源，2004（3）：38-40.

3.5.4 煤层自燃严重

煤层自燃是宁武县汾河流域主要地质灾害之一，是煤岩的化学成分、物理特性、地质、采矿等因素综合作用的结果。宁武煤田石炭系太原组 5 号煤层为中灰、中高硫、高热值的长焰煤，其自燃倾向性为 I 级，分水岭一线露头的石炭系太原组 5 号煤层煤质水分、灰分、氧元素含量及腐殖酸含量明显增加，煤的黏结性降低，因此该区域煤层具有较高的自燃倾向性。宁武县 5 号煤层厚度较大（9.0～12.10m），具有良好的热积聚条件，煤层顶板裂隙发育，煤层瓦斯含量低，加上有稳定持续的供氧条件，有利于煤的吸氧，增加了煤炭的自燃风险。由于宁武县煤矿开采历史长，小规模、落后工艺开采形成了许多采空区、塌陷区，致使露头煤层与空气充分接触，为煤层自燃提供了连续的供氧通道。煤与空气中的氧相互作用（吸附和化合作用），使未采的煤层氧化速度加剧，导致煤层自燃现象。近年来，随着采煤工业的迅猛发展，煤层自燃现象越演越烈。宁武县石炭系太原组 5 号露头较大煤层自燃点 20 多处，分布于薛家洼乡、阳方口镇、凤凰镇、东寨镇、化北屯乡、余庄乡、春景洼乡、薛家洼乡、新堡乡、西马坊乡，煤层自燃面积约 10.0km²。宁武县汾河流域煤层自燃统计见表 3.3。

表 3.3　　　　　　　　　宁武县汾河流域煤层自燃统计

乡镇	自燃点名称	面积 /km²	煤层	煤层厚度 /m	煤类
东寨镇	车道沟	0.6		10.2	气煤
东寨镇	小西沟	0.4		10.2	气煤
东寨镇	寺儿沟	0.5		10.2	气煤
化北屯乡	铁炉沟	1.0		12.0	气煤
化北屯乡	大北沟	0.5		12.0	气煤
化北屯乡	小廖沟	0.3		12.0	气煤
余庄乡	寺沟	0.2	石炭系 5 号煤层	9.0	气煤
余庄乡	正沟	0.4		9.0	气煤
余庄乡	大木厂	0.6		9.0	气煤
余庄乡	三百户	0.8		9.0	气煤
涔山乡	春景洼	1.2		11.60	气煤
新堡乡	狮子沟	0.2		11.90	气煤
新堡乡	炭窑沟	0.3		11.90	气煤
新堡乡	鸦呼崖	0.2		11.90	气煤
西马坊乡	大辉窑沟	0.3		10.80	气煤

煤层自燃的危害巨大。煤层自燃破坏了煤炭资源，受火区影响部分煤炭资源无法合理开采，造成大量煤炭资源浪费。煤层的自燃将产生大量一氧化碳、二氧化碳、二氧化硫、二氧化氮、粉尘直接排放向大气中，造成严重的空气污染，导致低空中空气的有害物质超标，严重时可形成酸雨，极大危害自然生态环境。煤层自燃破坏煤层结构，易引发地面塌陷、裂缝，在大气降水的综合作用下，极易形成滑坡、崩塌等地质灾害，滑坡或崩塌物堆积在沟谷中容易引发泥石流。由于煤火蔓延可能引发煤矿发生火灾、煤尘或瓦斯爆炸、顶板冒落等事故，煤层自燃是威胁矿井安全生产的重要因素。煤层自燃已大面积影响分水岭——西马坊一线管涔林区，造成大片林木、植被枯死，生态环境遭受严重破坏。管涔山区煤层自燃与地质滑坡如图 3.13所示。长期的煤层自燃使岩层松散，带来地面塌陷、滑坡、泥石流等灾害，还有可能引发森林火灾，产生无法估量的经济损失。

图 3.13　管涔山区煤层自燃与地质滑坡

3.5.5　矿区植物退化

宁武县煤炭富集带沿汾河流域分布，大量在采煤矿和废弃煤矿均分布在汾河两岸山地林区中，尤其是在管涔山林区分布有大面积的矿产资源，是重要的煤炭生产区。汾河流域的煤炭开采已有数百年的历史，各个时代的开采使得矿区环境满目疮痍。由于历史原因矿山开采遗留的大量矿山地质环境问题未得到有效治理，存在地面塌陷、滑坡、崩塌、地下水污染、泉水断流等大量地质环境问题，加上煤层自燃、废弃矿渣等问题，对原生的生态环境产生了严重的破坏。矿业开发导致自然环境的巨变，原生的森林生态系统遭到毁灭性打击，大片天然林枯死，依托森林的生物群落消失，打破了然界生物和环境之间的物质交换和能量流动等生态系统的平衡性，形成了自然界中的矿业孤岛，割裂了自然环境的整体性。煤层自燃造成森林退化如图 3.14 所示。

图 3.14 煤层自燃造成森林退化

图 3.15 煤矿开采破坏自然景观

管涔山林区现存有大量工矿废弃地以及受到矿业开发破坏的荒地。这些区域地表多由裸露岩石、煤矸石等废弃土石混合堆积而成,自然条件复杂,自然植被稀少,是水土流失和泥石流的高风险区。煤矸石、矿渣、洗煤废渣等固体废弃物堆放过程中,含有的大量有害元素对堆放区土壤、地下水、地表水的污染效应巨大,地表的植被及水生的动植物受污染干扰基本绝迹。煤层自燃区上覆地层被烘烤烧变,地表土层水分急剧降低,植被枯死,变为不毛之地,燃烧后引起上覆开采沉陷、地裂缝等,成为水土流失高发区。煤矿开采破坏自然景观如图 3.15 所示。水土流失不仅剥蚀土壤,影响肥力,而且造成水库泥沙淤积,自然河道堵塞,导致生态失衡。同时由于植被退化,地表水源涵养能力下降,地表水与地下水失衡,加剧了水土流失的

恶化，形成恶性循环。❶

3.6　环境设施现状问题调查

3.6.1　沿线工矿业生产方式粗放，产生污染风险

宁武县矿产资源丰富，尤其是煤矿储量巨大，开采强度高。矿区开采模式粗放，煤炭采矿行业中工业废气多为烟尘、二氧化硫、氮氧化物和一氧化碳，矿山地区大气环境受到不同程度污染。废渣、尾矿对大气的污染也相当严重，会导致空气中粉尘含量严重超标。矿业废水主要包括矿坑水，选矿、冶炼废水及尾矿池水等，矿业废水以酸性为主，并多含大量重金属及有毒、有害元素以及悬浮物等物质，导致土壤和地表、地下水体的污染风险。矿山废渣包括煤矸石、废石、尾矿等，堆存量巨大，侵占生态空间，造成土地资源的浪费。❷ 从环境现状调查看，汾河宁武段环境污染主要来源于沿线的煤业企业，河道内因煤矿生产排放矿井水及以工业、建筑垃圾为主的固体废物，到雨季，沟内及两侧的固体废物就会被矿井水、雨水冲刷到汾河主干道，污染水环境。为治理汾河污染，提升汾河水质，宁武县政府和环保部门加大环境监管和污染治理力度，先后取缔关停土小企业 298 家，铲除土焦 26 户，关闭改良焦炉 14 座，取缔了汾河干流 3km 范围内的排污口，关闭了汾河源头的鑫隆煤矿和汾河流域的 8 座煤矿。

3.6.2　农业面源污染对水质产生严重压力

宁武县汾河沿线分布着传统的农业种植区，灌溉便利，光热资源丰富，农业资源优势明显，但由于河滩地耕地为当地村民在卵石基上部覆土形成，土壤保水和保肥能力偏弱。因此，为提升种植业产量，沿线农业种植方式采用大量使用肥料、农药的耕作模式，农作物品种单一，耕作方式落后，缺乏科学支撑，加之侵占或滥占耕地严重，致使水肥地逐年减少，旱薄地在不断扩张，项目区高产田较少，中低产田居多，更由于使用农药和肥料为汾河水质带来了严重的影响。宁武县汾河沿线两侧 3km 范围内的规模化畜禽养殖企业有顺民蛋鸡养殖合作社、石家庄雨润集团、新堡农村经济合作社、新堡昌顺养殖合作社、明珠养殖合作社等养殖场及专业养殖户 7

---

❶　胡锴，樊娟. 山西省矿山环境地质问题及其防治对策研究［J］. 地下水，2010，32（1）：146 -148.

❷　宋凯. 论山西矿山生态环境现状及治理［J］. 吕梁高等专科学校学报，2010，26（4）：90 - 91，94.

个，小型养殖场、养殖专业户的粪便尿液直接外排进入支沟，对河流水质造成影响，带来了严重的环境问题。

3.6.3 现有污水厂标准不高，工艺落后

汾河是黄河的重要支流，是山西省的母亲河，汾河源头水质关系着下游生态环境健康度，因此，宁武县汾河源头对水质要求较高。宁武县汾河上游的主要污染为工业、生活废水，纳入汾河流域的废、污水为每年240.3万t，目前宁武县东寨镇仅有一座生活污水处理厂，仅可处理东寨镇区的生活污水，处理能力仅为1250t，且污水处理水平低，仅能达到国家污水处理排放一级B类标准，由于管网不配套，污水收集率低，实际处理量达不到设计能力和标准要求，无法满足汾河沿线污水处理需求，更无法达到汾河地表水排放标准。

3.6.4 村庄污水缺乏收集和处理设施

宁武县汾河流域村庄布局分散，污水间歇排放排量少且分散，除镇区外其余村庄没有污水收集、排放渠道和污水处理设施，污水除处理率低，生产生活污水随意排放，汾河支沟汇集村庄污水及生活垃圾发臭腐烂，严重影响汾河水质，影响周边生态环境。村庄污水具有高度分散性，每户随时产生污水量，量小且水量波动较大。村庄污水中因厨余垃圾含有机物较多，另外还有洗衣液、沐浴露、化肥、农药等多类型污染物混合排放，不仅会带来脏臭的环境问题，更会渗入地下水，污染水质。

3.6.5 农村垃圾缺乏有效的处理设施

随着农村生产方式的变化和生活水平的提高，汾河沿线村庄的垃圾产生量增加迅速，政府虽然出资给每村配备了统一的垃圾桶，但由于缺乏专门有效的垃圾处理设施和运行管理机制，农村垃圾多被随意堆放、就地焚烧，侵占大量土地，影响村庄环境面貌。垃圾或被弃于河道，或乱抛乱撒，散落在农村河沟边的垃圾浸泡在水体中甚至部分地区将收集好的垃圾运送到附近的河道违法倾倒，造成严重的地表水体污染。垃圾渗出液中含有多种有毒、有害的重金属和难以降解的有机物质，进入水体和农田后，还会严重污染土壤和地下水环境。垃圾堆放村头，导致蚊蝇滋孳、鼠害严重，部分垃圾本身就含有病原体，也成为疾病传播的"温床"。❶ 宁武县汾河流域内规划了建设一处100t/d垃圾处理厂虽已立项，但未建成，垃圾处理能力为零。

---

❶ 鞠昌华，朱琳，朱洪标，孙勤芳. 我国农村生活垃圾处置存在的问题及对策［J］. 安全与环境工程，2015，22（4）：99－103.

3.7　**林草修复及生物多样性保护问题调查**

宁武县汾河流域地处晋西北高原东部边缘，重峦叠嶂，大小峰峦分属管涔山、芦芽山、云中山，境内最低海拔 1260m，最高点海拔 2787m，相对高差 1527m。区域气候垂直分布差异明显，海拔从低到高，分为低山温带气候带、低中山温湿气候带、高中山冷湿气候带、亚高山高寒半湿润气候带。区域植被类型属于南部森林草原向北部干旱草原、荒漠草原过渡类型，植物呈垂直带状分布特征。海拔 2680m 以上主要为高、中山地草甸带，植物低矮、耐寒，草软地肥，是天然草地分布区。海拔 1820～2680m 之间主要为高、中山针叶林带，主要有云杉、华北落叶松、白杨、白桦及高山灌丛，是天然林的主要保护区。海拔 1400～1800m 主要为低、中山疏林灌丛带，主要有云杉、油松、栎类、桦、山杨、华北落叶松、沙棘、胡榛子等，该区域森林稀疏，荒山连片，是生态治理的重点片区。海拔 1200～1500m 主要为低山灌丛、农作区及水域带，主要为农业作物，及部分沙棘、胡榛子等灌丛，林木主要为人工种植的杨、柳、杏、油松等。

芦芽山自然保护区位于汾河干流以西，是华北地区典型的寒温性天然次生林针叶林分布区，主要保护对象为山西省省鸟、国家Ⅰ级保护动物——褐马鸡以及以云杉、华北落叶松为主的天然次生林生态系统。保护区核心区面积 6122hm²，占总面积的 28.54%，该区域是云杉、华北落叶松和油松等植被类型集中分布区，区内动植物资源丰富、生物多样性高，是褐马鸡、金钱豹等野生动物栖息繁殖的主要区域。缓冲区面积 1260hm²，占总面积的 5.87%，缓冲区是核心区和实验区的过渡地段，该区对核心区起保护和缓冲作用。实验区面积 14753hm²，占总面积的 65.59%，位于缓冲区外围地域，区内主要植被为松栎混交林，混夹有耕地、民居等，是保护区内社区农民从事农业、林业生产活动的主要地域。芦芽山国家级自然保护区行政区划包括宁武县西马坊乡、化北屯乡和石家庄镇，五寨县前所乡，保护区内村庄多而分散，共有 52 个行政村，2881 户，大多数居住在河滩或林缘缓坡地带。其中在核心区分布有 2 个行政村，其余村庄均在实验区。

管涔山林区总面积 83916.4hm²，其中有林地面积占 47.6%，疏林地占比 5.1%，灌木林地占比 17.1%，未成林造林地占比 4.2%，其他无立木林地占比 5.7%，宜林荒山荒地占比 20.3%。林区现存森林主要为天然次生林，面积 36952.8hm²，占森林面积的 71.9%，其余为人工林。林区海拔差异很大，高差达 1741m，森林植被形成垂直分布差异较大的特点。随着海拔高差的变化，管涔山林区的乔木、灌木和草本植物的垂直分布相应变化，形成了 4 个不同的植被带，海拔

1500m 以上的高中山地区，形成寒温性针叶林——云杉和华北落叶松占优势的森林群落，树种主要有云杉（青杆和白杆）、华北落叶松，其次为油松、山杨、桦树。海拔 1300～1600m 为灌木丛及农垦带，海拔 1500～1800m 为中山阔叶混交林带，海拔 1700～2600m 为高中山针叶林带，海拔 2400～2787m 为亚高山灌丛草甸带。管涔林区有林活立木总蓄积量为 612.13 万 m³，其中森林蓄积占 99％，疏林蓄积占不足 1％，散生木蓄积仅 866m³。在总蓄积量中，天然林占绝对优势，占 91.6％，人工林蓄积量仅占 8.4％。从树种蓄积来看，云杉林蓄积最多，占总蓄积量的 56.8％，其次为华北落叶松林，蓄积量占 37.3％，油松林蓄积量 3.8％，桦木林蓄积量占 1.9％，山杨林蓄积量占 0.2％。管涔山区境内包括 11 个镇和 35 个乡，均属于贫困山区和经济不发达地区，目前第一产业仍占有重要地位，其中牧业占比最大，农业次之。

3.7.1 人类活动与保护矛盾突出，生物栖息地破碎

宁武县汾河流域沿线的芦芽山自然保护区、管涔山林区等重点林草保护单位管理范围，受周边居民经济活动影响较大，人类活动与林草及生物多样性保护之间的矛盾突出。区内属于贫困山区，经济不发达，村庄多而分散，其中少部分村庄仍分布于自然保护区核心区内。保护区内民居点现状如图 3.16 所示。居民以农业人口为主，农业人口占比达 90％以上，总体人口文化素质低，高中以上文化程度人口不足 10％。由于发展受限，区内以第一产业为主导，其中牧业占比最大。区内村民多以放牧为生，缺乏保护意识，牛、羊等牲畜对保护区尤其是核心区马仑草原附近的灌、草破坏严重，对新培植的造林片区及草地恢复片

图 3.16 保护区内民居点现状

区也造成严重破坏。高山草甸区放牧破坏环境如图 3.17 所示。区内耕地贫瘠，坡耕地多，旱地多，耕种效率极低，耕地大多荒废，形成局部植被退化、水土流失严重斑块。村庄及道路建设、农田开垦、牛羊放牧、垃圾污水排放、伐薪烧火等人类活动对原生生态环境造成不可避免的破坏。

居民点的扩张、道路建设、旅游无序开发等活动使得人类活动斑块的分布，在一定程度上挤占保护动物的生存环境，对植被造成了一定程度的破坏，严重影响了生物斑块的完整性，生物栖息环境受到巨大影响，致使珍稀保护动植物的原

图 3.17　高山草甸区放牧破坏环境

始生物栖息地碎片化。栖息地的破坏和碎片化是影响生物多样性的最主要原因之一，对区内动植物的分布、种群规模、数量及其动态的影响巨大。栖息地的破坏直接导致物种的迅速消亡，栖息地的碎片化则导致栖息地内部环境条件的改变，使物种缺乏足够大的栖息和运动空间，野生动物食物链遭受破坏，生态系统抵抗外来物种入侵能力减弱，应对自然环境变化能力丧失，

进而影响生物多样性保护。

3.7.2　矿业开发、无序放牧致使水土流失加剧，局部区域植被退化

宁武县汾河流域地处黄土高原东部，山区、丘陵面积多，地形支离破碎，沟壑纵横，土壤疏松，降水集中，极易流失，是全国水土流失重点区域。宁武县汾河流域水土流失面积 1186km²，占流域总面积的 85.02%，其中丘陵沟壑区为主要沙源区，土石山区是流域粗砂的主要来源地。宁武县汾河流域以水力侵蚀为主，其中面蚀、沟蚀广泛，土壤侵蚀模数为 6400t/(km²·a)，属于强烈侵蚀，生态环境脆弱。

宁武县汾河流域矿业资源丰富，原始自然资源开发强度大、范围广，由于多年来资源的过度开采、粗放型的生产方式，使本来就十分脆弱的生态环境不堪重负，水土流失问题愈加突出。大规模的采煤带来水资源破坏、地表沉陷、水土流失、煤矸石堆积、植被破坏、湿地缩减、大气和水环境污染等问题，对区域植被及生物多样性带来毁灭性打击。矿业开采对自然环境的破坏如图 3.18 所示。芦芽山保护区实验区和沟矿区露头火区和塌陷区长期存在，煤炭自燃现象不断继续，煤炭燃烧产生的二氧化硫、一氧化碳、硫化氢、氮氧化物等有害气体，严重污染大气环境，摧毁了原生地表植物群落，破坏了生态环境，破坏了野生动物栖息地，破坏了野生动物的食物链和食物网，破坏了野生动物赖觅食、生存和繁殖空间，严重影响区域生物多样性安全。

宁武县汾河流域牧业发展有两千多年的历史，新中国成立以来畜牧业一直作为支柱产业。经历了多年无序放牧，天然的牧草地资源遭受重大破坏，植被覆盖率降低，地表裸露，草地生态系统遭受严重摧残。云中山、管涔山山麓林草相间，植被良好，自古为天然牧区，由于过度放牧，载畜量大，休养生息不足，该片区已经从草肥、水足的天然牧场日渐退化，天然草地生长发育不良，多数草地覆盖度降低，

地表荒芜裸露，坡地水土流失加剧。为摆脱贫困，沿线居民进一步增加畜牧数量，天然草地的压力进一步增加，区域陷入到一种养羊——破坏——效益低——多养羊的恶性循环之中，山区水土流失风险进一步增强，土壤有机质流失严重，局部区域植被已出现严重退化现象。山麓局部植被退化如图 3.19 所示。

图 3.18　矿业开采对自然环境的破坏　　　　图 3.19　山麓局部植被退化

3.7.3　水生生态功能减弱，河流生态功能退化

汾河流域的支流水系发育在吕梁山脉和太行、太岳山脉两大山系之中。宁武县汾河流域东西两侧分水岭地带为地势高峻的石质山区山峦重叠，宽阔平坦的中间地带大部分被厚度不均的松散黄土层所覆盖沟壑纵横。汾河河谷西部多高山峻岭，管涔山林区和芦芽山保护区的核心腹地地处其间，有大庙河、北石沟、西马坊沟、大寨沟、新堡沟、阳坊沟、陈家半沟、南岔沟、富儿沟、张家沟等较大支流汇入，河谷宽度为 1～1.5km，最大为 2.5km。支流河谷土壤主要为淡褐土性土、淡褐土、浅色草甸土，受雨水侵蚀作用，表层有机质含量在 0.67%～0.92%，有机质含量不高，河流两岸主要为质地沙壤至轻壤，沉积层次明显，局部有喜湿的苔草、蒿属等植被。两岸地形陡峭、植被破坏、土质疏松、雨量集中等因素，致使支流河道泥沙淤积，水流下泄不畅，河道原生地表遭到破坏，植被生态紊乱。西马坊等部分支流河道中建有溢流堰等水利设施，因泥沙淤积严重，功能丧失。

汾河右岸较大支流下游两岸村庄分布较多，居民较为集中，大多居住在河滩一二级阶地位置，主要为农业人口，以农牧业为主。村民结合村庄周边开垦农田，放牧牲畜，对周边植被破坏较大。由于地处偏僻，住户分散，河道两岸的村庄缺乏垃圾收集处理设施，垃圾乱倒问题突出（图 3.20）。沿河的乡村内无排水管道，厕所均为旱厕，污水由地面道路及沟渠任意排放，污水未经处理直排入河，导致河流水质受到影响，严重影响支流生态环境。支流附近地广人稀，管理缺乏，采砂盗挖现象严重，加上建筑弃渣等沿河滩随意乱堆（图 3.21），对原生河道自然生境扰动巨大，造成河滩裸露，植被缺失，行洪受阻等问题。上游矿业开发产生的工业废水产生突发性的污染事故，造成沿线水生动植物大量消亡。支流河道滩地乱挖乱填如图 3.22 所示。人类活动的扰动导致支流下游河流生态环境恶化严重，河流水生生态功能减弱，生态功能退化，现状河道无法为动物、植物、微生物提供良好的栖息环境，影响了水生生物的多样性保护。支流泥沙淤积的跌水堰如图 3.23 所示。

图 3.20　支流河道旁垃圾堆放

图 3.21　支流河道旁渣土堆放

3.7.4　植物种类单一，区域分布及林龄分布极不平衡

芦芽山自然保护区林木总蓄积量 887884m³，以天然林为主，蓄积 891537m³，主要以云杉、华北落叶松、油松纯林为主，其余为桦树、山杨、辽东栎的混交林和极少桦树纯林。纯林积蓄量占总积蓄量的 82.81%，混交林占总蓄积量的 16.9%，

图 3.22 支流河道滩地乱挖乱填

图 3.23 支流泥沙淤积的跌水堰

疏林占总蓄积量的 1.5%。在纯林中，主要以华北落叶松和云杉纯林为主，分别占纯林总面积的 50.8% 和 29.2%，其次为油松纯林，其余为桦树纯林。在混交林中，以华北落叶松和云杉的混交林为主，占混交林总面积的 61.7%，蓄积量的 72.2%，其次为落叶松和桦树混交林，其余为云杉和油松、落叶松和山杨等的混交林。森林资源中以中龄林为主，占森林总面积的 79.2%，其次为成熟林，占森林总面积的 10.4%，幼龄林所占比例最少，仅占森林总面积的 2.7%。

管涔林区有林活立木总蓄积量为 6121335m³，其中天然林占绝对优势，占 91.6%，云杉林蓄积最多，其次为华北落叶松林、油松林、桦木林、山杨林。在森林蓄积中，林龄分布极不平衡，其中幼林蓄积不多，仅占 55.5%，中幼林蓄积最多占 80.6%，近熟林蓄积 724513m³，没有成过熟林。

宁武县汾河流域整体林地覆盖率较高，但空间分布不均，主要集中在管涔山和

95

芦芽山区域，两岸山前地带植被稀疏，地表裸露现象明显，两岸山坡存在岩石外露现象，植被以灌丛、草地为主，林地稀疏，林分单一。宁武县汾河沿线芦芽山自然保护区和管涔林区植被种类单一，植被分布不均衡，高海拔地区植被群落完整，生态环境良好，保持了原生的生境，低海拔地区受人类活动扰动明显，多为人工林，植被覆盖率低，缺乏完整群落特征。海拔 1600m 以上的天然林区植被生态群落完整，植被覆盖率高，主要为寒温性针叶林带和亚高山矮灌丛及亚高山草甸带。汾河沿线植被覆盖率随高程降低呈现降低趋势，海拔 1600～1800m 为地中山常绿针叶林及针阔混交林，主要为人工林，以油松林为主，其次是白桦、山杨、华北落叶松混交林，阳坡、半阳坡主要是辽东栎、山桃、山杏混交林。海拔 1300～1600m 为灌丛草地和农垦带，植物群落主要以杨树、柳树及沙棘、榛子、黄刺玫为主，其次是醉鱼草、旱地早熟禾等，其余为人工种植的农作物。芦芽山自然保护区和管涔林区主要植被类型见表3.4。

表 3.4　　　　　　　　　　芦芽山自然保护区和管涔林区主要植被类型

群　系	群　　落
华北落叶松林	①华北落叶松—珠芽蓼＋石竹群落；②华北落叶松—东北茶藨子—披针苔草＋假报春群落；③华北落叶松＋白杆＋刚毛忍冬＋金花忍冬—披针苔草群丛；④华北落叶松—金花忍冬—披针苔草＋舞鹤草群落；⑤华北落叶松—土庄绣线菊—披针苔草群落；⑥华北落叶松—多花枸子木＋金花忍冬—披针苔草群落
青杆林	①青杆＋华北落叶松—灰枸子＋毛榛子—苔藓＋舞鹤草＋披针苔草群落；②青杆＋华北落叶松—八宝茶—披针苔草群落；③青杆＋华北落叶松—四川忍冬—高乌头群落
白杆林	①白杆—披针苔草群落＋苔藓群落；②白杆—刚毛忍冬—披针苔草＋苔藓群落
油松林	①油松—毛榛子＋美蔷薇—披针苔草＋小红菊群落；②油松—虎榛子—披针苔草群落
辽东栎林	①辽东栎—毛榛子＋土庄绣线菊—披针苔草群落；②辽东栎＋蒙椴—胡枝子＋土庄绣线菊—披针苔草＋小红菊群落；③辽东栎—虎榛子＋三裂绣线菊—披针苔草群落
山杨林	山杨—土庄绣线菊—披针苔草群落；山杨—二色胡枝子—披针苔草群落
青杨林	青杨＋油松—三裂绣线菊＋黄刺玫—披针苔草＋小红菊群落
白桦林	白桦—美蔷薇—披针苔草群落
金露梅灌丛	金露梅—披针苔草群落
银露梅灌丛	①银露梅＋土庄绣线菊—细叶苔草群落；②银露梅—披针苔草群落

群　系	群　　　　落
鬼箭锦鸡儿灌丛	鬼箭锦鸡儿—珠芽蓼群落
三裂绣线菊灌丛	①三裂绣线菊—披针苔草灌丛；②三裂绣线菊+虎榛子—披针苔草灌丛
沙棘灌丛	①沙棘+多花胡枝子—铁杆蒿+野豌豆群落；②沙棘—铁杆蒿群落
多花胡枝子灌丛	多花胡枝子—铁杆蒿群落
黄刺玫灌丛	黄刺玫—细叶苔草群落
虎榛子灌丛	虎榛子—披叶苔草群落
榛灌丛	榛子—细叶苔草群落
红皮柳灌丛	红皮柳—细叶苔草+缬草群落
美蔷薇灌丛	美蔷薇+黄刺玫—披针苔草群丛
刺梨灌丛	刺梨灌丛+苔草群丛
铁杆蒿草原	①铁杆蒿+茭蒿群丛；②铁杆蒿群丛
山蒿草原	山蒿—披针苔草群落
本氏针茅草原	本氏针茅群落
苔草高寒草原	①苔草+羊茅群落；②亚高山苔草群落；③苔草+葛缕子群落；④苔草+野罂粟群丛；⑤苔草+蒿草群落
杂类草高寒草甸	①斗篷草群落；②五花草甸；③珠芽蓼+羊茅群丛；④珠芽蓼+蒿草群丛；⑤珠芽蓼+火绒草群落；⑥小丛红景天+车前群丛；⑦小丛红景天+小红菊群丛

林区树龄分布不够均衡，呈现两头小、中间大的特征，大多数森林处于生长旺盛阶段，需要加强抚育管理，促进生长发育，培育后备森林资源。林区植被结构简单，且多以落叶树种为主，群落外貌和季相单调；疏林地和荒草地植被覆盖度偏低，蓄水保土能力弱，加之放牧等人为活动影响，造成局部区域林、灌、草地呈现不同程度的植被退化，造成水源涵养能力不足及水土流失等问题，亟须开展生态林建设，完善生态环境体系。宁武县汾河流域植被覆盖指数如图3.24所示。

3.7.5　科研支撑体系相对滞后，宣教管理功能薄弱

2002年以来，原国家林业局累计对芦芽山自然保护区基本建设投资1476万元，完成了包括森林防火巡查保护、保护区通信、野生动物救助站、防火视频监控系统及监控中心、布设远红外自拍机、自动气象观测站、冰口洼科研标本馆、东寨镇培训中心等一系列基础设施和专项工程建设，为保护区保护生物多样性与动植物资源，开展科研、监测、宣教和生态旅游等各项工作奠定了良好的基础。

生态环境以及生物资源是动态的，随时间会不断变化，其中部分物种种群会增

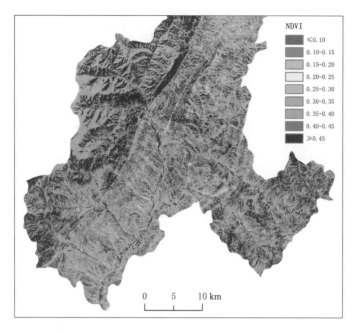

图 3.24　宁武县汾河流域植被覆盖指数图

长，而另一些物种种群则会衰退，甚至消亡。因而生物多样性的保护与管理需要有动态管理和监测体系，提高保护的有效性。自芦芽山景区自成立以来，对生境状况的变化、主要保护野生动植物种群状况、植被群落结构与组成变化、旅游对生态环境影响、社会活动对保护区的影响等各方面的监测工作开展较少，缺乏资源本底数据的动态信息管理系统。❶ 芦芽山自然保护区在以往的基础设施建设中，虽进行过保护管理信息化建设，但未就整个保护区形成系统的信息化管理监测系统，生物多样性保护资金投入不足，未建立保护区资源管理数据库，针对自然保护区内珍稀保护动植物未形成有效的资源监测和研究体系。

芦芽山保护区建立以来，聘请专家考察了保护区地质地貌、气候、土壤、植物和动物资源，建立了相对完整的资源本底数据。管涔山林区由于长期以来科研经费、科研人员缺乏，科研设备设施及科研条件差，科研项目难以全面开展，尚未开展全面系统的资源调查，现有的资料不能全面真实反映保护区的资源状况，资源本底数据缺乏。管涔山林区动植物本底数据匮乏，仅了解本区分布的动植物物种种类及区系成分，缺乏各物种种群大小、结构以及遗传基础等特征数据。

宁武县汾河流域林区在生物物种资源监测与预警方面，缺乏统一的技术规范，没有建立统一的监测指标体系。信息技术的应用，包括地理信息系统、全球定位系

❶　李春宁 . 陕西省牛背梁国家级自然保护区生物多样性及其保护研究 ［D］. 咸阳：西北农林科技大学，2006.

统及遥感在内的"3S"技术在生物资源监测方面的应用仍然不足，生物多样性预警系统建设需要加强。部分珍稀物种没有纳入重点保护范围，因此在法律层面上对物种的保护力度较弱，非法盗猎和贸易也得不到有效控制。外来物种的预警和监测机制尚未建立，关于物种野放的科学宣传较少，民众不能采取科学的方式进行野放。

随着林区各项保护工作的深入，对各类人员的专业知识要求也越来越高，尤其是社区发展、公众教育、科学研究等方面的人才缺乏，为了满足保护区各项工作的开展，对各层次工作人员的培训需求也在增加。现有科研标本馆已不具备标本展示功能，新建的标本馆位于冰口洼，远离人群聚集区，除动植物标本有简单的展示平台外，对于其他宣教资源均未设置合理的展示平台，使入区参访者对保护区缺乏综合性了解，难以达到理想的宣教效果。

自然保护区成立以来，开展了各项有关自然保护的政策、法令、法规的宣传教育工作，但部分村民参与保护的意识较为淡薄，缺乏积极性，甚至部分村民对资源保护有着抵触情绪，偷牧、盗伐、偷猎、非法采挖等事件频发，对自然生态破坏严重，对野生动物及其生境干扰较大。

3.8 农田生态系统发展问题调查

3.8.1 生产效率低下，农业低效发展

汾河流域是山西经济最发达、人口密度最高、城镇最集中的区域，宁武县汾河流域面积 1395km^2，涉及 11 个乡镇，290 个行政村，流域人口约 8 万人，劳动力 31728 个，人口密度 57.24 人/km^2，人均土地 1.75hm^2/人。宁武县汾河流域国内生产总值 18.56 万元，耕地面积 30621hm^2，人均耕地面积 5.7 亩，三次产业结构比例为 4∶62∶34，农业发展处于低效发展阶段，耕作效率低下，农产品产量低。汾河沿线村镇主要以农牧业为主，结合煤矿分布零星工业，邻近芦芽山区域发展旅游业。区域以第一产业以种植业为基础，牧业发展为特色。主要粮食作物有莜麦、豌豆、山药、谷子、蚕豆、玉米、黑豆、黍子、糜子、荞麦、小麦等，主要经济作物有胡麻、油菜、黄芥，2015 年农村人均纯收入 4544 元/人。宁武县汾河流域农业发展较弱，土壤贫瘠、干旱缺水、无霜期短是农业发展的制约性因素，耕作主要依靠人力畜力，技术落后，是典型的靠天吃饭的旱地农业。由于种植类型限制，生产效率低下，农业种植入不敷出，导致大片农田处于撂荒状态。

3.8.2 干旱少雨，降水供需错位

宁武县处于西北黄土高原范围内，宁武县汾河流域主要为河流切割形成的沟壑

纵横的黄土山区地貌。宁武县汾河流域属暖温带大陆性季风气候区，平均降水量是517.6mm，多年平均蒸发量 1902.3mm，宁武县汾河流域海拔 1500～3000m，具有山区气候特点，降水夏秋多、春冬少季节性分布不均。由于汛期降雨多以暴雨形式出现，加之山高坡陡的地形特征，降水大部分形成地表径流，沿河床和河谷流入汾河，区域土壤水资源含蓄比例低。该区域 60% 的降水集中在 7—9 月，与春季主体作物的需水期错位，"十年九春旱"是宁武县农业生产可持续发展的主要障碍。宁武县汾河流域旱灾频发，春旱主要发生于 3 月中旬至 5 月中旬，几乎每年都有不同程度发生。秋旱主要影响晚秋作物的成熟及延误秋作物的适时播种，平均 3～4 年一遇，春夏连旱平均 3～5 年一遇，春夏秋连旱 10～20 年一遇。宁武县汾河流域的降水时间、降水量与作物的需水期、需水量不同步，气候暖干化等自然因素使地表径流量有不同程度的减少，地下水资源日趋贫乏，加上水利灌溉设施的缺乏，是造成该区农作物产量低的主要原因。

3.8.3　洪灾频繁，影响农业生产

宁武县汾河流域暴雨的地区分布不均，大面积暴雨发生次数较少，常以局部洪水为主。暴雨持续时间一般小于 24h，超过 3d 的比较罕见。暴雨的地区分布基本上是由流域周围的山地向河谷递减。流域上游段洪水基本由暴雨形成，与暴雨时程分布较为一致，最早涨洪时间为 5 月上旬，最晚为 10 月下旬，大洪水多发生在 7—8月。受暴雨特性和地形条件影响，洪水来源空间分布不均，多局部洪水，且洪水过程暴涨暴落，泥沙含量大，一般历时 1～3d。流域内洪水年际变化较大，根据静乐站65 年实测最大洪峰流量资料统计分析，实测最大年份 1967 年为 2230m³/s，实测最小年份 2014 年为 28m³/s，极值比 80；兰村站 45 年实测最大洪峰流量资料统计分析，实测最大年份 1971 年为 1480m³/s，实测最小年份 2007 年为 14m³/s，极值比106。宁武县汾河流域的优质耕地均分布在汾河及其主要支流两侧，耕地质量高，土地平整，交通条件良好。由于汾河沿线堤防等水利设施修建年代久远，系统性不强，汾河沿线的防洪体系并不完整，面对洪水的侵扰，两岸的农业生产频繁减产甚至绝收。

3.8.4　山高坡陡，暴雨冲刷，水土流失严重

汾河流域地处黄土高原东部，属多山丘陵地区，是全国水土流失重点区域之一，山区、丘陵面积多，地形支离破碎，沟壑纵横，土壤疏松，降水集中，极易流失，汾河干流入黄河段在 1958 年实测的年输沙量达到 1.37 亿 t。宁武县汾河流域两侧山体黄土沟壑纵横、地表质地疏松、山高坡陡砂页岩风化在 6—9 月集中降雨雨洪冲刷下，极易形成沟蚀。宁武县耕地资源紧缺，多数耕地分布于汾河两岸坡地，坡地耕

作、顺坡开荒、陡坡放牧等活动，破坏了两侧山体植被和稳定地形，造成了汾河流域严重的水土流失。该区域属永定河上游国家级水土流失重点治理区，平均侵蚀模数为 6400t/(km^2·a)，属于强烈侵蚀，据水土保持试验站资料，坡耕地流失土壤达 120～150t/(hm^2·a)，由于汾河沿线对水资源和土地资源的不合理利用模式，致使该区域水土流失日益加剧。宁武县汾河流域国土总面积 1395km^2，水土流失面积 1186km^2，占总面积的 85.02%。其中丘陵沟壑区的水土流失面积为 46.8%，主要沙源区，土石山区 50.6%，是流域粗砂的主要来源地，河川阶地区 2.6%，是土壤侵蚀较轻微地区。宁武县汾河流域多年平均输沙量为 276.5 万 t，侵蚀模数年平均为 4167t/km^2，以水力侵蚀为主，其中面蚀、沟蚀广泛，局部有泻溜、滑坡等重力侵蚀，侵蚀的形态多为鱼鳞状、斑网线形、沟头岸坡滑塌、沟道下切等。其中宁武县汾河流域水土流失轻度侵蚀 340km^2，占总流失面积的 28.64%；中度侵蚀 392km^2，占总流失面积的 33.04%；强度侵蚀 261km^2，占总流失面积的 21.98%；极强度侵蚀 138km^2，占总流失面积的 11.65%；剧烈侵蚀 56km^2，占总流失面积的 4.69%。水土流失问题使得土壤生产能力下降，泥沙源源不断地进入汾河，水源涵养保持能力下降，土壤有机质流失，对流域生态环境造成不利影响，严重影响了农业生产效率。

3.8.5 农业基础设施差，发展局限性强

汾河流域宁武县内总面积 1395km^2，按自然条件及水文区域划分，属云芦山间河谷区，区域土地类型分为黄土丘陵区占 9.53%，土石山区占 89.02%，冲积平原区占 1.45%。从耕作肥力看，耕作层土壤表层含量大部分在 20%～30%，除砂壤和轻壤之外，更多的属中壤质地。宁武县汾河流域经济结构以农业为主，煤炭工业发展相对突出，人均耕地在晋西北各县中最少，在农业土地使用中，土地资源的不充分利用，经营的掠夺性，导致土地质量日益下降。宁武县汾河流域的农业发展依托的耕地资源仅在汾河两岸有少部分集中连片的，其余耕地均呈散点状分布在丘陵沟壑区域。由于地区农业生产效率低下，大规模的农业基础设施匮乏，主要依靠农民投工投劳，自力更生发展，政府投入不足，严重影响了区域的农业发展。区域城乡的二元结构明显，劳动力向城市转移，农业生产者数量减少，老龄化趋势更加明显，导致大面积耕地处于撂荒状态，加之农业用地与非农业用地矛盾突出的影响，耕地资源的流失和土地日趋贫瘠现象日渐凸显。河流流经的区域，海拔较低、坡度较平且耕地较为集中，道路、灌溉等农业设施配套度高，农业发展相对较好。西马坊乡和涔山乡，位于芦芽山林地开发保护区，海拔较高，自然环境恶劣，加之交通不畅、基础配套设施落后等因素，村庄人口分布少，丘陵地区的地貌对发展机械农业和集约化生产有一定的阻碍，农业生产的劳动强度更大，经济效益更低，农业发展严重

滞后。流域现状配套的农业基础设施建设资金来源的部门众多，实施项目的目标不同，侧重点有所差异导致农田基础设施建设为农业生产服务这个最根本目的没有得到充分体现，田、水、路、林、村等农业基础设施建设内容之间的联系被大大弱化，各单项工程的效用无法充分发挥，投入与产生的效果不成正比。

第 4 章

系统修复，
构建生态治理体系

4.1 强化系统治理，构建多维体系

4.1.1 生态文明建设总体部署

立足宁武县汾河流域生态环境现状，坚持"山水林田湖草是一个生命共同体"理念，坚持尊重自然、保护为主、生态优先的原则，坚持系统治理、源头治理、统筹兼顾、整体施策、多措并举，实施全方位、全流域、全过程的系统治理工程，推进生态系统的整体保护、系统修复、综合治理。采用整体保护、系统修复、综合治理的生态技术手段和方法，围绕生态保护、基础设施、污染防治、系统开发等重点领域，将环境保护、产业发展、脱贫攻坚、城乡环境改善融为一体，通过关键生态问题的解决，实现生态引领的发展模式。坚持"绿水青山就是金山银山"的发展思路，牢固树立生态文明理念，切实抓好生态环境治理，全力打造山水林田湖草治理示范样板，打破传统上按照"山、水、林、田、湖、草"各生态要素分而治之的思路，通过"修山""治水""育林""护田""蓄湖""复草"等系列绿色工程的实施，统筹山水林田湖草系统治理。在实施保护和治理过程中，从生态环境质量的改善、自然资源的保护和资源价值的提升、退化生态系统的修复等各个方面综合考虑开展综合性保护和治理。

全面贯彻落实习近平总书记视察山西指示精神，坚持"修山、治污、增绿、扩湿、整地"并重的原则，通过"整沟治理、整村搬迁、乡村风貌整治"三条途径，立足"生态走廊、经济走廊、文旅走廊、脱贫走廊"四个定位，倾力打造具有宁武特色的山水林田湖草生命共同体，努力形成"山青、水绿、林郁、田沃、河美"的宁武县生态格局，为保护和修复山西重要的水源涵养区，建设"山西大生态带"，以期构筑华北平原生态屏障。

2017年6月，习近平总书记考察山西省时指出"一定要高度重视汾河的生态环境保护，让这条山西的母亲河水量丰起来、水质好起来、风光美起来"❶。宁武县汾河沿线发展应贯彻生态民生思想，牢固树立生态民生观，增强生态产品供给能力，让人民群众享受更多的生态福利，让生态成为最普惠的民生福祉。坚持在发展中保护、在保护中发展，全面推动宁武县汾河沿线产业提档升级，实现经济社会发展和生态环境保护协同共进。大力发展低碳经济、循环经济，探索建立宁武县沿汾河生

---

❶ 杨珏. 为了一泓清水入黄河——山西坚决打赢汾河流域治理攻坚战 [N]. 光明日报，2020 - 08 - 05.

态经济示范区，努力把这片绿水青山建设成为人人共享、代代受益的"绿色银行"。提升宁武县汾河沿线生态环境质量，将极大地提升沿线环境形象品质，促进第三产业发展，推进县域范围内的一、二、三产向高质化、高端化、绿色化转型。开展生态修复、环境提升工程，打造汾河沿岸生态旅游区，串联汾河沿线自然景观以及人文景观资源，积极融入全域旅游格局，助力宁武县文化旅游支柱产业的形成，带动该地群众发展服务业及旅游业，转变粗放的经济发展模式，促进该地区经济社会繁荣，增加就业，促进社会进步，提高人民生活水平。生态环境的提升能够极大地改善汾河沿线乡村的发展环境，实现生态旅游、文化旅游、乡村旅游的有机结合，统筹协调增绿增收，开展生态脱贫工程，让群众在增绿中增收、在治林中致富，让贫困群众从中获得更多收益，推动脱贫攻坚进程。走生态带动经济社会全方面可持续发展的道路，将生态建设与产业发展相融合，积极实现生态扶贫，充分发挥汾河流域的生态效益，推动社会效益的最大化，实现经济效益与生态效益、社会效益的高度统一。宁武县宁化镇古城作为久负盛名的文物保护地，具有发展文化旅游的先天优势，通过实施滨河天然湿地生态修复工程，实现生态与文旅功能协同发展，建设实景如图 4.1 所示

图 4.1　宁武县宁化古城滨河天然湿地生态修复与
文旅功能协同建设实景

4.1.2　生态系统修复框架规划

贯彻落实"山水林田湖草是一个生命共同体"重要理念作为一条主线，从维护区域（或流域）生态格局完整性入手，开展全域综合性保护和治理，统筹考虑山水

林田湖草六大生态要素，以山水林田湖草保护与修复工程为主要抓手，对流域生态系统环境进行整体保护、系统修复、综合治理，逐步形成山水相依、水林相和、河湿相接、田水相连的生态格局。

落实党中央、国务院关于开展山水林田湖生态保护修复的部署要求，坚持尊重自然、顺应自然、保护自然，坚持问题导向、突出重点，重点聚焦区域突出生态环境问题，构建生态保护修复空间布局。统筹考虑各片区承担的生态服务功能和系统性、关联性修复要求，聚焦区域内受损严重、开展修复需求最迫切、恢复效果最明显的重点区域，确定山水林田湖草生态保护修复总体布局，对山上山下及流域上下游进行整体保护、系统修复、综合治理，真正改变治山、治水、护田各自为战的工作格局。

深入调研，识别需要保护和修复的核心区域、关系生态环境可持续发展的重点区域、生态系统退化和治理修复最迫切的区域，将综合性保护措施与针对性的保护方案有机结合起来。根据山水林田湖草六大生态要素现存问题的空间分布、面积及受损程度等，采取工程措施与生物措施相结合、人工治理与自然修复相结合的方式进行区域生态环境综合治理修复。坚持系统治理，搭建宁武县汾河流域"轴线带动，核心引领，面域保护，要点突破"的生态修复框架。规划先行，整体修复，上下游衔接，开展流域水生态环境保护修复、重要生态系统保护修复、水土保持综合治理、矿山生态环境修复等工程。

点线面结合实现流域环境综合提升。沿汾河干流形成汾河生态轴，"轴线带动"实施防洪安全提升工程、河流沿线生态修复工程等项目，修复水系生态环境，打造生态轴线，带动流域生态建设。宁武县汾河干流沿线生态轴线系统治理效果实景如图 4.2 所示。结合汾河干流生态环境敏感区域和自然景观与人文景观特征区域，"核心引领"通过滨河湿地恢复、生态系统修复、河流生境恢复、生态水面营造、人景互动体验等措施打造核心生态节点，实现涵养水源、调节径流、丰富群落、改善水质、提升环境、蓄洪防旱、降解污染物、调节气候、保护生物多样性等作用，按照生态节点的位置、功能将核心生态节点分为人景互动生态核、自然生态复合体、山水营地三个类型，形成特色鲜明、亮点纷呈，具有示范效应的生态核心节点。"面域保护"针对汾河沿岸两侧大面积连片的山体沟壑区，开展水土流失治理、水源涵养、封山育林、生物多样性保护、林草修复等工程，以降低流域的水土流失、提高水源涵养能力、恢复生态环境为目标，以保障生态空间、改善区域生态功能、提升生态承载力为主线，坚持山水林田湖是一个生命共同体的理念，按照整体保护、系统修复、综合治理的方针，实行"梁、塬、坡、沟、川"共治，"水、土、林、田、人"共利，系统规划，整体推进，深入分析生态问题及其成因，遵循自然规律、恢复自然生态、提高资源环境承载力和生态功能的原则，采取以恢复森林植被为主，林草相结合的生物措施，辅以工程等措施，加快生态修复步伐。

图 4.2　宁武县汾河干流沿线生态轴系统治理效果实景

4.1.3　多维措施互动模式建立

山水林田湖草是全方位全系统综合治理修复概念，通过建立多维措施互动模式，统筹考虑自然生态各类要素进行整体保护、系统修复、综合治理，从而实现增强生态系统的循环能力，维护生态平衡。

以"整体保护、系统修复、综合治理"构建生命共同体为理念，坚持以自然恢复为主，人工修复为辅，开展系统修复、综合治理，聚焦宁武县汾河流域生态环境问题，统筹全流域从山水林田湖草全要素着手，从"修山、护水、治污、保土、增绿、扩湿"重点切入，部署防洪安全提升、河流沿线生态修复、水土流失综合治理、水源保护、矿山生态修复、天池高山湖泊群修复、生物多样性保护、农田综合治理、环境设施提升九大重点工程措施，逐步形成山水相依、水林相和的生态格局。

宁武县地处汾河源头，山高坡陡，夏秋多雨，极易形成洪涝灾害。为保障流域防洪安全，在综合评估现状防洪体系的基础上，针对防洪隐患，通过完善汾河沿线堤防体系，提升防洪标准，形成连续的堤顶抢险道路。通过清理淤积河段，完善支沟防洪体系，从而改善河道水流流态，增强洪期过流能力。通过建立宁武县汾河流域智慧管控系统，构建完整的物联感知体系，实现对流域生态环境多类对象的在线监测、数据集成、挖掘与分析等功能，为智慧流域管控提供水情信息和决策依据。

河流生态系统是动植物的重要栖息地，是能量、物质和生物流动的通道，具有涵养水源、净化水质、调节径流、蓄洪防旱、调节小气候、保护生物多样性等生态功能。厘清宁武县汾河流域河流生态功能特性，依托现有生态资源，进行系统修复，通过修复滨河湿地生态系统、营造山水营地节点、修建生态潜坝、恢复河滩湿地环境、建设生态防护林带等措施，构建河流生态修复空间结构体系。宁武县汾河流域沿河湿地生物多样性修复实景如图4.3所示。

图4.3　宁武县汾河流域沿河湿地生物多样性修复实景

宁武县西部中段管涔山区的雷鸣寺泉是汾河的发源地，具有重要的水源地保护需求。通过建立河源泉源保护区，实施泉域保护规划，制定分级保护措施，统筹控制合理开发利用水资源，加强水源涵养林建设补给地下水源，加强保护管理建立水质监控体系等措施，保障汾河水源地水质，增加河流水量。

宁武县汾河流域矿产资源丰富，矿山开采模式粗放，对流域生态环境影响深远，推进流域矿山治理和生态环境修复是提升流域环境质量的重要方面。通过在重要水源地、保护区划定保护红线，禁止重点保护区矿业开采，采用综合探查技术，针对不同特性实施煤层自燃治理，多措并举施行矿山地质灾害综合治理，因地施策分类实施工矿废弃地造林，结合环境保护要求，推行绿色矿区建设等综合治理措施，全面提升流域矿业环境友好度，修复流域生态环境。

针对宁武县汾河流域沿线点面源污染、垃圾排放、污水处理设备不完善等问题，应重视源头治污，着力推进工业企业排污治理、农业面源污染治理，结合污水处理厂提标扩容，探索村庄污水处理多种模式并行机制，推行城乡垃圾一体化处置措施，共同营造汾河沿线山清水秀的自然生态景观，加强生态文明建设，推动乡村绿色发展，促进社会和谐稳定，推进美丽中国建设。

受人类活动扰动，宁武天池高山湖泊群水量衰减，生态环境遭到严重破坏。以保护原生环境为前提，针对岩体特性采取渗漏治理措施，制定经济合理有效的补水方案，并通过对原生植被环境的恢复，丰富湖泊生物多样性，稳定生态系统。

根据宁武县汾河流域地貌类型、气候条件、植被条件、自然保护地、生态功能区、主要生态系统、主要生态问题等要素进行叠加，开展生物多样性本底综合调查，进行多类型专项评估，将该区域生态空间划分为5个生物多样性保护修复单元。根据各区域生态本底特征，坚持尊重自然、顺应自然、保护自然，坚持保护优先、自然恢复为主，以生态为导向，突出重点，分区施策以改善生态环境、保护生物多样性。

宁武县汾河流域的农田分布呈现出不均衡特点，集中连片、土地平整的优质耕地均分布在汾河及其主要支流两侧，大量农田呈散点状分布于多山丘陵地区，农业低效发展。通过实施农田整理、保持水土、坡耕地改造、基础设施提升等措施，提供生态化的农业发展路径，实现农业产能的优化，提高生产效益。

汾河流域点面源污染是造成汾河水质不达标的主要因素。对标汾河源头水质要求，为解决点面源污染问题，规划从源头治污，推进工业企业排污治理，发展生态循环农业，治理农业面源污染，结合污水处理厂提标扩容，探索村庄污水处理采用多种模式并行，推行城乡垃圾一体化处置措施等角度实施环境综合治理。

通过多维系统互动措施的建立，加强各部门、各领域、各环节的协同配合，发挥各方合力，共同推进生态效益、经济效益、社会效益的全面提升，实现"绿水青山"向"金山银山"的转换，协同引领山水林田湖草生命共同体建设。

4.2　多维治水并举，实现水秀景美

4.2.1　强化防洪体系，完善防洪设施，清理淤积河段

总体思路为协调总体布局，针对现有的堤防开展综合评估，合理利用现有堤防进行改造提升，补充无堤防段，完善沿线水利设施，明确防洪标准，形成完整的防洪体系。遵循河道自然演变规律，充分考虑河道流势流态，尽量维持原河道形态布局汾河沿线堤防。堤防的总体设计秉承实用、安全、自然、与堤防及周边环境融为一体的设计思路，注重保护和修复河道堤岸的自然性、蜿蜒性和生态性，结合堤外湿地进行堤防改造提升，放缓局部堤坡进行绿化，改造隐化硬质堤岸，修复河道的生态功能。根据河道淤积现状，主要对部分主河道以及支沟交汇口进行疏浚，主槽整治原则，维持现状河床天然河底纵坡总体趋势基本不变，对局部河底进行调整。根据河流疏浚料的不同特性，物尽其用，疏浚的砂砾料可用作堤防填筑，疏浚淤泥可作为湿地种植土。

4.2.2 尊重生态环境基底，综合部署水环境治理工程，构建丰富多元的生态空间

汾河河道包含陆地河岸系统、水生态系统以及湿地滩涂生态系统，是动植物的重要栖息地，受人类活动的影响，河流自然生态环境遭到一定程度的影响，生态系统的完整性遭到破坏，水生植物覆盖程度低、类型单一，无法为动物植物、微生物提供良好的栖息地。遵循系统性、整体性、协同性原则，实施河道生态系统修复，对水系、河岸、滩涂、湿地进行统筹考虑、系统治理，综合部署滨河湿地、河滩湿地、生态林带、山水营地等工程，修复滨河湿地、河滩湿地，使其发挥涵养水源、净化水质、调节径流、蓄洪防旱、调节小气候、保护生物多样性等生态功能。河流两岸打造连续成片的绿化防护林带，实现蓄水保土、护堤护田、防风固沙的作用。结合生态岸坡、河道疏浚、水面积积蓄、村旁沟口山水营地等工程措施，共同美化河道景观，展现生态风貌，打造宁武县汾河流域人水和谐的河流生态环境，修复工程实景如图4.4所示。

图4.4 宁武县汾河流域人水和谐的河流生态环境修复工程实景

4.2.3 分级统筹，科学施策，加强涵养补给，保护水源

汾河源头位于宁武县西部中段管涔山区的雷鸣寺泉。在人类活动的扰动下，雷鸣寺泉面临泉水流量衰减、水污染严重、泉水断流概率增大等问题。为有效保护水源地，依据地质地貌形态，划定泉源保护区，进行分区保护，制定并实施保护措施，实现流域生态自然修复，有效涵养和保护水源。针对不同保护要求区域，采取封山

育林、水土流失治理等措施修复环境，并对重点保护区域实施生态搬迁，进行泉源区水生态建设，实施重点水量保护区保护绿化，泉域污染源治理，水质、水量、水位监测，应急系统建设，裸露区渗漏补给等治理工程。根据水源地保护要求，以雷鸣寺泉泉口为中心划定饮用水水源保护区，分级制定保护措施。科学统筹控制，合理开发利用水资源，通过农业灌溉节水、高耗水产业升级、生活节水推广等方式，实现水资源的高效利用。在裸地区域、低覆盖率的区域开展植树造林，加强水源涵养林建设，对流域径流的产生和时空分布产生明显影响，均化径流过程、净化水质，补给地下水源，增加地下水量。

4.2.4　治理渗漏，补给水源，修复植被，恢复天池盛景

宁武天池高山湖泊群是具有高海拔天然高山湖泊独特地质、气候、水文条件的特殊生态系统，经长期自然演替形成了和湖泊群水情动态相适应的非地带性生境，水是天池高山湖泊群植物多样性的基础。近年宁武天池高山湖泊群受到矿业开发、隧道施工等人类活动的影响，底部岩层隔水底板产生不同程度的裂隙，致使湖泊水沿基岩裂隙下渗排出，湖泊群水量衰减明显。宁武天池高山湖泊群具有极高的保护和研究价值，保护宁武天池高山湖泊群的原生环境意义重大，治理方案应以生态保护为前提，采用针对性强、扰动小的治理措施。采用同位素监测技术确定渗漏位置及流量数据，根据不同的渗漏裂隙特征，采用具有针对性的治理方案。为保持宁武天池高山湖泊群的生态水面，确定宁武天池高山湖泊群水源补给方案，维持湖泊水深。宁武天池高山湖泊群植被修复的过程中应综合分析宁武天池高山湖泊群的水生植物物种数量、科属种的组成特征，强调物种多样性的自然选择和适应进化的生物学属性，制定科学的植被修复策略，植物种类选择和植被配置应尽量选用湖泊群的乡土植物，审慎引进外来植物，植被修复的实现来于当地、融于当地、回归当地，丰富湖泊生物多样性，稳定生态系统，提高生态系统产出率。

4.2.5　构建物联感知体系，建立流域智慧管控系统，提升监控预警应急处理能力

实现汾河流域的现代化智慧管控。构建完整的物联感知体系，实现对流域生态环境多类对象的在线监测、数据集成、挖掘与分析等功能，为智慧流域管控提供水情信息和决策依据。建立联动协同管理机制，实现流域智慧监测、数据管理、运维管理、预报预警等多子系统联动管控及流域各级管理部门的事务协同。实现汾河流域新理念、新模式的管理，实现流域水环境监控、数据传输、数据处理、平台实时显示和预警等，提升汾河流域监控预警的自动化水平与应对突发事件的应急处置能力。

4.3 尊重自然，修复生态，推进多样性保护

4.3.1 尊重自然，顺应自然，因地制宜，分区施策

坚持尊重自然、顺应自然、保护自然，坚持保护优先、自然恢复为主、人工修复为辅。根据生态系统退化、受损程度和恢复力，针对生态问题及风险，充分考虑不同区域自然禀赋，划分修复单元，因地制宜开展保护修复，提高修复措施的科学性和针对性。坚持分区施策，宜林则林、宜草则草、宜荒则荒，合理选择保育保护、自然恢复、辅助再生和生态重建等措施，恢复生态系统结构和功能，增强生态系统稳定性和生态产品供给能力，保护生物多样性与生态空间多样性。❶ 如图 4.5 所示，生物多样性修复工程结合保留现状林地及苗圃的基础上实施。

图 4.5　结合现状林地及苗圃的生物多样性修复工程实景

4.3.2 因地施策，多措并举，实施水土流失综合治理

宁武县汾河流域地处黄土高原东部，地形支离破碎，沟壑纵横，受不均匀的降水和人类活动破坏地表植被影响，水土流失严重。深入分析汾河源头区域生态问题及其成因，按照整体保护、系统修复、综合治理的方针，开展水土流失综合治理工程。遵循自然规律、恢复自然生态、提高资源环境承载力和生态功能的原则，采取

---

❶　罗敏，闫玉茹. 基于生态保护与修复理念的海洋空间规划的思考［J］. 城乡规划，2021（4）：11-20.

以恢复森林植被为主，林草相结合的生物措施，辅以工程等措施，加快生态修复步伐。在天然植被稀少区域，依靠自然修复能力，采用封育管护、封禁补植的修护措施，使疏林、灌丛、采伐地以及荒山、荒地植被得到恢复。针对典型沟道的水力侵蚀问题，实施包括谷坊布设、修筑浅坝等小型蓄水保土工程，避免沟道地形、植被进一步遭到破坏，防止沟底下切、沟头前进、沟岸扩张。汾河流域山高川少，农耕地大多数分布于沟坡塬面、梁峁地带，水土流失严重，农耕性低，结合地貌特征和耕作特征，整合治理推行坡改梯工程，并对不适宜耕作的陡坡采取退耕还草还林的措施，可有效提升农业生产效率，进一步控制水土流失。沟道和沟头是径流侵蚀最活跃的区域，对农田、道路、村舍安全威胁极大，结合塬边沟头，修建挡水埝、挡水墙、排洪渠、截排水沟、竖井等沟头排水设施及径流利用工程可有效拦截塬面径流，疏导雨洪，防止雨洪下泄，阻止沟头前进，维护居民点安全。通过建设沿河和沿路防护林带，打造生态绿廊，能够有效地提升路堤河堤的抗冲蚀能力，从而改善生态环境。

4.3.3　开展综合调查，进行专项评估，建立生态监测体系

通过遥感、远程监控、红外相机、自动气象仪等先进手段，开展野生动物种群、野生植物资源、野生动植物栖息地、森林病虫害、火灾及各种人为活动干扰的监测，收集、处理和分析对生物多样性造成严重威胁的要素，及时采取应对措施。开展国家重点保护及特有野生动植物专项调查，对其生境、分布、数量等关键信息建档，为实施拯救性保护提供基础。开展区域植被水文效益、森林生态效益、植物功能种群等专项评估，为科学决策奠定基础。

4.3.4　建立国家公园，完善物种多样性保护管理网络体系

整合宁武县汾河流域自然保护区、森林公园、风景名胜区、湿地公园、林区等资源，积极探索建立以国家公园为主体的自然保护地体系，加快保护区基础设施与保护能力建设，以新建或扩建自然保护区、新建保护小区和增加生态廊道等方式，优化和完善自然保护体系。在相互隔离的同类型自然保护区之间以及物种迁徙通道建设生态廊道，打通物种和基因交流的通道。整合建立健全管理机构，优化和配置人力资源，建立健全有关法律法规和管理制度，完善提升基础设施建设。如图4.6所示，结合宁化古城汾河沿线天然湿地生态修复，提升人文资

图4.6　宁化镇古城沿河天然湿地修复实景

源和生态环境的互动。

4.3.5 完善监管网络，促进产业结构调整，实现社区共建

建立和完善各级生物多样性保护管理体系，加强人才队伍建设，明确保护职责和任务。同时，加强各部门之间的协调和联络，形成公安、环保、林业、土地、水利、农业等多部门协同的保护管理体系。根据区域生物多样性及其保护现状、资源分布、土地利用现状和经济社会发展规划等，开展规划分区，实施分级、分类保护。建立生态环境硬约束机制，制定负面清单，严格限制建设项目准入。建立社区与保护部门共管机制，激励社区进行产业结构调整，改变传统的畜牧业生产方式，进行农村能源改造，减少社区群众对自然资源的依赖性。

4.3.6 积极开展生物多样性保护宣传教育，鼓励公众参与

在生物多样性保护重点区域设立宣传警示标识系统，建设科研宣教场馆，利用国际生物多样性日、地球日、世界环境日、爱鸟周等，通过各种媒体及途径，介绍生物多样性科普相关知识，大力开展生物多样性保护的法律法规宣传，提高公众保护意识。鼓励公众参与生物多样性保护，提高保护意识，规范旅游活动，严格限制破坏生态行为。

4.4 推进矿山修复，实现再生价值

4.4.1 大力实施生态立县，严禁矿业开发威胁水源保护

宁武县汾河流域矿山开采历史久，矿山环境问题造成汾河沿线的地质环境破坏和对大气、水体、土壤的污染，特别是具有重要生态功能的区域存在的矿山开采和煤矿储存加工，对河流沿线生态系统造成较大威胁。按照党的十八大建设生态文明总体要求，统筹地质、地貌、生态、水源等要素，严控矿业开发带来的潜在生态环境风险，划定重点水源保护区严禁矿业开采引发的生态及地质问题，针对已开发的矿区进行关停，面对矿业开采带来的次生灾害加强治理力度。宁武县汾河沿线积极推进矿山环境治理恢复，突出火区治理、地质灾害治理两大要点，重点推进生态敏感区、居民生活区废弃矿山治理和敏感矿山提升，对植被破坏严重、地表裸露、废弃物堆积的矿山加大复绿力度。

4.4.2 探查火区成因，明确火区范围，因地制宜综合治理

综合分析地形地貌、开采方式、侵蚀堆渣等火区成因，开展全面调查，细化火

源类型、成因、位置等细节，采用遥感、测量、验证等多种手段确定火区边界，根据不同特性火区进行分区分类治理，采用先处理低位火源、后处理高位火源的治理思路，对高温采空区巷道进行有序治理，实现科学、经济、适用、有效的综合治理效益。

4.4.3　实施矿山地质灾害分类治理，消除地质安全隐患

宁武县矿区开发历史久远，初期开发方式粗放，引发的滑坡、崩塌、临空斜坡、地裂缝、塌陷等地质灾害问题由来已久，严重影响了矿区周边居民安全和生产安全。针对不同区域地质灾害特征采用技术可行、经济合理的治理措施，利用"矿山环境恢复治理保证金""土地复垦费"和"山西省煤炭可持续发展基金"等多种资金治理，优先针对地质灾害影响的居民点实施治理保障安全，结合土地塌陷及地面裂缝开展土地复垦补充耕地资源，对于不稳定边坡加强监控管理防止次生灾害，从恢复地质环境的角度进行科学有效的治理设计，消除地质安全隐患的同时，实现社会效益，激发存量土地。

4.4.4　以生态治理为主线，恢复工矿区生态环境功能

粗放的矿区开发严重破坏了矿区及周边的生态环境，地表植被遭到严重破坏，水土流失严重。根据不同的工矿废弃地类型，采取经济合理、技术可行的生态治理措施，利用生物治理措施，依据地貌、地表条件确定造林模式，实现生态修复，增强保水能力，恢复工矿区生态环境功能。

4.4.5　严格管理，加强引导监督，建设绿色矿区

改变粗放的矿业开发模式，精细严格管理，完备管理体系，形成多方监督机制，以绿色矿区为出发点，制定矿区长期开发与保护方案，将绿色理念贯穿在生产与发展全过程，注重开采工艺及装备设施的标准制定，减少地表开挖、废渣堆积等，合理引导环境恢复及土地复垦，建立高效工业污水处理系统，合理规划尾矿处理措施。

4.5　培育产业，升级设施，提升流域发展水平

4.5.1　改良低产农田，培育生态农业

宁武县汾河流域的农田分布不均衡，集中连片的优质耕地多分布在汾河及其主要支流两侧，大量坡耕地农田呈散点状分布于多山丘陵地区。现状农田多分属于各

个农户进行耕作，农田分割严重，田块不规整，灌溉系统配套不足，基本是靠天吃饭，农业生产效率低下，大量农田处于撂荒状态。通过实施农田综合整理，将连片的集中农田修整平坦，形成规模，划分符合机械化农业需求的方正有序格田，提升耕作效率。针对分布于汾河两岸丘陵沟壑区的散点型农田，根据其坡度、坡向、坡面大小等条件进行因地制宜的改造，建设成规模的坡耕地，可加以改造建设梯田，也可经过综合评估建设生态林。面对宁武县汾河流域农业生态系统退化，耕地质量下降，水土流失、化肥农药过量等问题，通过构建"生态田园＋生态家园＋生态涵养"的生态保育型生态农业建设模式，结合坡面耕地建设从坡顶到坡腰的多层级带状农业发展模式。通过依托山形山势建设生物拦截及沟塘坝系统，实现农田生态涵养，结合作物间作轮作，建设生态沟渠道路，构建生态林网体系，形成基地沟渠路林相连的生态格局，成为现代生态农业新景观。面对坡耕地水土流失、生态环境脆弱、土壤有机质缺乏问题，通过构建"生态种植＋生态节水＋循环利用"的生态农业建设模式，大力发展果粮间作、林果业为主的特色种植。结合汾河流域生态旅游发展，构建"种养合理配置＋污染综合防控＋生态产品增值"的多功能生态农业建设模式，通过建设蔬菜生态种植区、粮食生态种植区、生态果园区、水产养殖区、畜禽生态养殖区，科学配置种养规模，配套清洁生产技术，区块间种养高效循环、资源有机互补，实现以种定养、以养促种，实现雨水及灌溉水循环利用，实现废弃物肥料化饲料化应用和养分内部循环利用。通过培育生态农业发展模式，建立和发展水土保持型生态农业，推进农业基础设施建设，从而探索高效农业综合治理模式，达到改善产地环境，提高农产品品质，带动休闲观光、旅游采摘和土地认养等休闲农业发展，种植观赏和经济价值兼顾的农作物，林田相间，沿线处处皆景、片片成荫，为当地剩余农民劳动力就业创业、增收致富搭建新平台，实现农业的可持续发展。依托生态功能区优势，发展生态农业，建设高产示范区，全面推动小杂粮和中药材等特色农业发展。

4.5.2 升级环境设施，改善人居环境

重视源头治污，推进工业企业排污治理，通过设备、技术及工艺流程改进和提高企业的环保意识，推广清洁生产，提高水的重复利用率并控制材料损耗，以降低单位产品或产值的水污染负荷。增强环保意识，加强基础设施建设和新技术资金投入，鼓励发展科技生态型农业生产技术。通过综合技术措施和管理措施，有效解决农业环境问题，保护土壤、空气、水环境，促进农业可持续发展。针对宁武县汾河流域现有污水处理厂开展提标扩容，提升污水厂污水处理能力，提高水质排放标准，改善区域水生态环境。

改善人居环境，提高流域整体环境治理水平，改变农村发展面貌。以村庄整治

结合河道治理工作，系统性做好河道清淤、分区治理，生态缓冲区域建设工作，整治乡村环境，提高生态保护意识。针对居民点分布情况分类制定污水收集处理模式，采用生活污水生态化治理，严管河流排污，统一规划建设一批垃圾中转站，用于收集群众生活垃圾，进行垃圾清运转运，提升乡村宜居和生态文明水平。以东寨、石家庄两个镇区为重点，加强基础设施建设和公共服务配套，优化工业布局，推进文旅产业发展。

着力打造兼顾防洪与观赏的生态景观区域，形成河道治导线、生态功能保障线、汾河绿化景观带、乡村田园风光带等生态治理及景观区域，以汾河干流地形地貌空间为依托，乡村旅游振兴发展为契机，结合宁武县汾河流域文化地域景观，形成具有宁武县特色的生态廊道。

4.5.3　激发生态价值，优化产业结构

把贯彻落实"山水林田湖草是一个生命共同体"重要理念作为一条主线，按照生态产业化、产业生态化的原则，正确处理发展与保护的关系，立足本地生态资源禀赋、顺应自然本色，以产业生态化奠定绿色发展基础，挖掘生态产业的发展潜力，激活发展的生态价值。按照产业化建设要求推进生态文明建设，融入绿色发展理念，因地制宜地选择绿色产业发展方向，多举措促进生态产品价值实现，从"＋生态"向"生态＋"转化，将生态优势转化为经济优势。以生态产业化、产业生态化作为乡村振兴发展引擎，摒弃传统资源过度消耗型产业，加快绿色低碳、循环产业发展，利用先进技术，培育发展资源利用率高、能耗低排放少、生态效益好的新兴产业，采用节能低碳环保技术改造传统产业，促进产业绿色化发展❶。充分整合利用生态资源的集中优势，构建生态产业发展的"跨区"模式，以县域全局思维合理规划未来产业发展，发挥不同地域优势，集中力量做优产品。以农促工、以旅促产、以游代建等模式陆续替换原有单一产业发展理念，强调三次产业融合，推动产业融合发展，以文旅发展刺激相关产业转型，面向市场需求重塑产业动能。按照社会化大生产、市场经营的需求导向提供生态产品与服务，向现代生态产业体系转型，以重点突破、短板优化的原则进行产业"补链"，强化上下游产业的关联性，深化各乡镇之间的体系分工与协作，完善智慧创新、循环高效、低碳绿色的创新产业体系，打造空间集约、资源循环、生产高效的产业结构。

---

❶ 刘亚文．生态产业化与产业生态化协同发展研究［J］．环球市场，2020（5）：26.

第 5 章

综合治理，
布局重点修复工程

5.1　防洪安全提升工程

5.1.1　完善汾河沿线堤防体系，提升防洪标准，形成连续的堤顶抢险道路

汾河宁武段的堤防最早修建于新中国成立初期，历经多个建设阶段，年代久远，洪水抵御能力较低，防洪标准不一，部分已经出现垮塌、裂缝等问题，断面形式各不相同，堤防平面布置杂乱无章，堤防衔接不畅，部分河段甚至无堤防，防洪安全存在隐患，无法保障两岸居民生产生活防洪安全。

完善汾河沿线的堤防体系，首先要针对现有的堤防开展综合评估。东寨段有部分堤防修建年代久远，没有基础，结构脆弱，部分已经垮塌。西马坊段有部分修建于 20 世纪 70 年代，堤防防洪标准较低，虽有基础，但抵御洪水能力较差。宁化镇古城段堤防修建于 2005 年，堤防防护标准为 10 年一遇，堤防质量较好，符合防洪标准。潘家湾段堤防也修建于 2005 年，质量较好，且在堤防背水侧有宽度约 2.5m 的土路，作为防汛抢险道路。通过综合评估，对现状堤防进行逐段甄别，对于年久失修、基础薄弱的堤防进行拆除重建，对于基本满足防洪要求的堤防进行加高、加固。

1. 防洪标准

汾河干流沿线河道治理长度 37.39km，总体思路为协调总体布局，合理利用现有堤防进行改造提升，补充无堤防段，完善沿线水利设施，形成完整的防洪体系。宁武县汾河沿线的保护对象主要包括东寨镇、化北屯乡、石家庄镇以及其下辖乡村和河道沿线两岸农田，该区域属于乡村防护区，常住人口较少，不足 20 万人，农田面积小于 30 万亩，且两岸村庄及农田地势较高。根据《防洪标准》（GB 50201—2014）、《堤防工程设计规范》（GB 50286—2013），宁武县汾河沿线汾河干流、支流防洪标准为 10 年一遇洪水。汾河沿线宁化镇古城为省级重点历史保护单位，防洪标准确定为 50 年一遇洪水。

2. 平面布局

汾河沿线堤防布局应遵循河道自然演变规律，充分考虑河道流势流态，尽量维持原河道形态。在确定堤防轴线时，应结合地形和地质条件、河流岸线变迁、河道演变与冲淤变化规律，尊重天然河道的原始形态，尽量沿原河岸线走向布设堤防，避免直线和折线型设计，堤防轴线在平面上尽量采用圆弧、短直线衔接，连接点平滑圆顺，不可长距离"裁弯取直"修建成人工河槽。堤防的总体设计秉承实用、安全、自然、与堤防及周边环境融为一体的设计思路，在满足防洪安全的同时，应注

重保护和修复河道堤岸的自然性、蜿蜒性和生态性，结合堤外湿地进行堤防改造提升，放缓局部堤坡进行绿化，改造隐化硬质堤岸，修复河道的生态功能。堤距确定应统筹兼顾上下游、左右岸，从经济合理、利于河道防冲防淤和防汛抢险等方面综合分析确定。在保证河道断面能够安全通过设计标准洪水的前提下，河段两岸堤距不宜突然放大或缩小，考虑滩区长期的滞洪淤积作用和生态环境保护等因素，应对堤距留有余地。以现状堤防位置为基准，综合考虑河道趋势，并考虑与现状跨河建筑物的衔接、堤顶道路与现状地面的高差关系及景观美化等因素，通过各断面水力学计算，对现状部分不平顺段调整，确定主河道堤距为 80m～130m，支流堤距为 40～80m。

3. 堤顶高程

采用明渠恒定非均匀渐变流能量方程计算水面线，针对从干流上游起点大庙河汇入后断面至下游终点岔上河汇入前断面，河道距离共 37.39km，另外针对河段内西马坊沟、新堡沟等 12 条支沟沟口附近的水面线进行了系统分析计算，形成了干流其他河段 10 年一遇设计水面线成果表和宁化古城段 50 年一遇设计水面线成果表，作为堤防断面设计的依据。依据 GB 50286—2013，设计堤顶高程按设计洪水位加堤顶超高确定，综合考虑风浪爬高、风壅水面高度、安全加高等因素，计算得出各段不同的堤顶超高为 0.72～0.85m，综合考虑确定堤防的安全超高为 1.0m，设计堤顶高程为设计洪水位加上堤防安全超高值 1.0m。对于改建堤防段，若现状堤防（挡墙）顶高程高于设计堤顶高程，则将现状堤顶高程确定为该段堤防设计堤顶高程；若现状堤顶高程低于设计堤顶高程，则按照设计堤顶高程进行加高处理。经过现场调查和数据复核 2005 年修建的现状堤防顶高程能满足设计要求，修建年代较早的局部堤顶高程低于经过复核的洪水防护高程，对于此类型断面应采用原边坡加高工程措施保证洪水防护能力。

4. 堤防断面

参考《汾河流域生态景观规划编制导则》，结合河道两侧地形情况，分析各河段比降流速，比较耐久性与景观效果，进行堤防断面设计。根据现有堤防的不同条件，干流沿线 2005 年建设的现状堤防以此为基础进行改造提升，总长度为 25.60km，针对堤防缺失，20 世纪五六十年代建设的老旧堤防新建贴坡式堤防为 13.17km。由于地貌特殊，汾河宁武段河道比降较大，为 5‰～6‰，设计流速为 2～3m/s，对于堤防的抗冲设计要求较高。相比之下，重力式挡墙抗冲表现最为稳定，贴坡式堤防抗冲性能稍弱，不同的表面材质对抗冲能力和其生态性影响较大。综合比较目前较常用的生态混凝土、格宾石笼、联锁式护坡、抗冲生物毯等四种护坡材料，从防冲刷、生态、造价、美观等方面进行综合比较，联锁式生态护坡砖适应性较强，抗冲流速能达到 2～3m/s，水泥沙预制砖平面拼接，底部土壤中配合草种，地被植物发育后，生态性强，景观效果较好。

主河道左岸紧邻山体，大部分由山体直接封闭，只有局部段需要补充建设堤防，采用重力式挡墙断面，依据《国家建筑标准设计图集》，选取断面型式（04J008）（ZJA4），根据水面线计算成果，挡墙高度一般为 3～4m，挡墙顶宽 0.6m，临水侧坡比 1∶0.35，背水坡坡比为 0，基础坡比 1∶0.2，临水侧设置墙趾，高 0.5m，宽 0.5m，堤身采用 DN50PVC 管排水。

主河道右岸结合原有堤防缺失部分和原有堤防拆除段，采用联锁式护坡断面（图 5.1）。为提高项目的经济性和生态性，断面设计水位以下采用联锁式生态护坡，设计水位以上为撒播草籽，基础为 2 排铅丝笼石防护，防护深度为 1.5m，铅丝笼石尺寸为 2.0m×1.5m（宽×高）。迎水面坡比 1∶2.0，背水坡坡比 1∶2.0，两侧均撒播草籽，选用抗冻、抗旱性能好的黑麦草，撒播密度为 80kg/hm^2，表面铺设 20cm 种植土。联锁护坡预制块之间采用钢丝带连接，联锁式护坡上下两端各浇筑 30cm 长混凝土压块，施工过程中将联锁式护坡的钢丝带浇入混凝土压块中。在河道空间较窄、蓄水区等区域，采用重力式挡墙断面（图 5.2），挡墙高度一般为 3～4m，挡墙顶宽 0.6m，临水侧坡比 1∶0.35，背水坡坡比为 0，基础坡比 1∶0.2，临水侧设置墙趾，高 0.5m，宽 0.5m。挡墙临水侧回填采用开挖砂砾料回填至河道现状地面高程，挡墙墙背堤身回填压实，砂砾料压实相对密度不小于 0.60，堤身采用 DN50PVC 管排水，背水侧坡比 1∶2.0，背坡为撒播草籽，选用抗冻、抗旱性能好的黑麦草，撒播密度为 80kg/hm^2，表面铺设 20cm 种植土。

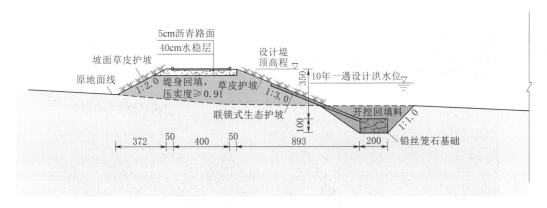

图 5.1　联锁式护坡断面（单位：cm）

5. 堤顶道路

综合考虑河道防洪抢险以及沿河交通需要，在河道右岸堤顶布置一条防洪抢险道路。堤顶道路跨支沟处采用跨沟桥（涵）形式连接，右岸沿线各支沟两岸新建堤顶路，连通主河道防洪抢险道路与宁白线。堤顶道路宽 5m，路面为 4m 宽沥青混凝土路面，路面垂直于轴线方向设置 2% 的坡度。两侧各留 0.5m 路肩，路面结构层从

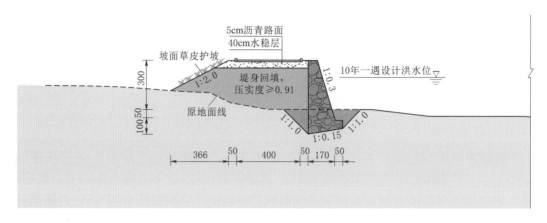

图 5.2　重力式挡墙断面（单位：cm）

下到上依次为 20cm 级配碎石、20cm 水泥稳定层、4cm 粗粒径沥青（AC-20）、3cm 细粒径沥青混凝土（AC-13），其中水稳层水泥含量不低于 5%。两侧埋设路沿石，路沿石规格为 10cm×20cm×100cm，路缘石采用 MU10 砂浆砌筑，路沿石与路面齐平。为了确保运行期堤防检修等的工作安全，在堤防临水侧设置波形防护栏杆，护栏基础采用 C20 混凝土固定，护栏型露出地面 70cm，基础埋深 100cm，护栏总长度为 48.9km。现状防洪堤加固及防汛道路林带建成效果如图 5.3 所示。

图 5.3　现状防洪堤加固及防汛道路林带建成效果

5.1.2　清理淤积河段，完善支沟防洪体系，改善河道水流流态

1. 河道清淤

汾河两岸支沟上游比降较大，与汾河交接处比降逐步变缓，因此现状沿线各支

沟交汇口、部分主河道淤积较严重，导致支沟行洪不畅，淤塞河道，影响行洪，存在一定的防洪隐患。为确保河道行洪顺畅，在不改变河道整体比降的前提下，对淤积河段进行疏浚处理。河道疏浚注意根据河道现状比降控制桥梁之间的河底高程平顺，维持铁路、高速和国道等现有桥梁附近的河底高程，保证交叉建筑物结构安全。疏通河道卡口段，保证卡口段的过流能力，现状宽度较大河段维持现状宽度。疏浚挖土料中的砂砾料用于堤身回填后，其余的杂填土等运至指定地点。

根据河道淤积现状，主要对部分主河道以及支沟交汇口进行疏浚。根据主槽整治原则，维持现状河床天然河底纵坡总体趋势基本不变，对局部河底进行调整。主河道疏浚宽度为 $60\sim80m$，支沟疏浚宽度为 $20\sim40m$，根据河道淤积情况，疏浚厚度为 $0.4\sim1.0m$。保留河道的自然形态，共计疏浚长度 6.26km，疏浚方量 12.84 万 m^3。疏浚工程明细表见表 5.1。

表 5.1　　　　　　　　　　疏 浚 工 程 明 细 表

编号	疏浚河段	长度 /m	平均宽度 /m	疏浚厚度 /m	疏浚方量 /m³
1	宫家庄沟支沟及交汇口	546.28	30	0.4	6883.13
2	王家沟支沟及交汇口	386.38	30	0.4	4868.39
3	梁家沟支沟及交汇口	483.82	20	0.5	5080.11
4	廖家沟支沟及交汇口	216.67	20	0.4	1820.03
5	山寨沟支沟及交汇口	613.18	40	0.4	10301.42
6	张家沟支沟及交汇口	320.03	20	0.4	2688.25
7	宁化古城溢流堰回水区	412.6	60	1.0	25993.80
8	西马坊沟支沟及交汇口	713.61	40	0.5	14985.81
9	坝门口溢流堰回水区	261.22	60	1.0	16456.86
10	石佛爷爷沟支沟及交汇口	728.65	20	0.4	6120.66
11	新堡沟支沟及交汇口	820.83	40	0.5	17237.43
12	阳房沟支沟及交汇口	761.58	40	0.5	15993.18
合计		6264.85			128429.07

2. 支沟防洪体系

宁武县汾河沿线支沟汇水面积大，纵坡陡，在雨季水量增长迅速，大部分村镇都分布在支沟口附近，防洪安全非常重要。为形成封闭的连续堤防，导引洪水，在汾河沿线宫家庄沟、王家沟、梁家沟、廖家沟、厚黑豆沟、山寨沟、张家沟、西马坊沟、石佛爷爷沟、新堡沟、阳房沟等 11 条支沟两岸修建支沟堤防与主河道堤防衔接。由于支沟河道宽度较窄，选用重力式挡墙断面，挡墙高度一般为 3～4m，挡墙顶宽 0.6m，临水侧坡比 1∶0.35，背水坡坡比为 0，基础坡比 1∶0.2，临水侧设置墙趾，高 0.5m，宽 0.5m，堤身采用 DN50PVC 管排水。挡墙临水侧回填采用开挖砂砾料回填至河道现状地面高程，挡墙墙背堤身回填压实，砂砾料压实相对密度不小于 0.60，挡墙后部回填高程与两侧村庄地平衔接。铺设堤顶防汛抢险道路，东与汾河沿线堤顶路相接，西与宁白线相连，堤顶防洪抢险道路宽 5.0m，路面宽度 4.0m，两侧各留 0.5m 路肩，并埋设路沿石。路面采用沥青混凝土路面，路面垂直于轴线方向设置 2% 的坡度，临水一侧设置波形防护栏杆。针对主河道沿线主要支沟进行改造提升改造堤防 2.86km，结合支沟堤防薄弱区域新建堤防 4.79km，并通过支沟堤防综合治理建设堤顶路，实现右岸防汛抢险道路与宁白线的道路连接，完善支沟防洪体系。

为保证汾河右岸堤顶路面通畅，在堤防跨支沟处设置跨沟桥（涵）。由于西马坊沟、新堡沟沟道宽度大，流量丰沛，采用跨沟桥梁形式，其余沟道采用埋设预制涵管方式。根据《防洪标准》（GB 50201—2014）中堤防工程上的建筑物不应低于堤防标准，确定跨沟涵防洪标准为 10 年一遇。联系堤顶路的新堡沟及西马坊两座桥梁长度超过 100m，根据桥梁等级分类标准，属于大桥。根据 GB 50201—2014 表 6.2.1 中堤顶道路交通量，新堡沟及坝门口两座桥梁按四级公路桥梁、大桥标准设计，设计洪水频率按 50 年一遇的洪水频率设置。

在宫家庄沟、王家沟、大厂村沟、陈家庄沟、梁家山沟、梁家沟、廖家沟、厚黑豆沟、山寨沟、张家沟、石佛爷爷沟、阳房沟跨沟处新建跨沟涵管 12 座。跨沟涵管两侧与两岸堤防衔接，高程与两岸高程一致，涵管底部从下到上依次为 100cm 厚 C15 埋石混凝土、10cm 厚 C15 素混凝土垫层、基础为 40cm 厚 C25 混凝土，涵管采用 2～4m 现浇矩形涵，涵管顶部浇筑 C25 钢筋混凝土，其最小厚度不小于 30cm，作为交通路面，涵管两侧安装波形栏杆。涵管数量及尺寸根据沟道的流域面积、洪峰流量、沟道宽度等进行配置。

西马坊跨沟桥和新堡跨沟桥按四级公路桥梁、大桥标准设计，设计洪水频率按 50 年一遇的洪水频率设置。西马坊跨沟桥桥梁结构为 9×20m，桥梁全长 187m，桥梁总宽 6.5m，桥面净宽 5.5m，两边各设 0.5m 的防撞护栏。新堡跨沟桥桥梁结构为 7×20m，桥梁全长 147m，桥梁总宽 6.5m，桥面净宽 5.5m，两边各设 0.5m 的防撞护栏。桥面由 C50 预应力混凝土（后张）空心板构成，预制空心板长 20m，板厚 0.95m，中板和边板宽均为 1.24m。橡胶支座设置为圆板式橡胶支座，直径 20cm，厚度 3.5cm。桥面设 C50 防水混凝土铺装层，厚 0.135～0.8cm，两侧护栏高

1.1m。桥头两侧设置单柱式限速（20km/h）和限载（15t）标志牌。桥台为 C35 混凝土柱式台，顺水流向宽 7.14m。桩基直径为 1.2m，长度 17.5～18.5m，嵌岩桩基础，嵌岩深度不小于 3 倍桩径。

现状排涝涵管处堤防均断开缺口，雨水一般从断开缺口汇入主河道，存在安全隐患，本次设计填筑堤顶路后，需重新布置排涝涵管，采用预制混凝土管穿堤方式排涝。排涝涵管的设计防洪标准与堤防工程防洪标准相同，按 10 年一遇洪水标准设计。排涝标准为 10 年一遇最大 24h 暴雨一天排干。并结合现场实际，排涝涵管过流能力不小于上游跨国道涵管的过流能力。结合现场踏勘，沿主河道共布置穿堤排涝涵管 20 处。根据排涝的积水面积和设计流量安排排涝涵管数量和断面。排涝涵管采用 DN1000 预制混凝土管，排涝涵管下铺设 30cm C15 素混凝土垫层，进口段采用 M7.5 浆砌石挡墙防护，对出口段河道一定范围内采用铅丝笼石防护，为防止洪水倒灌，进口段挡墙延伸至设计水位以上。

5.1.3 建立流域智慧管控系统，辅助流域风险预判决策

为了建立宁武县汾河流域智慧流域体系，构建完整的物联感知体系，建立联动协同管理机制，实现流域智慧监测、数据管理、运维管理、预报预警等多子系统联动管控及流域各级管理部门的事务协同。宁武县汾河流域智慧管控系统采用云大物移，GIS 等新一代信息手段作为技术支撑，以流域生态水环境监测数据为基础，以全局统筹优化作为调控策略，构建宁武县汾河流域智慧管控系统，有效辅助流域风险预判决策，保障流域生态环境的综合治理。

宁武县汾河智慧流域建设范围主要为汾河干流（新堡沟交汇口、西马坊沟交汇口、鸣水河交汇口、红河交汇口、岔上河交汇口等）及沿线治理范围，涉及西马坊乡、新堡乡等就近网络覆盖地区，并且根据工程建设需要，为已有的岔上水文站、宁化堡水文站等三处水文站、静乐水文站留有对外接口。

宁武县汾河流域智慧管控系统围绕三大核心内容开展相关建设工作，形成由感知层、数据层、应用层、用户层、展现层组成的汾河智慧流域管控系统 B/S＋M/S 架构，实现 Web 端和移动端的系统浏览，功能使用，宁武县汾河流域智慧管控系统如图 5.4 所示。

5.1.3.1 监控管理中心

数据是控制管理的重要基础载体，围绕数据资源管理平台和控制中心两大核心构建一体化监控管理体系，完成数据采集、存储、处理和分析、运行监视等功能。梳理整合汾河流域信息资源，构建水环境监测业务域的数据资源共享分类体系，为汾河流域管理提供强有力的数字依据。

汾河流域综合监测系统主要包括数据管理、数据存储管理等部分，并对综合数

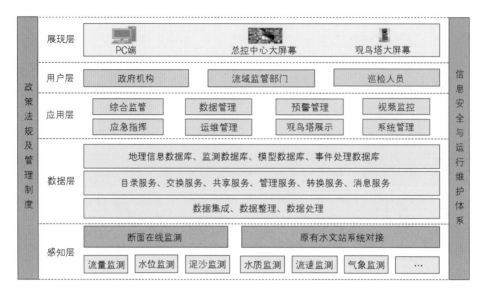

图 5.4   宁武县汾河流域智慧管控系统

据库及元数据库等两大类数据进行存储。综合考虑数据结构和业务应用需求，为便于数据共享维护兼顾数据共享应用，数据资源管理主要分为 5 个部分：①地理信息数据库，包括基础地形数据及雨水系统布局数据库；②运行管理数据库，运行管理数据库管理所有流域治理项目信息，以及建设考核相关的统计数据，包括气象统计数据、水质分析评价数据、水土保持效益评价等；③水环境监测数据库，在线监测数据库包括河道水系、地块中在线监测仪器所采集得到的流量、液位、温度、设备状态、水流速、含沙量等实时数据；④文档多媒体数据库，管理所有与流域治理相关的文档资料、图片数据、视频数据等；⑤业务管理数据库，具体包括对业务种类数据的管理、业务数据的统计结果、项目工程制度管理等。

根据项目总体布局，拟将控制中心设置于宁化古城，同时在观鸟塔设置工程项目形象展示分中心，并在宁化古城布置办公中心。控制中心宜分为办公区域与参观区域，总面积宜提供不小于 $100m^2$。控制中心应为管控系统建设或预留数据机房，机房等级定位 C 级，面积不宜少于 $30m^2$。数据机房应配套不间断电源配电间，采用双电源切换箱供电，面积不宜少于 $20m^2$。数据机房及监控中心预留空调通风机房，面积宜不少于 $20m^2$。为提高系统的显示效果，并满足在运行监视、管理调度等过程中显示多种复合信息的需要，建设大屏展示系统作为监控中心大厅显示墙，显示各个监测点的监测数据和应用数据，显示项目及设施的 GIS 分布图及状态图，并在宁化古城观鸟塔设置室外展示大屏实时反映监测数据。

5.1.3.2   物联网

将水环境监测与物联网技术综合应用起来，在顺应当代水环境保护趋势的同时，为流域管控部门的相关决策提供技术支撑。完整的在线监测系统由监测系统、通信网络、控制中心三部分组成。

1. 监测系统

将汾河流域的干流与12处支沟交汇口（洪河交汇口、西马坊沟交汇口、鸣水河交汇口、新堡沟交汇口等）、源头/终点等关键节点作为重点监测要素所选择的区域对象，进行水环境重点要素监测，包括水雨情监测、气象监测、水质监测指标、水土保持监测指标、视频监控等方面，汾河干流与12处支沟交汇口重点监测要素见表5.2。

表 5.2　　　　　　　　　汾河干流与 12 处支沟交汇口重点监测要素

名　　称	内　　容
水雨情监测	通过雷达水位计、雷达流速仪、翻斗式雨量计等监测设施设备实时监测汾河流域河道治理工程范围内 12 处河流交汇口的水文数据，主要包括水位、流量、流速、降水量等
气象监测	在汾河干流上游及下游分别布设 2 处气象站，实时监测风速、风向、气温、相对湿度和降水量等气象数据
水质监测指标	在汾河流域河道治理工程范围内 12 处河流交汇口分别布设水质监测设备，实时监测常规参数 pH、温度、溶解氧、电导率、浊度等
水土保持监测指标	重点选择在溢流堰上布设 1 处用于水土保持监测设备，主要实时观测河道径流泥沙、水流含沙量/输沙量等指标
视频监控	在汾河流域河道治理工程范围内布设 6 处监控摄像头，实时观测河道水质、水位变化以及流域安全性事件的发生

（1）流量监测。河道流量监测系统由中心站和遥测站组成，采用无线通信方式组网。系统采用先进的传感器技术、数据采集技术、计算机测控技术及网络通信技术，数据由遥测站遥测终端采集，通过无线通信方式发送到中心站，写入中心数据库，中心站对数据进行管理、分析、发布预警信息等。河道流量监测系统结构如图5.5 所示。

汾河流域流量监测系统主要是在宫家庄交汇口、王家沟交汇口、陈家沟交汇口、梁家沟交汇口、廖家沟交汇口、山寨沟交汇口、三河交汇口、西马坊沟交汇口、石佛爷爷沟交汇口、鸣水河交汇口、新堡沟交汇口及阳房沟交汇口共计12处的干流上选择重点断面进行流量监测，采用非接触式雷达测流站。

遥测站采用测、报、控一体化的结构设计，由遥测终端、通信模块、传感器（水位计、流速仪、水质分析仪、雨量计、摄像机）、太阳电池板、蓄电池组等组成。实时采集、存储数据，以自报方式按设定的规则自动向中心站上报信息；也可以按应答方式响应中心站的指令修改遥测参数，响应中心站的数据召测。中心站设在总控制中心，主要由数据服务器、交换机、防火墙、监测工作站及系统软件平台组成。河道流量数据采用无线通信，测站将数据发往中心站，由中心站采集软件接收实时数据并入库，并配套研发应用软件平台实现对监测数据的动态展示，水文数据曲线分析，数据查询及报表打印等功能。中心站能够实现对监测点的水位、流量等信息的自动监测，为河道安全管理与运行调度提供及时准确的数据，能够对险情及时预警，提高管理部门的工作效率和质量，及时了解河道内的水文和安全状况。

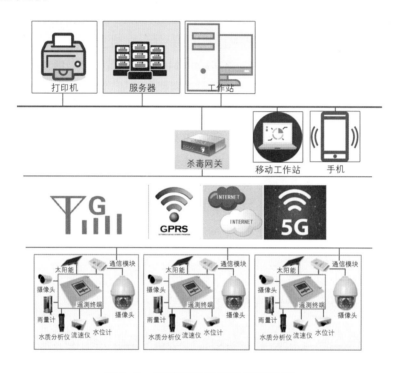

图 5.5　河道流量监测系统结构图

在汾河流域河道 6 处重点监测断面布设雷达测流站的同时配置 6 处摄像机，实现远程断面视频监控。视频监控系统包括前端摄像机、传输线缆、视频监控平台。摄像机通过网络线缆或同轴视频电缆将视频图像传输到控制主机，控制主机再将视频信号分配到各监视器及录像设备，同时可将需要传输的语音信号同步录入到录像机内。监控中心视频监视系统主要由视频解码器、视频工作站、硬盘录像机、数据管理软件、授权客户端等组成，可对视频监控数据进行综合处理。

（2）气象监测。气象环境监测站，用于对风向、风速、雨量、气温、相对湿度、气压等气象要素进行全天候现场监测。依据宁武县汾河流域实际环境情况，在干流上游的东寨镇和下游的石家庄镇各布设 1 处气象站，监测治理流域的气象数据，并将监测数据通过无线网络接入总控中心数据机房。采用手机气象短信功能，可以通过多种通信方法（有线、数传电台、GPRS 移动通信等）与控制中心计算机进行通信，将气象数据传输到数据中心进行统计分析和处理。

采用三杯式风杯组件和前端装有辅助标板的单板式风向标监测风速风向，采用温湿度传感器监测温湿度，采用翻斗雨量传感器监测雨量。通过采集器将传感器监测的气象要素进行搜集，再通过传输模块将数据传送至后台监控中心端。为保障小型气象站设备 24h 工作，采用太阳能电板和蓄电池供电。配套后台软件平台端，展现和存储数据，传输模块数据，可以通过软件平台分析数据。

（3）水质监测。结合汾河流域实际情况，对流域关键监测断面进行常规参数水质监测，经过现场调研，分别在宫家庄交汇口、王家沟交汇口、陈家沟交汇口、梁家沟交汇口、廖家沟交汇口、山寨沟交汇口、三河交汇口、西马坊沟交汇口、石佛爷爷沟交汇口、鸣水河交汇口、新堡沟交汇口及阳房沟交汇口共计 12 处，布置微型水质自动监测系统。运用现代传感技术、自动控制技术和物联网通信技术，集采、配水单元、控制单元、分析单元、采集传输单元、辅助单元于一体组成的水质自动监测系统，针对温度、pH、溶解氧、浊度、电导率、COD、氨氮等参数进行监测。

（4）野外径流泥沙监测。结合流域现场调研，在汾河张家沟支沟口下游处，布设一处野外径流泥沙监测点。野外径流泥沙自动测量系统是采用液位压力原理及红外光电透射原理，结合断面流量数据来计算径流量，红外光电透射原理测量泥沙含量。采集系统采用 5 寸触摸液晶屏、CPU 微处理器、SD 存储卡、外接 USB 等，对监测数据具有自动存储、查询、下载、导出等功能，同时实现在线实时监测和远程（GPRS）数据的传输，最终将数据汇集到控制中心。

2. 通信网络

为保证各监测监控站点与总控制中心之间的互联互通，满足数据传输网络的稳定性、高带宽、抗灾性，采用视频监控数据通过光纤网络进行数据传输，在线仪表监测数据通过无线 GPRS 网络的方式进行数据传输的总体方案。针对无光纤资源区，采用自建光纤网络，通过光纤专网传输视频监控数据，视频监控通过传输设备连接至监控管理中心视频监控平台进行存储与监控。在线监测仪表数据通过 GPRS 无线专网将在线仪表监测数据传送至监控管理中心进行统一存储管理。对于已经存在光纤网络的区域，可直接采用租用运营商光纤网络的形式进行数据传输。

5.1.3.3　智慧流域管控平台

建立智慧流域管控平台对水环境信息进行分析、统计和评价，提供数据分析和管理决策的共享方式，有效辅助提高流域综合监管能力。结合宁武县汾河流域管理需求，智慧流域管控平台设置 7 个管理子系统。

1. 水环境综合监管子系统

以宁武县汾河流域地形图作为基础，基于 GIS（地理信息系统），通过互联感知网络、视频监控网络等获取到流域的河道监测断面信息、流域地块信息、水文气象站信息等，对各个监测和管控对象进行综合查询，通过智能化的方案使多个系统的实时数据在同一平台下融合，针对不同对象进行各类型信息的综合展示和详细信息查询。GIS 平台根据基础地图数据和业务专题数据，加工制作形成基础地图数据服务和业务专题数据服务，实现基础地图操作功能、地图浏览、查询、分析、标注和打印输出等功能，为应用系统提供一站式分析、展示的"仪表盘"，构成"流域一张图"。通过联动预报预警子系统，使管理者能够在"河湖一张图"界面上清晰地了解到流域的基本状况，从而判断是否发出预警信息，做到及时防范。联动运维管理系统在此图上叠加相关设备的巡查养护信息，便于直观掌握监控设备设施的日常运维情况。

流域综合监管子系统包括基础信息展示、基础信息查询、统计分析报表等三项基本功能。

（1）基础信息综合展示在综合管理子系统主界面上，监测信息模块主要为查询对象的指标及位置分布，可针对水文监测信息、气象信息、水土保持监测信息、设施设备布设信息、业务数据等查询其监测数据、位置、运行情况，流域基础信息展示如图 5.6 所示。

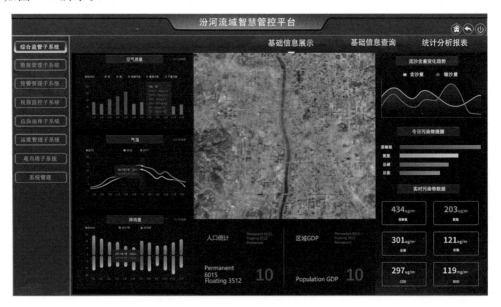

图 5.6　流域基础信息综合展示

（2）基础信息综合查询功能可结合用户的不同信息需求，采用图形选择方式，拉框、多边形选择或单点选择设备部署的监测点，系统将自动搜索并列表显示相关对象的详细信息及数量统计，对图形对象进行动态闪烁，并在图形对象旁显示图形的详细属性信息和多媒体信息。可根据时间段查询各断面的监测指标、相关设施、历史数据等。

（3）统计分析报表功能主要联动数据管理子系统，可以实现对于获取到的数据生成各类运行专题图，并支持对于各类运行信息进行汇总统计及分析结果的展示及查询。

2. 数据管理子系统

数据管理子系统（图 5.7）可以采用多种类型格式的批量数据的导入、导出，提供数据表、趋势线、分布图等多种数据展示方式。子系统采用 B/S 和 M/S 混合架构，既可通过网页浏览器访问系统，又可通过手机端进行数据的填报，同时提供数据统计分析功能。可针对包括流量数据、水位数据、水质数据、含沙量等信息，实现全部监测数据的展示，支持数据导出、查询、修改及两组数据的趋势图形对比等操作。可实现在区域分级上进行不同设备设施的查看，便于管理者掌握监测设施设备运行状态及流域治理成效等，支持基础信息编辑、设备增加、设备删除及运行状态查询等操作。通过数据的查看和处理后，流域管理人员可以实现数据审核上报，数据发布，对监测数据进行统计分析。❶

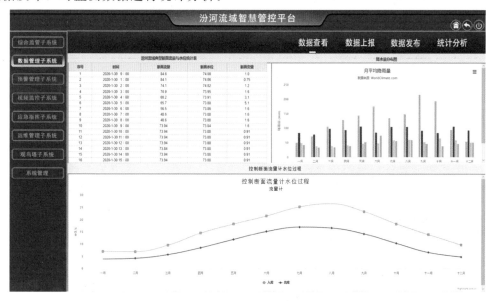

图 5.7 数据管理子系统

❶ 刘晓东，霍云超，王洁瑜. 基于 HEC - HMS 的汾河流域智慧管控平台探究 [J]. 陕西水利，2020（12）：156 - 158.

3. 预警预报子系统

预警预报子系统（图 5.8）可通过视频辅助监控及数据管理计算分析结果，对各类异常情况进行预警预报，如发现监测结果超过预警指标时，系统将根据超标情况，在地图上以不同的标记闪烁形式凸显预警位置，同时自动启动声光报警功能进行告警。根据宁武县汾河流域风险类型和管理需求，设置断面水质超标风险预警、水位预警、设施设备运行情况预警、预警规则制定、预警统计分析功能。❶

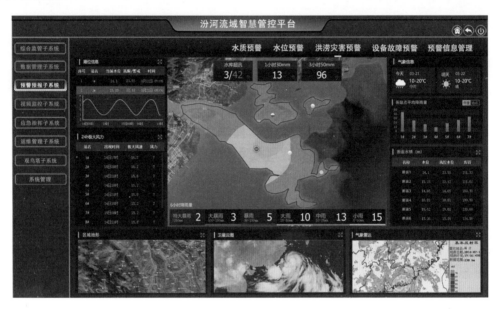

图 5.8 预警预报子系统

4. 视频监控子系统

视频监控子系统（图 5.9）能够灵活有效的对远程设备进行管理，通过对远程监控对象的录像、回放、联动预警、监控策略制定、应急处置等应用，达到监控与通信的双重功能，可满足对汾河流域的远程监控与应急处置需求。通过设置在沿线的 6 处断面视频监控，实现监测信息的实时抓取，也可以固定频率刷新实时数据，视频通过网络传回到监控室，接入中心管理云平台，可实现远程查看流域内各断面的实时水质、流量、流速情况，及时发现河道异常，也可对断面、干流、河流交叉口、调蓄站及重点排污口的历史视频监控内容进行查询分析。❷

❶ 刘晓东，霍云超，王洁瑜. 基于 HEC-HMS 的汾河流域智慧管控平台探究 ［J］. 陕西水利，2020（12）：156-158.

❷ 刘晓东，王洁瑜，贾新会，侯彦峰，霍云超，胡坤. 基于物联网的汾河流域智慧管控平台研究与应用 ［J］. 陕西水利，2020（10）：124-126.

图 5.9 视频监控子系统

5. 应急指挥子系统

通过建立应急指挥子系统（图 5.10），实现实时生产数据触发应急预案，并记录预案发出的历史信息。

图 5.10 应急指挥子系统

（1）应急预案管理：包括防汛物资库存数量的管理，在汛后能对使用的防汛物资进行清点，报告防汛物资动用情况和库存情况，储存查阅应急班组和现场指挥人员名录及其联系方式。

（2）防汛调度管理：向现场人员发出调度指令，并可将所有调度指令存入数据库，积累的调度记录可形成调度知识库，防汛相关人员可通过事件查看功能发布汛情灾情及预警、防汛值班表、防汛通知等。

（3）辅助决策支持：可结合气象信息及历史降雨数据，展示出易积水区域供决策人员在汛期统筹调配防汛资源，可对汇入区域的客水进行分析，可实现雨情、汛情、总体分析等多种分析功能，可进行水位流量分析、降雨历时均值分析，并显示各监测点数据对比分析，并联动数据管理子系统显示各监测点对比分析图，形成多曲线对比分析，增强综合分析能力。

6. 运维管理子系统

通过建立运维管理子系统（图5.11），建立流域监测设施设备电子档案，实现设施设备档案的录入、归档、更新和查看，设备设施档案信息涵盖设备编码、所在位置、分类、技术参数、优先级、采购等信息。实现物资编码、设备位置编码、设备编码、固定资产编码的关联。可根据流域监管特点，建立设备位置层次结构，实现统计设备全生命周期内的费用、非计划停机情况。并可与GIS系统集成以建立设备和GIS对象的对应关系。运维管理子系统主要包括工程数据信息管理、设施设备信息管理、工程项目建设信息管理三个功能模块。运维管理子系统功能模块见表5.3。

图5.11　运维管理子系统

表 5.3 运维管理子系统功能模块

功能模块	功能细分	功 能 内 容
工程数据信息管理	工单管理	对施工单进行分类管理；根据故障性质区分工单类型并分配工作单班组；根据技术规程自动生成工作计划及提醒；生成相应的完成记录或报表备案；按照巡检查漏计划派发设施设备巡检工单；查漏过程中发现的问题可被记录下来并自动产生故障工作单
	报表管理	巡检计划报表；巡检故障统计报表；巡检覆盖率统计；查漏统计报表；养护统计报表
设施设备信息管理	设施管理	按时间周期（周、月、年）对监测设施设备养护工作进行计划管理；按照养护计划派发的设施设备养护工单；养护过程中发现的问题可被记录下来并自动产生故障工作单
	故障管理	巡检过程中，可形成设施设备的故障缺陷及故障统计报告并上传管控系统；根据业务流的提前设置将自动发送消息至维护保养人员
工程项目建设信息管理	运营考核	根据汾河流域治理工程项目建设运营考核规定，将对所有项目建设的考核指标进行信息化管理，方便考核自评与上级对下级监督考核
	目标管理	考核目标及工作计划管理。根据"汾河流域治理"中的年初工作计划及制定的考核内容，对工程进度、工程治理等指标进行量化考核、评估打分
	结果管理	考核结果管理。按照年度、季度、月度对各级工作的历史考核评分及档案进行统一的管理，包括系统生成的评分结果

7. 观鸟塔生态环境可视化大屏子系统

建设汾河流域景观塔生态环境可视化大屏系统（图5.12），结合人流密集的宁化镇古城湿地中心观鸟塔，配备液晶显示屏，将流域观测科技化，以环境监测系统的图形界面设计为主旨，通过对流域的气象、水文等数据的采集、传输、存储、显示实现数据的可视化功能，同时实现流域的全景浏览，可通过大屏系统查询流域各片区的生态信息。

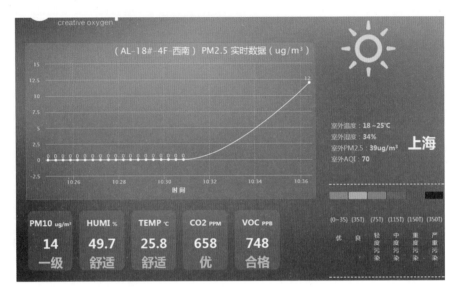

图 5.12   观鸟塔观测大屏系统

5.2   河流沿线生态修复工程

5.2.1   厘清河流生态功能，构建生态修复空间结构体系

河道是城镇发展过程中的重要生态系统，包含陆地河岸系统、水生态系统以及湿地滩涂生态系统，是动植物的重要栖息地，是能量、物质和生物流动的通道。人类活动直接影响着河流生态系统的健康，河流生态系统的破坏同样也直接或间接地威胁人类的安全、健康。实施河道生态系统修复工程是提高生物多样性、构建人水和谐共生关系、推进水生态文明建设的重要途径。

汾河两岸地势平坦、多流汇入、耕地连片、村镇集聚，生态资源丰富，自然环境良好，但受人类活动的影响，河流自然生态环境遭到一定程度的破坏，影响着汾河源头的水质水量，部分动植物种类受到一定程度的威胁，生态系统的完整性遭到破坏。现状河道两岸林木覆盖程度低，未形成连续成片的防护林带，无法起到蓄水保土、护堤护田、防风固沙的作用。河道滩涂内水生植物覆盖程度低、类型单一，无法为动物植物、微生物提供良好的栖息地。

河流生态系统修复工程遵循系统性、整体性、协同性原则，坚持"山水林田湖草是一个生命共同体"的理念，对水系、河岸、滩涂、湿地进行统筹考虑、系统治理，综合部署滨河湿地、河滩湿地、生态林带、山水营地等工程，构建"两核三心引领，生态绿廊为轴，山水营地串联，河滩生态修复"的空间结构体系。修复滨河湿地、河滩湿地，使其发挥涵养水源、净化水质、调节径流、蓄洪防旱、调节小气候、保护生物多样性等生态功能。二马营人景互动生态核建成实景如图 5.13 所示。河流两岸堤外形成连续成片的绿化防护林带，可增强蓄水保土、护堤护田、防风固沙的作用。通过生态岸坡、河道疏浚、村旁沟口山水营地等生态修复措施，提升环境融合度，展现生态风貌，打造人水和谐的河流生态环境。汾河延线头马营自然生态复合体建成实景如图 5.14 所示。

图 5.13　二马营人景互动生态核建成实景

图 5.14　头马营自然生态复合体建成实景

结合现状河道沿线湿地生态基础条件进行湿地修复工程选址，结合交通条件独特、文化资源内涵丰富的村庄居民点打造具有观光游览、科普教育、休闲体验等功能、整体形象突出、基础设施完备、湿地景观独特、文化特色鲜明的生态核心，构建人景互动生态核。结合自然生态条件优越、建设条件良好的居民点，打造具有观赏游憩、休闲体验等功能，绿化贴近自然、湿地环境和谐优美的生态节点，构建自然生态复合体。汾河延线头马营湿地环境修复与观光体验配置建成实景如图 5.15 所示。结合村旁沟口位置，通过生态治理、绿化种植、环境提升、设施配套，打造依山傍水、绿树成荫的生态营地。沿河道两岸堤防外侧建设 30m 生态林带，打造具有蓄水保土、护堤护田、防风固沙等功能的生态防护林带。针对现状河滩湿地进行绿化补植、生态修复，营造适合动植物、微生物生长的栖息地，实现防风固沙、保护生物多样性、提升汾河干流环境的目的。宁武县汾河流域生态环境修复工程总体布局如图 5.16 所示。

图 5.15　头马营湿地环境修复与观光体验配置建成实景

5.2.2　依托原生天然湿地发育区，修复滨河湿地生态系统

湿地是指天然或人工形成的沼泽地等，有缓洪滞洪，防止土壤沙化，补充地下水，减少温室效应，滞留和降解污染物、净化水质的作用。汾河干流滨河湿地生态修复以现状河流自然生态环境为基础，对汾河干流大堤外侧低洼滩涂进行修复，修建一批串珠状水域，充分利用雨洪资源，使洪水资源化，达到调节径流、蓄洪防旱、丰富水生植物等目的。在每个湿地蓄水区上游河道修建进水口，下游修建出水口，通过在蓄水区种植净水性能良好以及存活率较高的水生植物，分解水中的污染物，达到净化水质的目的。围绕蓄水区修建湿地公园，通过园林绿化种植优化滨河环境，

图 5.16　宁武县汾河流域滨河生态环境修复工程总体布局图

有效地调节环境气候，涵养水源，使系统中的生物多样性得到有效的控制和维持。石家庄市镇沿河湿地生态修复实景如图 5.17 所示。同时，注重人与自然的和谐相处、注重人景互动体验、注重与周边人文景观的结合、注重文化特色的塑造，将湿地塑造成为具有观光游览、科普教育、休闲体验等功能，整体形象突出、基础设施完备、湿地景观独特、文化特色鲜明的生态核心。石家庄市镇沿河湿地生态修复及观光游览节点实景如图 5.18 所示。

图 5.17   石家庄市镇沿河湿地公园生态修复实景

图 5.18   石家庄市镇沿河湿地生态修复及观光游览节点实景

1. 湿地水系

湿地水系通过汾河主河道补水，在靠近上游水源的地方设置进水闸，由进水闸自流取水，采用细水长流的概念，保证湿地水系生态功能及水体净化效果，在靠近河段下游的位置设置退水闸，将净化后的水再排入河道之中。进水口处设有沉沙池，以保证湿地范围内的水流质量，沉沙池旁设置清沙空间，方便定期清沙运沙。湿地水系选择黏土防渗层作为湿地的防渗材料，黏土作为天然材料，有利于上层种植土的植物生长，更好地维持湿地生物群落和生境的多样性和丰富度。

2. 湿地植物

湿地植物在保留原有生长良好的乡土植物基础上，适当增加为野生动物提供食物来源与栖息场所的适生植物群落。坚持因地制宜、适地适树，突出植被的地域特色，模拟自然植物群落，同时结合宁武县历史和文化特色，营造富有意境的种植效果，达到植物多样性保护和可持续利用的目的。结合湿地功能区划，在人使用频率高的活动节点与休憩处可提升植物群落的观赏性与丰富度，注意常绿与落叶、速生与慢生植物的搭配和季相变化，满足适宜的遮阴、赏景、科普等功能需求，避免使用有毒、有硬刺的植物。对设有生物滞留、水体净化等功能的绿地，应根据设计滞水深度、雨水渗透种植土厚度、水污染负荷及不同植物的生态习性等条件，选择强抗逆性、抗污染、耐水湿的植物种类，应注意与周边生态环境的协调。

3. 湿地驳岸

湿地驳岸主要采用草坡入水驳岸与种植岛驳岸两种形式，草坡入水式驳岸营造一种自然的效果，凸显湖区水岸的宜人性和优美感，如图 5.19 所示；种植岛驳岸通常用在湿地中心等，使让绿岛更具特色和生态感，搭配丰富的水生植物，突显水系多样化的层次，如图 5.20 所示。草坡入水式驳岸是在地基土壤压实的基础上，铺设500mm 厚的黏土作为防渗层，再在其上放置 300mm 厚种植土，将滨水植物沿着驳岸一直种植到浅水的区域；种植岛驳岸通常用于不上人的水中人工绿岛之中，岸际线用松木桩密排，略高于水面 10cm，对种植土进行围挡，土上种植亲水草本类植物。

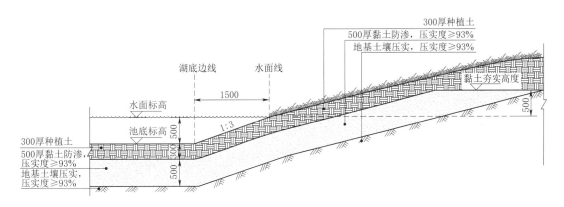

图 5.19 草坡入水式驳岸做法（单位：mm）

4. 湿地配套

湿地除生态调节功能外兼具观光游览、科普教育等功能，园路建设、场地铺装、服务设施配套等是实现观光游览，构建人与自然和谐关系的基础条件。配套设施建设工程坚持生态性原则，步道设计避开生态敏感区及地质情况复杂、承载力弱的区域，路面使用透水混凝土，在混凝土中添加色粉，在混凝土成型后喷涂彩色保护剂来设计不同的颜色，打造更加美丽的道路效果。木栈道、木平台采用碳化防腐木铺装，同样体现环保生态的主题。铺装力求自然生态，避免过分人为造型而造成的生硬感，材料选择更为亲近自然的木材、石材等，通过材料的不同铺设方式和组合变

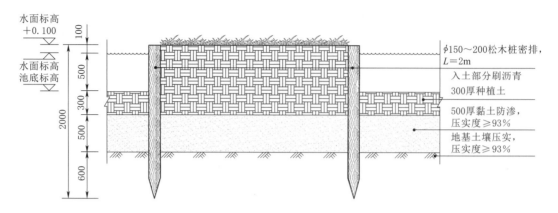

图 5.20 种植岛驳岸做法（单位：mm）

化，丰富地面铺装的观赏效果。服务设施配套同样坚持环保生态、贴近自然的基本原则，配建生态卫生间，增加净化单元，对厕所中的污水和污物进行特殊处理和净化，避免污水排入汾河或通过下渗污染水源，从而起到节约资源又保护环境的作用。座凳选用自然生态的条木复合式座凳，在道路的沿线和停驻空间进行合理的布置，为人们提供休憩空间的基础上让座凳能够更好地融入自然环境。垃圾桶选用外立面为木质的双筒垃圾箱，材质环保生态，贴近自然。宁武县汾河流域湿地生态修复实施效果如图 5.21 所示。

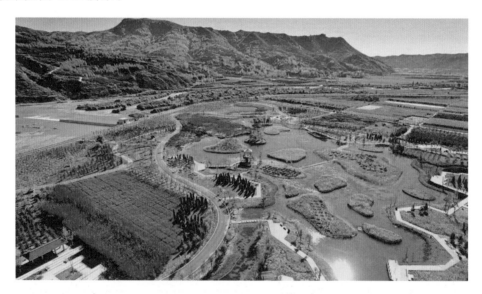

图 5.21 宁武县汾河流域湿地生态修复实施效果

5.2.3 结合村旁沟口生态敏感点，营造山水营地节点

村旁沟口位置因受人为扰动较大，生态环境脆弱，针对这一现象，进行生态治

144

理、绿化种植、环境提升、设施配套，打造依山傍水、绿树成荫的生态营地，可作为湿地生态核心的补充，串联生态绿廊，构建完善的河流生态系统。同时也可为居民提供休闲娱乐、活动交流的场所，改善人居环境，增强人们的幸福感。

山水营地的设计根据地形地貌条件，在避开基本农田和现有建筑的前提下，于村旁、路边、沟口选择有条件的建设区域，设计中选择当地的适生植被。山水营地断面示意如图 5.22 所示。在靠近村庄的地段，种植当地经济树种，点植色叶树种，形成点簇状的生态林地，实现"绿化、彩化、财化"的绿化目标。同时，山水营地的营建结合村民公共活动的需求，在与村口道路接近的地方，为当地村民开辟活动场地，方便村民日常休闲和休憩。宁武县汾河沿线山水营地建成实景如图 5.23 所示。

图 5.22 山水营地断面示意图

图 5.23 宁武县汾河沿线山水营地建成实景

145

山水营地建设工程以尊重生物多样性为前提，在适宜种植的地方选择油松、青
芊、新疆杨等乔木，紫荆、水蜡、金叶榆等适生灌木，形成丰富的植被群落，为动
植物提供良好的栖息地。规划采用生态园林设计手法，主要布置园路，广场、园林
小品等设施，生态修复的同时为村庄居民提供休闲娱乐的场所，同时展现新时代新
农村的精神面貌。

5.2.4　尊重河道生态现状，恢复河滩湿地环境

汾河主河道内的河滩湿地分布范围较广，适合植物的生长，水草丰茂，是多种
动物的天然栖息地，然而受人类生活的扰动使得滩地原生植物遭到破坏，现状滩地
被覆盖程度低，地被类型单一，水生植物较少，主要以芦苇等亲水植物为主，无法
起到净化水质的作用，无法为动植物微生物提供良好的栖息地，不利于生物多样性
的保护。河滩湿地生态恢复工程选择高程在 2 年一遇设计洪水位以上的河滩湿地进
行绿化补植、生态修复，营造适合动植物、微生物生长的栖息地，实现防止水土流
失、保护生物多样性、提升河道景观环境的目的。汾河沿线河滩湿地修复及沿河堤
路林带建设实景如图 5.24 所示。

图 5.24　汾河沿线河滩湿地修复及沿河堤路林带建设实景

河滩湿地种植类型选择芦苇、小香蒲、花叶芦竹等草本植物，该类植物属于适
生、速生型植物，在遇洪水后自我修复能力较强，同时，这些植物对水体有净化的
作用，有利于河流的生态系统的恢复，可以改善水质、丰富河流生物多样性，起到
拦截泥沙防止水土流失的作用。

河滩湿地修复工程的实施提高了水量调配和水环境承载能力，发挥河湖水系

的综合功能，实现水量优化调配、水环境修复、灾害防御等综合效益。同时，湿地的建设加强了对湿地珍稀野生动植物栖息地的保护，能够为野生动物提供丰富的食物资源，改善野生动植物生存环境。进而不断提高宁武汾河沿线生态系统的稳定性，使湿地整体性生态服务功能得到修复与完善，对调节区域气候、涵养水源、改善生态环境质量、保护及维持生物多样性、保障区域生态安全具有重要意义。

5.2.5 结合堤防体系提升，建设生态防护林带

汾河干流沿线现状堤防外主要以耕地为主，部分区域分布有大棚、养殖场、基础设施、民用建筑等建、构筑物，整体林木覆盖程度低，绿化体系不完善，未形成连续成片的防护林带，无法起到蓄水保土、护堤护田、拦截泥沙的作用。结合堤防体系提升，建设生态防护林带，实现蓄水保土、护堤护田、防风固沙的作用，实现改善水土流失，降低河流的泥沙含量，增加大气湿度和土壤湿度，拦截地表径流，调节地下水位的目标。同时作为农田防护林带，实现改善农田小气候，保证农作物丰产稳产的目标。

汾河生态防护林带沿河道堤防外堤脚线 30m 范围内进行布置，对现状基础设施、永久基本农田以及已建扶贫项目进行避让，对违章建筑以及对生态环境造成不良影响的建构筑物进行拆除。基于环保要求进行退耕还林，打造相对完整且连续的生态保护林、护堤林、护田林，发挥护堤护田、水质净化、水土保持以及水源涵养等功能。树种选择当地适生品种油松、垂柳和新疆杨。林带兼具护堤和防护农田双重功能，为保证效果采用树木胸径均大于8cm规格。林带中采用阵列式布局，垂柳2行，行距4m，株距4m；新疆杨5行，行距3m，株距3m；油松2行，行距3m，株距3m。根据林带宽度及实施范围，两侧垂柳、油松两排种植不变，只增加或减少中间种植新疆杨部分，突出植物的观赏性与季节性特点，汾河沿线生态防护林带典型断面设计如图 5.25 所示。

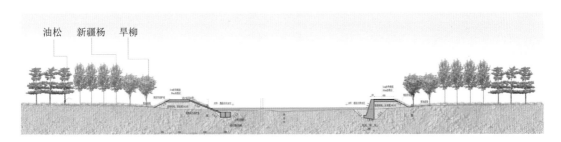

图 5.25　汾河沿线生态防护林带典型断面设计

水土流失综合治理工程

5.3.1 筛选生态斑块，建设水土保持林草体系

山西省地处黄土高原东部，属多山丘陵地区，地形支离破碎，沟壑纵横，水土流失面积大，是全国水土流失重点区域之一。汾河流域水土流失面积 1161.8km²，占流域总面积 1364km² 的 84.99%，属永定河上游国家级水土流失重点治理区。侵蚀类型以水力侵蚀为主，年侵蚀量约为 860.4 万 t，平均侵蚀模数为 6400t 批/（km²·a），属于强烈侵蚀。汾河上游是汾河流域水土流失最为严重的地区，尤其是占上游 70% 流域面积的汾河水库以上地区。特殊的地形地貌、地质条件以及不均匀的降水是造成水土流失的主要自然因素。此外，开垦耕作、砍伐林木、过度放牧、采矿修路等破坏地表植被的人类活动也进一步加剧了水土流失。

宁武县汾河两岸山坡存在岩石外露现象，植被以灌丛、草地为主，林地稀疏，林分单一，植被结构简单，且多以落叶树种为主，群落外貌和季相单调；疏林地和荒草地植被覆盖度偏低，蓄水保土能力弱。根据生态问题及其成因，遵循自然规律、恢复自然生态、提高资源环境承载力和生态功能的原则，采取以恢复森林植被为主，林草相结合的生物措施，辅以工程等措施，加快生态修复步伐。按照整体保护、系统修复、综合治理的方针，开展水土流失综合治理工程，实行"梁、塬、坡、沟、川"共治，实现"水、土、林、田、人"共利。

开展水土保持林建设，是治理水土流失、完善生态环境体系的首要措施。依据 1∶10000 地形图、30m 数字高程（DEM）、土地利用现状图等基础数据资料，运用 ArcGIS 软件，筛选生态斑块，用地类型主要以荒草地、未利用地为主，结合地形地貌、气候气象、土壤因子、坡度坡向、现状植被类型及分布等立地条件分析，并在现场外业调查的基础上进行复核，最终确定造林小班区划，共筛选 497 个造林小班进行植被恢复，总面积 6454.56hm²。造林区划表见表 5.4。

表 5.4 造 林 区 划 表

区　位	造林类型	坡度	地类	土壤	造林条件
东寨至潘家湾汾河右岸土质山坡	水土保持林	10°～40°	草地、未利用地	褐土山坡	中
东寨至潘家湾汾河左岸土石山坡	水土保持林	10°～35°	草地	褐土、石质山坡	差
其他区域	水土保持林	10°～40°	草地、未利用地	褐土山坡	中

造林模式以乔木为主，灌木为辅，树种选择遵循植被自然分布规律，坚持适地适种、乡土树种优先原则，以常绿树种为主，搭配落叶树种、赏花树种，在实现保持水土的目标基础上，保证生态修复效果。具体造林模式包括：乔（油松）灌（沙棘）混交模式、乔（落叶松）灌（沙棘）混交模式、乔（辽东栎）灌（沙棘）混交模式、乔（云杉）灌（沙棘）混交模式。造林密度为 1667 株/hm²，采用鱼鳞坑整地，乔木栽植采用大鱼鳞坑，规格为 100cm×60cm×60cm，灌木栽植采用小鱼鳞坑，规格为 80cm×50cm×50cm，株行距 2m×3m，混交比例 1∶1，行间混交，"品"字形配置。

5.3.2 针对典型沟道，实施小型蓄水保土工程

宁武县汾河沿线多属于土石山区，沟壑纵横、坡向多变，年降雨量 517.6mm，且暴雨相对集中在 7—9 月，占到全年总量的 63.3%。沟道内侵蚀类型以水力侵蚀为主，侵蚀的形态多为沟道坡面鱼鳞状、斑网线形、沟道底部下切、沟头及岸坡滑塌等，沟道侵蚀量大，造成比较严重的水土流失。针对沟道下切及由沟道下切引起的重力侵蚀剧烈发展的沟道，以及沟底比降较大，沟底下切剧烈发展的沟段，实施小型蓄水保土工程，包括谷坊布设、修筑浅坝等工程措施。从而避免沟道地形、植被进一步遭到破坏，防止沟底下切、沟头前进、沟岸扩张。

通过卫星遥感影像分析结合现场踏勘的方式，选择自然侵蚀严重、人为破坏严重、交通便捷、便于施工的岭底村支沟、石佛爷爷支沟、刘家背 1# 支沟、刘家背 2# 支沟等 4 条沟道作为典型沟道，实施小型蓄水保土工程。其中谷坊工程主要修建在沟底比降较大，沟底下切剧烈发展的沟段，谷坊布置在沟道最窄处，上游宽敞平坦，口小肚大，以利于拦沙。根据谷坊群所在沟道地形、地质现状以及沟底纵坡降，综合考虑确定采用浆砌石谷坊，谷坊总高度为 6.5m 或 7m，谷坊地面高度 4.5m 或 5m，埋深 2m，顶宽 1m，迎水坡坡比 1∶0.1，背水坡坡比 1∶0.5。

遵循合理有效布设原则，考虑沟道实际地形、地质条件，以理论计算为依据，据实地情况调整布设间距。通过对谷坊溢流口的设计洪峰流量和最大洪峰流量进行比较，复核过流能力。在谷坊下游沟道上设计消能护坦，以防止洪水对谷坊下游沟道的冲刷，影响谷坊的稳定性。借鉴已建谷坊消能护坦的设计及建设经验，确定本项目沟道消能护坦长 7m，厚 1m，与谷坊底部等宽，护坦两坎为矩形，消护坦下游坎为梯形，内边坡为 1∶1，外边坡直立，消力坎高 0.5m。考虑谷坊布设的沟道来水因素，同时为保证坝体稳定性，防止坝前积水，减轻水压力，坝体内布设排水孔，排水孔垂直间距 1m，水平间距 1m，梅花形布局。底部设一排基底扬压力排水管，间距 1.0m，管进口填充粒径 0～30mm 碎石滤料。

通过谷坊建设，抬高侵蚀基准，防止沟底下切；抬高沟床，稳定山坡坡脚，防

止沟岸扩张；减缓沟道纵坡，减小山洪流速，减轻山洪或泥石流危害；拦蓄泥沙，使沟底逐渐台阶化，为利用沟道土地发展生产创造条件，从而提高沟道利用率，有效减轻泥沙淤积，达到改善生态环境，保护河流水质的目的。❶

5.3.3 结合地貌特征，整合治理推行坡改梯工程

汾河流域山高川少，农耕地大多数分布于沟坡塬面、梁峁地带，大量的水土流失，严重威胁着人们赖以生存的土地，使耕地面积逐年减少，土层由厚变薄，保肥保水能力由强变弱，宜农耕性越来越差❷。在山区修建梯田是实现蓄水保土和提高农田产量的重要途径，经过从古至今的历史实践检验，山区梯田建设已发展到规范化、科学化、机械化的阶段。以坡改梯为主的基本农田建设，不仅能够提高粮食产量、解决温饱问题，同时也能促进农、林、牧各业的协调发展，建立流域全方位的水土保持综合防护体系，从而控制水土流失的进一步发展。

坡改梯工程基于地形地貌、土壤类型、植被类型、图斑面积，结合居民实际耕作需求，选择坡度适宜（5°～15°），便于到达且与现有耕地距离较近的区域作为坡改梯工程的重点区域。地面坡度是确定最佳田面宽度的主要因素，根据地面平均坡度，取田面宽度为10m。同时根据现场土质条件确定田坎边坡系数，一般黏质土为0.5左右，沙质土为0.7左右。考虑田间作业对道路交通的需求，为便利交通、便利耕作、能通行拖拉机和其他农机具，设计田间路。路面宽为3m，底宽3.3m，面层为15cm厚泥结碎石层。在坡改梯区内根据地形及梯田田面、道路的布置情况布设排水沟，拦截坡面径流，排水沟连接竹节沟，以有效地排除地表水，防止地表水对塬面的冲刷。

对于其他不适宜进行坡改梯工程的陡坡耕地，采取退耕还草还林的措施。贯彻适地适树适草的原则，草灌先行，乔灌草结合，在水平沟内或台地之上，种植阔叶乔木与灌木混交林，在坡面上，优先种植灌木带和草带，两者相间混交，带宽1m左右。对于坡度较小的缓坡耕地，以农业耕作措施为主，采取等高耕作，修等高地埂，种植经济林果、苗木等，形成防护林带，从而有效提高缓坡地抗冲能力增加保水效果。

5.3.4 沿塬边沟头，修建沟头排水设施及径流利用工程

沟道为水土流失必经通道，沟头位于径流侵蚀活跃处，沟头侵蚀可毁掉农田、

---

❶ 白钰，曹媛，刘战平. 山西宁武县汾河流域山水林田湖草生态保护修复思路与实践 [J]. 西北水电，2020（S2）：16-21.

❷ 李小燕，杨永利. 浅谈坡改梯工程在流域治理中的地位和作用 [J]. 陕西水利，2008（S2）：139-140.

道路，甚至威胁村舍安全。对于塬边沟头等水土流失危害严重的区域，修建挡水埝、挡水墙、排洪渠、截排水沟、竖井等沟头排水设施及径流利用工程，拦截塬面径流，疏导雨洪，防止雨洪下泄，阻止沟头前进，维护居民点安全。在支毛沟沟头塬边上设沟边埝，采用梯形断面，内外边坡均为 1∶0.75，顶宽 0.5m，底宽 1.25m，高 0.5m，建筑材料为黄土，压实度不小于 0.93。在梯田、林草与坡耕地、荒坡的交界处，布设截水沟。当无措施坡面较长时，增设几道截水沟，截水沟的间距一般 20～30m。蓄水型截水沟基本上沿等高线布设，排水型截水沟应与等高线取 1％～2％的比降，并与坡面排水沟相接，连接处作好防冲措施。在坡面截水沟的两端或较低一端布设排水沟，以排除截水沟不能容纳的地表径流。排水沟的末端连接蓄水池或天然排水道。排水沟的比降，根据其排水去处的位置而定，当排水出口的位置在坡脚时，排水沟大致与坡面等高线正交布设，当排水去处的位置在坡面时，排水沟可基本沿等高线或与等高线斜交布设。❶

5.3.5　实施封禁补植措施，实现生态修复

汾河源头历史上拥有茂密的天然森林，然而受人类发展的影响，原生植被不断被破坏，植被覆盖率逐渐减少。植被稀少是造成水土流失、生态环境恶化的根源，恢复植被是改善生态环境的主要措施，除人工造林外，依靠自然修复能力，封育管护也是加快植被恢复的重要途径。实行封禁治理、恢复自然植被符合植被演替规律，能有效减少人为破坏，提高土壤水分养分，改善草灌植被生长繁衍的环境，加快自然植被复壮和更新，使疏林、灌丛、采伐地以及荒山荒地植被得到恢复，从而大大减少暴雨径流冲刷土壤，有效控制土壤侵蚀。

封禁补植措施主要针对水土流失较轻的、容易受人为活动干扰的疏林地、荒山荒坡草地进行，结合补植措施，实现生态修复。采用全年封育的形式，对主要路口及人畜活动较多的地段进行围栏防护和标志牌告示提醒，落实封禁管护范围、面积和管护人员，制定管护制度，落实好管护职责。封禁总面积 1103.72hm^2。同时对疏林地进行补植，促进植被更好地进行自然恢复。补植措施在场地 10m×10m 样方调查基础上开展，根据现场地形，采用鱼鳞坑整地，规格为 100cm×60cm×60cm，混交比例 1∶1，行间混交，"品"字形配置。补植树种选择油松、落叶松，其中油松规格选择高 0.8～1m，地径大于 1.5cm 的小苗，落叶松规格选择高 0.6～1m，地径大于 1.5cm 的小苗，补植密度为 500 株/hm^2。共补植油松 434175 株、落叶松 117685 株，设置网围栏 11.11km，标志牌 7 个。

---

❶ 聂兴山，王志坚，赵昌亮，王小云，王静杰，刘一乐. 山西省黄土残塬沟壑区"固沟保塬"综合治理规划研究［J］. 山西水土保持科技，2019（2）：1-8，15.

5.3.6 沿河沿路，建设生态绿廊

宁武县汾河沿线生态绿廊结合宁白线即 S215 省道构建，对宁白线通道两侧绿化林地进行林地整理，疏除枯死木、残次木，清理石块、垃圾、杂草、覆盖土壤等，对于已有的林带，保存率不达标，缺少株数的林带，进行景观树的补植补造，使林带完整，在道路两侧 10m 范围内的空档区域新植景观行道树，增加道路色彩，形成色彩各异的生态景观防护林带，减轻水土流失的同时营造良好的景观林带。

生态绿廊建设坚持"因地制宜，适地适树，乡土树种优先"的原则，结合立地条件分析，选择生态恢复效果好、生长迅速的新疆杨、云杉、油松进行种植，汾河沿线生态绿廊建设实景如图 5.26 所示。因地制宜确定生态防护模式，对于道路两侧 3～10m 的绿化带，从路向外依次种植 1 行油松、1 行云杉、2 行新疆杨，株行距 3m×3m，"品"字形配置。受地形条件限制，可种植 1 行油松或云杉，靠近村庄、山坡一侧种植 1 行油松。对于景观丰富的地段，宜稀植乔木或种植灌木；景观单调破碎的地段，可适当密植乔木，或采用乔灌结合的方式进行种植。在交叉路口不宜种植乔木，在不影响视线的情况下采用常绿灌木、绿篱和花草进行种植。

图 5.26 汾河沿线生态绿廊建设实景

5.4 水源保护工程

5.4.1 划定河源泉源保护区，实施泉域保护规划

汾河源头位于宁武县西部中段管涔山区的雷鸣寺泉，被称为三晋第一泉的母亲

河源头，泉域内有 9 条河谷，均属于汾河支流，各支流地表水汇流后，经东寨楼子山下雷鸣寺泉注入汾河，泉域总面积 377km²，其中可溶岩裸露面积 113km²，泉域面积分别为宁武县 315.5km²、神池县 60km²、五寨县 1.5km²。雷鸣寺泉多年平均资源量为 1707 万 m³/年，可开采量 372 万 m³/年，平均泉水流量 0.2m³/s。泉域岩溶地下水天然补给资源量为 0.54m³/s，可开采资源量为 0.118m³/s。部分岩溶水为宁武县城供水水源，灵沼为引水口，年设计引水能力为 340 万 m³/a，现状用水总量 157.93 万 m³/a。其余部分除少量当地居民饮用外，均流入汾河，成为汾河源头的清水流量。2002 年 9 月汾源水利风景区被水利部评为国家水利风景区。

随着社会经济的不断发展，雷鸣寺泉面临泉水流量衰减、水质污染严重、泉水断流几率增大等问题。为有效保护水源地，编制《泉域保护规划》，划定泉源保护区，并进行分区保护，制定并实施保护措施，实现流域生态自然修复，有效涵养和保护水源。规划水平年至 2020 年，规划开采量 340 万 m³，比现状 2012 年增加开采量 151 万 m³。规划目标为泉水多年平均流量在 0.20m³/s 以上，岩溶水位持续回升，岩溶水质达到《生活饮用水卫生标准》（GB 5749—2022）Ⅱ类水质目标，泉源保护区规划目标见表 5.5。

表 5.5 泉源保护区规划目标

时期	开采量/万 m³	流量控制目标/(m³/s)	水位控制目标	水质控制目标
现状年	160	流量 0.293		Ⅱ类水质
2020 年	340	多年均值 0.20 以上	岩溶水位持续回升	Ⅱ类水质

规划依法划定河流源头和岩溶泉源头保护区，制定并实施封禁措施减少人类活动影响，实现流域生态自然修复，有效涵养和保护水源。按照功能划定重点保护区（核心区）和一般保护区（缓冲区），进行分区保护。其中河源重点保护区范围为宁武县东寨以上管涔山，面积约 350km²，泉源重点保护区为雷鸣寺泉水出露处及上游大庙、涔山两沟两侧地面高程 2200m 以下的河谷地面，面积约 51km²。重点保护区采取封山育林等措施，严格限制人类活动，不允许开展任何建设项目，以自然修复为主。一般保护区为重点保护区外围的缓冲区，以缓冲外来干扰对重点保护区的影响，可以适当开展有限制的人类活动❶。结合汾河流域自然特点，采取针对性措施，实施山水林田湖综合治理，在河流源头和岩溶大泉源头设立"两源"保护区，封山育林，以自然恢复为主；在 25°以上的陡坡地区开展水土保持综合治理，坡面植树造林，沟道打坝造地；在 25°以下耕地区大力发展高效灌溉农业，促进农业产业结构调

---

❶ 陈文辉. 汾河河源保护规划浅析 [J]. 山西水利，2016 (11)：7-8.

整和农民增收。

雷鸣寺泉域保护范围内生活着两万多居民，有少部分农村居民靠砍伐树木为生，对区域内森林植被造成极大危害，影响了区域内水资源涵养；同时煤矿乱采乱挖，严重破坏了地下水原有的补径排条件，对雷鸣寺泉水乃至整个区域的泉水造成了影响。因此，实施生态移民工程是水生态建设的重点，可从根本上解决汾河源头的生态环境问题，又可帮助搬迁人口脱贫致富。同时在重点水量保护区内实施绿化工程，可涵养水源，有效保护和改善泉域岩溶水环境。针对泉域开发利用现状中存在的问题，分别采取工程性和非工程性措施，见表 5.6，具体包括：

表 5.6　　　　　　　　　　泉 域 保 护 主 要 措 施

泉域名称	主要内容	实施年度	具体措施	总投资/万元	备 注
雷鸣寺泉域	成立泉源管理机构			16600	
	有关法规、规程、规划、课题研究或队伍建设	2015—2020	裸露区渗漏补给技术研究	100	
	泉源区水生态建设	2015—2020	生态移民工程	15000	
	重点水量保护区保护	2015—2020	绿化工程	1500	
	重点水质保护区保护			3270	
	泉域污染源治理	2015—2020	修建滞洪坝 1 座	310	
	水质、水量、水位监测	2015—2020	水质、水量、水位监测	1800	6 眼观测孔
	应急系统建设	2015—2020	水源地监测系统建设	1160	
合　计				19870	

（1）泉源区水生态建设。实施宁武县汾河源头生态环境治理修复与保护移民项目，包括平整宅基地 504 亩、建设住房 84000m^2、巷道硬化 24432m^2、绿化 5007m^2、输水管道 20217m、供电线路 16327m、村办小学 3 所、村级卫生室 3 个等。全面完工后，可使汾河源头 57 个村、7200 人实现整体搬迁。实施移民工程，从根本上解决汾河源头的生态环境问题，帮助搬迁人口脱贫致富。

（2）重点水量保护区保护。实施重点水量保护区保护绿化工程，在大石洞、北石河、大庙河的边山砾岩石山区植树造林，大石洞沟、北石河边山区增加绿化面积 10km^2，大庙河边山区增加绿化面积 8km^2，合计增加绿化面积 18km^2，估算投资 3240 万元。绿化工程实施可涵养水源，有效保护和改善泉域岩溶水环境。

（3）泉域污染源治理。实施滞洪坝工程，建设一座滞洪坝，位于涔山乡张家崖村大石洞河上，坝址以上流域面积 80km^2。浆砌石溢流重力坝，大坝体积为 0.9 万 m^3，最大坝高 8m，库容 350 万 m^3，坝底河床高程为 1950m，工程总投资约 310 万元。滞洪坝建设可涵养水源，防止人为因素污染，有效保护泉域岩溶水环境。

（4）水质、水量、水位监测。为进一步加强雷鸣寺泉域水资源的保护和管理，合理开发利用泉域水资源，至 2025 年完成泉域水质、水量、水位监测一期工程。主要内容：泉域范围内新凿建 6 眼岩溶水位观测孔，安装水位、水量自动监测传输系统。为加强泉域水资源的保护和管理，提供科学的技术支撑。

（5）应急系统建设。实施泉域应急系统建设一期工程，建设水源地监测系统，积极应对突发水污染事件，有效保护泉域水环境。

（6）裸露区渗漏补给课题研究。作为汾河源头，雷鸣寺泉水是山西人民福祉的象征，保持泉水的自然出流流量与状态具有深刻的意义。开展雷鸣寺泉域裸露区渗漏补给课题研究，可为科学保护雷鸣寺泉域提供技术支撑。

5.4.2　划定饮用水源保护区，分级制定保护措施

根据雷鸣寺泉 2015—2017 年水质监测结果，枯水期水质类别达到Ⅱ类水，丰水期水质类别达到Ⅲ类水，水质良好，适宜作为生活饮用水水源。根据水源地保护要求，以雷鸣寺泉泉口为中心划定饮用水水源保护区，包括一级保护区、二级保护区和准保护区。

（1）一级保护区。根据水源地保护要求，为防止人为活动对取水口的直接污染，确保取水口水质安全，划定一级保护区，需严格限制的核心区域。一级保护区内不得存在与供水设施和保护水源无关的建设项目。对已有的建设项目拆除或关闭，并视情况进行生态修复。对现状工业排污口拆除或关闭，生活排污口关闭或迁出，确保一级保护区内无工业、生活排污口。对已有的畜禽养殖、网箱养殖和旅游设施拆除或关闭，确保一级保护区范围内无畜禽养殖、网箱养殖、旅游、游泳、垂钓或其他可能污染水源的活动。对现存农业种植和经济林，严格控制化肥、农药等非点源污染，并逐步退出，确保一级保护区内无新增农业种植和经济林。

（2）二级保护区。在一级保护区之外，为防止污染源对饮用水水源水质的直接影响，保证饮用水水源一级保护区水质，划定二级保护区，需加以严格控制的重点区域。针对固定源、面源、流动源分类制定管控措施。

1）固定源管控措施。对已建成排放污染物的建设项目拆除或关闭，并视情进行生态修复。生活污水经收集后引到保护区外处理排放，或全部收集到污水处理厂（设施），处理后引到保护区下游排放。生活垃圾全部集中收集并在保护区外进行无害化处置。

2）面源管控措施。对规模化畜禽养殖场（小区）全部关闭，实行科学种植和面

源污染防治，对分散式畜禽养殖废物全部资源化利用。

3）流动源管控措施。主要指运输危险化学品车辆及其他穿越保护区的流动源，在道路、桥梁穿越的区域，危险化学品运输采取限制运载重量和物资种类、限定行驶线路等管理措施，并完善应急处置设施。

（3）准保护区。在二级保护区外，为涵养水源、控制污染源对饮用水水源水质的影响，保证饮用水水源二级保护区的水质，划定准保护区，需实施水污染物总量控制和生态保护的区域。准保护区范围内严格控制采矿、采砂等活动，限制对水体污染严重的建设项目，已有建设项目不得增加排污量并逐步搬出。准保护区范围内严格限制毁林开荒等破坏水生态环境的行为，并加强水源涵养林建设。

5.4.3　科学统筹控制，合理开发利用水资源

据相关数据统计，忻州市汾河流域现状年地下水开采量 0.05 亿 m^3。用水结构为生活 0.0088 亿 m^3，工业 0.0192 亿 m^3，农业 0.0220 亿 m^3。地下水开采量以农业和工业用水为主。流域内现有地下水开采井 230 眼，地下水开采以孔隙、裂隙水为主。根据《忻州市第二次水资源评价成果》，流域内多年平均地下水资源量 1.7149 亿 m^3，可开采量 0.1944 亿 m^3，现状地下水开采量 0.05 亿 m^3，开采系数 0.26。因此，应通过严格控制地下水开采，增加地下水补给量，使得地下水全面回升到 20 世纪五六十年代的水平。

水资源保护的目的在于保护泉域水质、水量，从而合理地利用岩溶地下水与泉水资源。统筹泉水流量与泉域内不同地区岩溶地下水开采量。由水行政主管部门会同有关部门进行科学考察和调查评价，科学制定泉域水资源开发利用规划，使其成为开发利用泉域水资源的基本依据。水资源开发利用要与社会经济发展的水平和速度相适应，并适当超前布局，保障人口、资源、环境和经济协调发展。经济社会发展要以控制人口、节约资源、保护环境为重要前提，并与水资源、生态环境的承载能力相适应。城市发展、产业布局、结构调整以及生态建设要充分考虑水资源条件。❶

雷鸣寺泉域水资源开发利用，须优先满足城乡居民生活用水，统筹兼顾农业、工业用水和其他用水需要，兼顾地区之间的利益，保护泉域生态环境，发挥水资源的综合效益。根据统计数据显示，汾河流域城镇居民人均生活取水量为 71.5L/（人·d），高于忻州市城镇居民生活人均取水量 63.9L/（人·d）。农村居民人均生活取水量为 33.3L/（人·d），低于忻州市农村居民生活平均水平 38.1L/（人·d）。农田灌溉亩均取水量 227m^3，高于忻州市亩均灌溉用水量 213m^3。工业万元产值

---

❶ 金子，李怡庭，李青山. 浅淡中国水资源与可持续发展［J］. 东北水利水电，2001（11）：9-10.

取水量为 8.36m³/万元，低于忻州市平均水平 11.15m³/万元。各项统计数据显示汾河流域用水水平中，城镇居民生活用水量、农田灌溉用水量略高，其余各项用水水平均低于全市平均水平，用水水平较低。城镇居民生活用水、农田灌溉用水这两方面还有节水的空间，还需采取节水措施，达到山西省用水定额与行业指标的要求。

（1）农业灌溉节水。实施大中型灌区续建配套与节水改造工程、小型灌区灌溉工程以及膜下滴灌工程。其中大中型灌区续建配套与节水改造工程建设内容包括修复滚水坝、续改建防渗渠道及渠系建筑物、田间节水工程。小型灌区灌溉工程包括引水堰闸、泵站、机井等的建设。膜下滴灌工程将水利工程措施与农业技术措施相结合，实现增产增收，根据当地农业产业化发展方向，主要种植品种为土豆、玉米及经济作物、经济林，实施膜下滴灌工程将比常规灌水量节水 85%，提高土地利用率 5%，提高肥料利用率 30%，节省机力费 20%。

（2）工业节水。以提高水的循环利用效率为核心，以高耗水企业为主体，加大以节水为重点的产业结构调整和技术改造力度，积极改革水价，强化工业节水管理，使工业节水总体水平接近全国领先水平，控制工业用水适度增长。工业节水指标主要有万元工业增加值用水量、工业用水重复利用率、工业污水处理率和污水处理回用率等，以现状工业节水指标评价为基础，结合水资源合理配置及供需平衡分析，确定工业节水发展目标，见表 5.7。

表 5.7　　　　　　　　　　工 业 节 水 发 展 目 标

指　标	水 平 年		
	基准年	2020 年	2030 年
万元工业增加值用水量/(m³/万元)	22.75	21	20
工业用水重复利用率/%	92.7	95	97
工业废污水处理率/%	80.4	100	100
工业废污水处理回用率/%	90	100	100

（3）生活节水。新建民用建筑节水器具实行"三同时"制度，普及率达到100%，对于跑冒滴漏和浪费水严重的自来水管网和原有建筑用水器具基本改造完毕，对建筑业、商业服务业用水设施规定用水标准，建立合理的水价机制，逐步实现生活用水量适度增长。生活节水指标主要有生活人均用水量、供水管网漏损率、居民生活用水户表率及节水器具普及率等指标，以现状生活节水指标评价为基础，结合水资源合理配置及供需平衡分析，确定生活节水发展目标，见表 5.8。

表 5.8　　　　　　　　　　　　　　生 活 节 水 发 展 目 标

指　标	水　平　年		
	基准年	2020 年	2030 年
城镇居民生活人均用水量/(L/d)	54	70	80
农村居民生活人均用水量/(L/d)	32	50	60
供水管网漏损率/%	16	13	10
居民生活用水户装表率/%	85	95	100
节水器具普及率/%	70	95	100

5.4.4　加强水源涵养林建设，补给地下水源

森林对径流的影响主要表现在通过对冠层蒸散和对大气降水的重新再分配而影响到径流过程，从而对流域的水分循环产生影响[1]。水源涵养林建设对于改善生态环境、提升水量水质，实现人与自然和谐发展，推动区域资源可持续利用和社会经济可持续发展有着重要作用。在裸地区域、低覆盖率的区域开展植树造林，减少陆面蒸发量以增加对地下水的入渗或地面产流，有利于对岩溶地下水的补给，部分地区可采取退耕还林等措施。[2]

汾河流域现状林地面积为 557.17km²，其中有林地 433.29km²，灌木林地 64.89km²，其他林地 58.99km²，森林覆盖率约为 32.5%，蓝绿空间占比约为 66.2%。汾河流域整体林地覆盖率较高，主要集中在管涔山和芦芽山区域，其余地区植被稀疏，地表裸露现象明显。作为山西省、京津冀地区重要的水源涵养区，水源涵养地位突出，亟须通过水源涵养林建设提高区域水源涵养能力。水源涵养林建设工程结合立地条件分析，按照项目区的村镇、坡度、坡向、坡位划分造林小班，进行林草配置设计。林草恢复布设主要在荒草地实施，现有植被以草地为主，零星生长有灌木，以行间混交方式进行乔灌结合配置。

汾河源头及东西两山大部分属于吕梁山土石山水源涵养林和东部土石山区水源涵养林区，土壤肥沃，有大片的宜林荒山和草地，加之雨量充沛，适宜建立水源涵养林基地[3]。对于河源、泉源保护区的石质山区、土质山区，以及 25°以上坡地沟道，单靠封禁保护措施无法恢复林草植被的荒地，因地制宜采取乔木林、灌木林、种草

---

[1]　杜丽艳. 汾河流域生态修复理念及思路探析 [J]. 山西水利，2017 (1)：16-17.

[2]　张松涛，辛瑞刚，龚艳. 龙子祠泉水源地现状和保护措施研究 [J]. 山西水土保持科技，2021 (4)：45-48.

[3]　杜丽艳. 汾河流域生态修复理念及思路探析 [J]. 山西水利，2017 (1)：16-17.

以及乔灌草混交等不同方式进行人工造林，布设高郁闭度森林，总面积约 5660km²。

树种选择以因地制宜、适地适树、乡土树种优先的原则，结合立地条件分析，选择抗旱性强、抗逆性好、根系发达、生长迅速的造林树种以常绿为主，搭配赏花树种，最终确定的造林树种主要为油松、落叶松、云杉、辽东栎、山桃、山杏、沙棘，具有涵养水源、保持水土、减少水土流失的作用。为突出绿色廊道效果，沿汾河干流两岸采用大苗，其他区域采用小苗，保证生态修复效果。

高郁闭度森林系统具有很强的水分涵养功能，不仅是巨大的水分蓄积库，对流域径流的产生和时空分布产生明显影响，均化径流过程、净化水质，同时对防止水土流失和涵养水源尤其重要。通过水源涵养林建设，在汾河干支流源头石质山区和土石山易林区营造高郁闭度的森林，有利于径流的形成，在一定程度上增加径流量，同时对降水进行截留，林冠和凋落物的双层截留将延迟和改变径流的产汇流过程，凋落物和林区土壤的持水、蓄水在改变径流过程的同时净化水质、增加地下水量。

5.4.5 加强保护管理，建立水质监控体系

为了科学合理地开发利用和保护水资源，实现可持续利用的目的，必须建立健水资源的质量动态和环境监测网，加强对水资源的系统掌握和科学研究，为合理开发利用和保护水资源，提供科学的决策依据和保护措施。提高水质监测分析能力，建设规范统一的水质分析室❶。目前汾河流域现有监测设施主要通过凿建岩溶水位观测孔，安装水位、水量自动监测传输系统，然而监测断面（点）较少，监测数据的系统性、系列性不强，无法为泉域水资源的保护和管理，提供科学的技术支撑，给评价、管理工作带来许多困难。

建立完整的、超前的水质监测预警系统，需运用计算机技术、环境科学和系统科学等理论，主要是 GIS 和 EIS 的耦合技术，尤其是利用 GIS 的空间数据管理功能和模型分析能力，将水环境质量、水污染状况及地理信息等集合在一起，用先进的技术手段，对其进行综合分析、计算、评价，解决传统数据库结构缺乏空间性、不能实现空间管理和空间分析的问题，使水质信息从单一的表格、数据中走出来，以生动的图形、图像方式呈现给决策者、管理人员及研究人员。通过分析信息空间分布，监测不同的空间数据集或其他种类的信息，实现对空间信息及其他信息的管理❷。使大量抽象、枯燥的数据变得生动、直观和易于理解，为水质预警提供可操作的环境管理决策支持。同时，利用 GIS 技术建立预警信息图形库，实现数据和图形

❶　张松涛，辛瑞刚，龚艳. 龙子祠泉水源地现状和保护措施研究 [J]. 山西水土保持科技，2021（4）：45-48.

❷　陈俊. 实用地理信息系统 [M]. 北京：科学出版社，1998.

的交互表现，增加系统的可视性，提高分析决策能力。❶

5.5　矿山生态修复工程

5.5.1　结合环境保护要求，禁止重点保护区矿业开采

宁武县汾河流域岩溶泉资源丰富，主要分布于主河道两岸山谷之中，出露泉水80 处，其中东庄 4 处，流量 0.1L/s，迭台寺 21 处，流量 61L/s，春景洼 9 处，流量 2.33L/s，东寨 18 处，流量 154.07L/s，涔山 8 处，流量 0.1L/s，大庙 9 处，流量 2.58L/s，前马仑 11 处，流量 15.8L/s，其中雷鸣寺泉位于管涔山区，是汾河源头的第一大泉，泉域面积 377km²，其中可溶岩裸露面积 113km²，流量 144L/s，多年平均资源量为 1707 万 km³/a。这些泉水绝大部分补给河水，其余沿山谷渗漏地下，是汾河源头地表水源补给的重要方式，对于生态环境和区域发展具有重要作用。

受采煤开矿等因素影响，雷鸣寺泉近年泉水流量衰减趋势明显，地下水水质受到影响为 Ⅱ 类水。由于地质条件上水煤共存的基本环境特征，大规模采煤对岩溶水环境的影响尤为明显，煤矿开采后形成裂隙导水带、地面沉降带均能波及地表，造成裂缝、崩塌、沉降等各种地面变形，破坏了上覆含水层原有的补给、径流与排泄条件。

为保护珍贵的泉水资源山西省出台了《山西泉域水资源保护条例》，在泉域的重点保护区内禁止在泉水出露带进行采煤、开矿、开山采石，禁止倾倒、排放工业废渣和污水及其他废弃物。根据《山西泉域水资源保护条例》《山西省汾河中上游山水林田湖草生态保护修复工程试点实施方案》等相关上位规划，应严格禁止在岩溶大泉重点保护区、构造连通区内开采煤矿。对于已开采的煤矿，应协调有关部门实施关闭。雷鸣寺泉域保护范围内蕴藏着大量的优质花岗岩，由于利益驱使，农民乱开乱采现象十分严重，对环境植被造成了破坏，应加强管理关闭相关开采工地，严惩盗采主体。近年来，宁武县县委、县政府高度重视三晋母亲河——汾河源头周边矿山地质环境保护工作，关闭了六座煤矿，有效地改善了煤矿开采对环境保护的威胁。

5.5.2　采用综合探查技术，针对不同特性实施煤层自燃治理

宁武县汾河流域石炭系太原组 5 号煤层，由于煤层埋深浅，部分出露，且具有

---

❶　刘文利，代进，张俊栋. 水源地水质监控预警体系的建立 [J]. 工业安全与环保，2011，37（3）：15-16.

较高的自燃倾向性，加之开采历史悠久产生了许多矿道使煤与空气中的氧相互作用加剧，导致煤层自燃现象越演越烈。

煤层自燃的治理首先要采取行之有效的自燃火源探测手段。由于火区所在的地质条件复杂，地表产热、产气与地下火源位置一般无规律的对应关系，而且现有的各种地面火区探测技术或方法都存在各自的缺点和使用范围上的限制，因此，需要综合考虑煤层、围岩等特征，地质和构造条件，人为施工条件等多种因素，选用多种不同原理的探测技术，综合反演解译，才能保证探测的效果。

宁武县石炭系太原组 5 号露头较大煤层自燃点 20 多处，煤层自燃面积约 $10.0km^2$。自燃区大多属于剥蚀中低山区地貌，主要为石炭系砂岩及泥岩出露区，局部地段被黄土覆盖，黄土受到强烈的侵蚀切割，由于多年来煤炭开采，对区内原始地貌及植被破坏严重，形成较多的采坑、废渣堆及裸露边坡等地貌。该区域煤层自燃由来已久，高温形成的烧变岩随处可见，火区发育在山体坡面上，坡面裂缝发育区，陡坡上、坡面冲沟内多处发育有 $45\sim56.3℃$ 高温热气流涌出，并伴有刺激性异常气味和黄色硫化物结晶，一氧化碳浓度 $39\times10^{-6}\sim100\times10^{-6}$ 以上，冒烟点周边无植被发育。

通过收集并分析地质资料，开展煤火地面调查，查明存在自燃问题的煤矿窑口、井口、采空区、私挖滥采等情况，分析火源位置与冒烟孔洞、裂隙等，初步推测自燃位置及进风通道形态。对火区发育的地形特征、冒烟点的发育特征等进行地质调查，通过烧变岩发育、裂隙群发育、地表温度、一氧化碳浓度等勘查，初步查明火区发育的总体形态及初步位置。在此初步判断的基础上，结合热红外遥感、高精度磁测和地面活性炭测氡法进行综合探查，最后采用钻探进行验证火区范围，确定火区的影响深度及类型。

（1）热红外遥感。采用无人机搭载红外相机，获取区域热红外影像数据，通过数据分析和已知高温点的验证，解译出高温区范围。

（2）高精度磁测。经过预处理、剖面处理和平面处理三个数据处理的环节，通过定性解释和定量解释两阶段完成火区磁测的异常划分。火区磁异常为多个等轴极值异常，利用地磁△Z 垂向一阶导平面等值线，向上延拓异常区，分别绘制 20、50、70、100、120、150、180△Z 垂向一阶导平面等值线图，从高精度磁测异常数据基本可以圈定火区异常区的范围，并推断火区的影响深度。

（3）地面活性炭氡气测量。火区中的煤炭自燃形成一个高温高压的环境，煤炭燃烧使煤系地层中孔隙水或裂隙水的温度和矿化度升高，自燃区顶部存在大量裂隙，能够在火区上方地表形成较高的氡浓度高值区。活性炭为非极性吸附剂，对非极性单原子分子氡具有较强的吸附能力，在浓度差作用下，高浓度处的氡不断地向活性炭运移，直到活性炭吸附的氡量达到最大值。结合前期红外遥感探测成果初步圈定隐伏火区大致范围，以 40m×10m 网度布置活性炭氡气测点，测线方向基本垂直火区走向，侧线沿着火区同向延伸布局。在测点 50cm 深处埋设活性炭杯，5 天后取杯，采用 TY－HC－1 活性炭测氡仪测量，进行活性炭测氡平面等值线分析，通过氡异常高值区确定煤层自燃火区。

（4）钻探验证。为验证热红外遥感解译结果及物理探测推断的火区范围，进一步精确火区范围、影响深度及火区类型，在解译的火区范围开展钻探验证工作。通过在物探圈定的火区异常区范围内钻孔，探查煤层自燃火区的燃烧状况、煤层厚度、煤层深度、煤层层号、煤层顶底板的燃烧变质状况，结合地表温度、一氧化碳浓度测定，温度测定结果，最终确定煤层自燃范围及边界。

根据宁武县煤矿的特性，典型的火区类型有不可见岩层空洞火区、可见明火巷道空洞火区和高温虚量钻孔。针对不同特征的火区采取针对性的治理措施如下：

（1）不可见岩层空洞火区治理。这类型火区的火源不在空洞内部，主要是分布在空洞下部或周围煤体燃烧所产生的高温烟气通过裂隙通道扩散。针对岩层高温打穿钻孔治理主要采取阻断淹没法，针对大空间立体火区主要采用大流量灌注高倍数阻化泡沫法。具体实施过程应先处理低位火源后处理高位火源。先针对高温钻孔应立即进行测温并采用编织袋或封孔器封堵钻孔；再采用注浆或骨料填充方式快速降低高温岩层采空区底部高温；在岩层空洞低位高温区域基本消除后，注入三相泡沫或高倍数阻化泡沫处理高位高温区域，对整个采空区进行灭火降温。

（2）可见明火巷道空洞火区治理。这类型火区主要是由于原有的废弃小窑煤层巷道在受到露天矿开采平盘剥离后，原有贫氧阴燃的煤层遇到大量空气快速氧化而发生自燃，明火位置多位于平盘坡面，巷口位置火势更加迅猛，逐渐向内部延伸。针对明火巷道主要采用区域隔离法，并辅助以覆盖挖除的措施。先用高压水枪扑灭平盘边坡巷道口处的明火，然后用黄土将巷道口完全封堵，随后采用巷道隔断技术将巷道分割成较小空间，最后在巷道上方钻孔向巷道内大流量灌注空气介质三相泡沫或者高倍数阻化泡沫，将整条巷道的明火扑灭，扑灭后的煤层巷道尽快爆破挖除，防止复燃。

（3）高温虚量钻孔治理。处在塌陷采空区的虚量钻孔因裂隙极度发育，当其下部煤层氧化燃烧产生大量高温烟气时，高温烟气会通过裂隙传导进入钻孔，通过对流换热形式对岩层进行加热，导致钻孔出现温度过高无法装药爆破的情况。针对高温虚量钻孔，主要采用多阶段降温法和隔离带降温法进行治理。多阶段降温法先用铠装热电偶温度检测仪，判断高温烟气流窜裂隙通道，再采用注水措施对钻孔进行预降温处理，然后对孔底裂隙进行堵漏，在高温烟气流窜通道下部放置空气间隔器，并采用注水与注浆措施对空气间隔器上部高温进行治理，治理完成后用钎杆将间隔器捅开，对钻孔快速充填炸药进行爆破。隔离带降温法在被保护降温的高温虚量钻孔 1m 位置补打 3 个较深隔离钻孔，针对隔离钻孔采用注水、注浆措施进行灭火降温处理，以形成低温隔离带，封堵高温烟气向中心孔扩散的通道，之后对中心孔进行注水快速降温，最后迅速充填炸药进行爆破剥离。❶

5.5.3 多措并举，开展矿山地质灾害综合治理

根据宁武县汾河流域多类型的地质灾害类型，实施分类型治理。

（1）滑坡治理。由于宁武县汾河沿线矿区滑坡多为黄土滑坡，针对此类地质灾害主要修建截水沟与排水沟工程消除水蚀源头，拦截和旁引滑坡体范围外的地表水、地下水，并对滑坡潜在区坡面进行清理，对陡坡上部削坡，减小边坡角度，在不稳定区域坡脚修建重力式挡墙或抗滑挡墙，再对后缘地裂缝、塌陷坑进行填埋，同时布局滑坡监测设备监测滑坡动态信息。

（2）崩塌治理。针对矿区崩塌应首先清理危险岩体和崩积物，在崩塌区设置挡土墙，并结合设置监测系统。

（3）不稳定斜坡。可清除部分上部岩土体，降低临空面高度，减小上部荷载和斜坡坡度，提高稳定性，降低危岩（土）体的危险程度。建立巡查制度，通过形变测量和地面观察等手段监测裂缝变形。

（4）地面塌陷、地裂缝治理。治理针对地面塌陷、地裂缝问题，主要诱因为地下采空区，可采用地下采空区充填法进行预防，包括边采边充的充填采矿法和先采事后集中充填采矿法。也可在地表沉降或塌陷发生后，使用压力注浆法，采用人工或机械向塌陷体中注入水泥砂浆或先回填后灌浆，以改善岩体应力状态，进而预防沉降或塌陷区进一步发展。对于有复垦需求的区域可以采用充填复垦法进行治理，利用矿区附近的废石弃渣作为充填材料来充填地表采空塌陷坑，在其上覆盖耕植土，实施农田复垦或进行植草造林生态恢复❷。

（5）泥石流灾害防治。对堆放废渣（矸石）区域修筑挡矸坝，对于煤矸石堆填区域进行平整、压实、覆土，种草种树恢复植被。对沟谷内形成物源地带进行河道清理，使洪水排泄通畅，其次顺沟筑挡矸坝，不让洪水进入矸石场，以免引发泥石流。

（6）灾害评估。对于重要地质灾害隐患点进行详细勘查工作，为灾害的治理提供依据，实施地质灾害评估，对危险性高的地质灾害设置地质灾害警示牌或警戒线。在地质灾害易发区对分散的小居民点，小山村，次要的工业、交通、水利和电力设

---

❶ 张小翌，王德明，杨雪花. 平朔东露天矿不同特性火区的针对性治理方法研究 [J]. 中国煤炭，2018，44（9）：92-96，116.

❷ 苏彦兵. 山西柳湾煤矿矿山地质环境评价与治理研究 [D]. 太原：太原理工大学，2020.

施，如简易厂房、构筑物，可采用搬迁，而后治理的解决措施。

5.5.4　因地施策，分类实施工矿废弃地造林

经过多年开发和利用，宁武县煤矿大量工矿废弃地与两岸林区产生矛盾，管涔山林区存在有大量工矿废弃地，地表多由裸露岩石、煤矸石等废弃土石混合堆积而成。工矿废弃的自然植被和成片完整的自然土壤极为稀少，不但自然环境恶劣，水土流失严重，浪费了大量土地资源，还会给生态环境带来严重污染，对自然景观有着严重的破坏。结合矿山生态治理，利用造林种草等手段，恢复地表植被，是改善矿山生态现状的重要途径。现存的工矿废弃地主要有两类，一类是煤矸石堆积地，另一类是采石场废弃地。根据不同的工矿废弃地的特征，因地施策，采用不同的造林模式。

针对煤矸石堆积地进行造林主要有两种类型。对于新排放形成的煤矸石山、山体孔隙率高的旧有煤矸石山、形成多年的零星分散的小煤矸石山，可采用煤矸石山全面覆土造林模式，在煤矸石山表层覆盖黄土 1.0～2.0m，进行穴状整地，而后进行造林。对于因煤矸石山废弃的荒山荒地，在植树点挖大坑，进行黄土换填，再植树造林。由于煤矸石废弃地立地条件差，缺乏树木生长需要的土壤有机质，底部基层保水能力差，造林难度大，成活率较低。在该区域造林应尽可能选择抗干旱、耐贫瘠等适应能力强的树种。针叶树种可选择华北落叶松、油松、侧柏、青杆、刺柏、白杆、华山松等，阔叶树种可选择刺槐、槐、山桃、山杏、沙棘、酸枣、紫穗槐、榆等，草本植物可选择羊胡子草、野苜蓿、狗尾巴草、白莲蒿等，其中槐、刺槐和侧柏在宁武县汾河流域种植表现尤佳。煤矸石山造林应采用乔灌木混交林、针阔叶混交林等混交造林模式，应用行间混交模式，乔木造林密度 3300 株/hm²，灌木造林密度 4950 株/hm²，株行距 1.0m×2.0m，配置方式以品字形配置，也可根据地形、地貌等实际情况适当调整。造林以春季植苗为主，针叶造林用苗宜采用 2.0～3.0a 生健康裸根苗，或者 1.0～2.0a 生容器苗为主，阔叶造林用苗宜采用 1.0～2.0a 生健康裸根苗为主，按株数计算，乔灌木混交林灌木所占比例略大，针阔叶混交林针叶树种所占比例略大。在造林前一年秋季需进行土地预整理，根据立地情况进行全面覆土或局部覆土，并根据造林密度进行穴状整地，穴径 60～80cm，深度 40～50cm。造林时要采取抗干旱技术措施，为增加土壤保水性，可在换填黄土时加入土壤保水改良剂聚丙烯酸钠，并在实施过程中保证苗木完整无损伤、根系自然舒展、埋土踩实、浇水防旱、穴面覆盖保墒等，加强幼苗阶段管护，定时进行灌溉、施肥、松土等，对未成活的苗木及时进行补植。

采石场废弃地造林主要指汾河沿线山区存在石材资源开发后废弃的场地，主要集中在居民点边缘及道路沿线的浅山地带，管涔山林区也有一定数量的分布，其特

点是面积小、零星分布,对自然生态的破坏极其严重。采石场废弃的地表多为裸露岩石,原有土壤被砂石堆积覆盖,造成土、石混合,砾石含量多达50%以上,甚至还有成堆碎石分布,土壤干旱贫瘠,保水性差,造林时应尽可能选择耐干旱、耐贫瘠的乔灌木树种,常用的有侧柏、油松、白皮松、刺槐、鹅耳枥、荆条、沙棘、酸枣、柠条等。采石场废弃地造林,以乔灌木混交林为主,也可采用乔灌草模式。根据立地条件的不同采取不同的造林模式,石堆间空地采用人工植苗造林,砂石堆上可以采用直播或撒播造林种草,土、石、砂混合覆盖场地可采取人工挖坑去石换土植苗造林,大石块堆积过多的废弃地,可采用侧柏、油松、爬山虎、木藤蓼混交模式,利用藤本植物覆盖大石块。人工造林密度应根据立地条件确定,条件较好的区域,乔灌木混交植苗造林的密度为3330株/hm²,密度为4995株/hm²,石块堆积地块应根据实际情况见缝插针。造林前应进行整地,用石块垒边,采用穴径50～80cm,深度50cm规格的穴状整地,捡去栽植穴内石块并增填土壤,采用3.0～4.0a生针叶树或2.0a生阔叶树,石块空隙可采取小穴型式进行小苗造林。栽植后及时浇水,并用石块覆盖穴面,增强种植穴保水能力,提高造林成活率。

5.5.5 充分发挥"三大作用",推行绿色矿区建设

充分发挥"三大作用",即政府、社会、科技的作用,努力提高矿山生态环保和恢复治理水平,推行绿色矿山建设。发挥政府主导和部门配合作用,成立矿区治理工作领导小组和废弃矿山治理指挥部,整合矿管、国土、水保等部门力量,全面推行绿色矿区建设和废弃矿山治理工作。发挥社会支持作用,采用信贷资金、技术、种苗优先供给措施,鼓励在废弃矿区栽树种草,治理水土流失。发挥科技支持力量,针对矿业开采造成的植被破坏和水土流失区域,进行生态治理,治土治水,提高生物适应性,通过植树造林恢复生态环境。

绿色矿山建设是长期的生态环境修复、土地复垦以及资源综合利用的过程。推行绿色矿山建设要以生态设计为出发点,建立长期的生态保护方案,在矿山找矿、勘查、采矿、选矿、尾矿生态环境治理等各个环节落实绿色发展理念。环境方面,通过提高矿容矿貌、矿区绿化等方面的要求,满足绿色矿山建设的基本需求;资源开发方面,重点关注开采工艺、选矿工艺、开采装备等是否适合绿色矿区发展要求;矿山治理方面,重点关注矿山环境恢复治理与土地复垦方案及实施的可行性,环境管理与监测的可靠性;节能减排方面,重点关注节能降耗设备的使用情况,矿山粉尘排放的处理情况,矿业废水的处理达标排放情况,固体废弃物的集中处理情况等;绿色矿区应尽最大努力减少地表开挖,采用"平硐＋竖井"方案进行开采,采用嗣后充填法方式,采用边开采边回填的方式,将70%的采矿废渣或尾矿回填采空区,减少废渣地表堆积,保护矿体安全,减少塌陷、地裂缝等地质灾害;选矿方面采用

"井下破碎＋地表球磨"的工艺，降低粉尘，减少地表占地；污水方面采用将工业废水和生活污水分开处理，采用两套污水处理系统，尾矿回水全部用于生产系统，生活污水不外排；尾矿库方面，科学确定坝基、排渗、防洪等参数，完善污水处理系统，实施污水处理动态监测；土地复垦方面，在资源开发的同时开展矿山土地复垦与绿化，进行水土流失灾害评估，对于有灾害风险的高陡边坡开展工程治理、植物治理等措施；地质灾害监测方面，采用实时动态监测监测地表沉降、滑坡等地质灾害。❶

5.6　宁武天池高山湖泊群修复及治理工程

5.6.1　以生态保护为前提，针对岩体特性采取渗漏治理措施

宁武天池高山湖泊群发育在一个大型向斜核部西缘的 NNE 向断裂带边缘，湖泊周边出露的基岩中多见小型断层以及由构造挤压/拉张作用引起的垂直节理和岩石破碎现象，是在中更新世侏罗纪紫红色砂页岩系上发育的古河道，受中更新世晚期或晚更新世早期的构造运动影响，形成的闭塞洼地并积水成湖❷。经中国地质科学院地质力学研究所针对宁武天池高山湖泊群的科学勘探，湖区沉积物主要以草炭、泥炭、黏土及砂层为主，在干海区域还发现了高山湖泊全新世湖相沉积地层序列❸，具有极高的研究价值。由于矿业开发、隧道施工等人类活动的影响，近年宁武高山湖泊群底部岩层隔水底板出现裂隙，致使湖泊水下渗排出，湖泊群水量衰减明显。

为保护天池高山湖泊群的原生环境，治理应以生态保护为前提，采用针对性强、扰动小的治理措施。为提高治理的针对性减少工程影响范围，在治理之前应采用同位素监测技术确定渗漏位置及流量数据。根据不同的渗漏裂隙特征，采用具有针对性的治理方案。针对影响岩体结构的渗漏裂隙，采用水下"壁可"注浆堵漏技术，针对水下岩体裂缝通过橡胶管或注入器向裂缝内低压（0.3MPa）注入高强度树脂胶，使胶液注入裂缝深处，不仅可以解决岩体渗漏问题，同时可以稳固岩体结构的整体性。针对细小渗漏部位采用天然防渗材料抛掷方案，为避免污染扰动水质，采

❶　郝排山，郝金玉. 山西省忻州市绿色矿山创建与实践［J］. 资源信息与工程，2020，35（1）：43－45，48.

❷　刘建宝. 山西公海记录的末次冰消期以来东亚夏季风演化历史及其机制探讨［D］. 兰州：兰州大学，2015.

❸　朱大岗，孟宪刚，邵兆刚，等. 山西宁武地区高山湖泊全新世湖相地层划分及干海组的建立［J］. 地质通报，2006（11）：1303－1310.

用可水解牛皮纸袋装填黏土在渗漏区域多层抛掷，形成 0.8～1.0m 的黏土防渗层，抛掷完成后采用也可采用草木灰和细砂均匀抛洒嵌缝，待牛皮纸袋降解后，经过天然沉降，即可形成一层生态的防渗层，阻止湖水下渗损失。

5.6.2　经济可行，确定宁武天池高山湖泊群水源补给方案

由于人为工程扰动破坏了区域地下水的补给通道，导致地下水补给量减少，造成宁武天池高山湖泊群水量减少。为保持宁武天池高山湖泊群的生态水面，考虑采用人工补水，维持湖泊水深。根据针对天池湖泊群的各海水量情况，经过综合分析和现场寻访，决定对公海、干海、老师傅海、鸭子海、小海进行水源补给，总体方案是通过建设提水设施泵站和引水管网向各海补水。

1. 水源

水源的选择是供水工程的关键，基于在天池湖泊群附近水源的水文水质地质情况，充分考虑水质和水量因素，设计水源两处，一处位于东庄村上游中马坊河道内，另一处为暖泉沟水库。设计在中马坊河修筑雍水坝，使坝前库容满足单次供水要求。暖泉沟水库水源充足，能够满足本项目取水需求。

根据项目区周边地形、水文地质情况，在东庄村上游修筑雍水坝。设计坝高 2m，基础埋深 1m，顶宽 2m，下游边坡 1∶2，M7.5 浆砌石砌筑，顶部附 0.2m 厚 C25 混凝土，坝长 190m。侧墙高 3.2m，基础埋深 0.5m，下游翼墙设排水孔。雍水坝建成后上游积水面积为 8 万 m^2，平均水深 1m，蓄水量 8 万 m^3，能够满足补水用水要求。补水工程的取水方式为有坝取水和水库取水，通过修筑引水渠将河水引至泵房简易集水池，再由泵房提水至各海。

2. 提水工程

公海面积为 0.36km²，年降雨量以 470mm 计，蒸发量 1600mm，每年蓄水量约 41m³，其中天然地下水补给 20.5 万 m^3，需每年人工补给 20.5 万 m^3。鸭子海、老师傅海、小海和干海合计面积为 0.55km²，年降雨量以 470mm 计，蒸发量 1600mm，每年需水量约 63 万 m^3，其中天然地下水补给 31.5 万 m^3，需每年人工补给 31.5 万 m^3。根据湖泊群的地理位置和需水量，总体布置建设雍水坝一座，溢流堰一座，水泵房及配套设施 2 座，提引水管线 8.387km，补水面积 0.91km²。

公海由一号泵站供应。一号泵站引水口高程 1778.00m，出水口高程约 1855.00m，管线沿线最大高程 1888.80m，最大地形高差 111m。综合考虑投资控制、施工难度和后期管理，设计泵房每年分五次供水，每次供水 10 天，每天有效供水 22h，计算所得需水量为 0.052m³/s，单次供水量 4.1 万 m^3。

鸭子海、老师傅海、小海和干海由二号泵站供水。二号泵站引水口高程 1769.00m，干海出水口高程约 1790.00m，鸭子海出水口高程约 1805.00m，老师傅

海出水口高程约 1799.00m，小海出水口高程约 1780.00m，管线沿线最大高程 1810.00m，最大地形高差 111m。设计泵房每年分 5 次供水，每次供水 15 天，每天有效供水 22h，计算所得需水量为 0.053m³/s，单次供水量 6.3 万 m³。

在两处水源各修建提水泵站一处，配套离心泵两台，一工一备。一号泵的提水管线最大地形扬程 111m，提水管线长 4438m，管道沿程水头损失为 21.75m，离心泵型号选择 DG155-30×6 型多级卧式离心泵，水泵设计流量为 150m³/h，设计扬程 180m，配套电机功率 110kW，出水管管径为 200mm 钢管，效率 75%。泵管出口处配缓闭止回阀 1 台，以削减水锤作用。二号泵的提水管线最大地形扬程 41m，最远提水管线长 3949m，管道沿程水头损失为 14.54m，离心泵型号选择 ISW100-250（1）型单级立式离心泵，水泵设计流量为 160m³/h，设计扬程 80m，配套电机功率 55kw，出水管管径为 200mm 钢管，效率 74%。泵管出口处配缓闭止回阀 1 台，以削减水锤作用。

3. 输水工程

供水系统的选择要从技术、经济、能耗、材料等方面权衡确定。公海海拔较高，规划线路为直接从泵房提水至公海。鸭子海、老师傅海、小海和干海整体地形平缓，可直接从泵房提水至各海。

项目区最大冻土深度 1.5m，为保证工程输水管线的安全，输水管道的管顶覆土深度至少为 1.5m。管道平面布置应尽量做到线路短，线路起伏少，土石方工程量小，转折数量少，尽量避免过路、过沟段，尽量避免穿越山谷、山脊、沼泽。从工程的安全性、供水保证度、线路穿越障碍难度、施工条件、工程投资等多方面综合比较分析，结合地形地貌、地质条件对输水线路进行多方案比较，确定采用管径为 DN250mm 的统一管径，考虑到一号泵站至公海段扬程较高，采用无缝钢管，二号泵站水管网高差较小，管材选用 PE 管。

为保证管道安全运行，在管道的每隔 800～1000m 设自动排气阀一个，在转弯角度较大及缓坡变陡坡处增设自动排气阀。结合检修需求，在沿线共布置检修阀井 20 座，并在各出水口各布置一个阀门井。为在管道维修时放空管道，减缓管道损耗，延长管道使用年限，在管线的相对低点并与管线穿越河（沟）结合布置排水阀井 20 个。为在管线充水时排气，放空时补气，排出运行时带入管道的微量气泡，为节省成本，不设置检查井，检查与排气阀井结合布置，排气三通支管直径按 0.4m 考虑，支管上设盲法兰盖板。结合管线不小于 4° 的弯头设置 1m×1m×1m 的 C25 钢筋混凝土镇墩。为监测输水管道沿线的流量、内水压力及各前池、出水池水位，在水源井、提水泵前池、高位蓄水池设置液位计，在各水泵前后各安装一个压力表，液位计采集到的数据通过无线传送方式传输至泵站控制中心，以便及时监测输水线路运行动态。

配水管网布置应尽可能做到起伏变化小、线路短、少拆迁、少占农田、施工维修方便，管网采用环树结合的布置方式，保证供水。

5.6.3　尊重原生环境，修复湖区生态系统

宁武天池高山湖泊群地质、气候、水文条件独特，具有高海拔天然高山湖泊独特的生态系统，经长期自然演替形成了与湖泊群水情动态相适应的生境系统。湖泊的生态系统结构受到水量的影响，湖泊水情对生态系统结构和功能的稳定具有极其重要的作用。

由于宁武天池高山湖泊群独特的、相对独立的生态系统具有重要的研究价值，植被修复的过程中应综合分析宁武天池高山湖泊群的水生植物物种数量、科属种的组成特征，揭示生态系统的发展过程，作为区域植物物种多样性保护和生态植物修复的基础。为适应当地的生态环境，符合区域生物多样性进化历史，强调物种多样性的自然选择和适应进化的生物学属性，制定科学的植被修复策略。

植被修复的植物种类选择和植被配置应尽量选用湖泊群的乡土植物，审慎引进外来植物，实现源于当地、融于当地、回归当地，既有利于植被的适生，又不会对当地物种造成破坏，不会造成物种入侵。在现有植被丰富的区域，要进行原状保护，不破坏原有生境。结合湿地补水后的设计水面位置，科学配置湿生植物、挺水植物、沉水植物、浮叶植物，注意各类植物配置比例，要采用适宜的栽植密度，不要影响植物的空间伸展。

为丰富湖泊群的环境，适当进行补植，丰富湖泊生物多样性，稳定生态系统，提高生态系统产出率，单调的水生植被将严重影响鱼类的自然繁殖和水禽的迁徙越冬，在湖泊岸边种植芦苇、荻、柳、水杉等大型植物，使陆地与湿地连成一体，为鸟类繁衍和逃避敌害创造条件。

湖泊群水体较浅，水面较为平静，基质较厚，可按挺水区和沉水区进行植物配置。挺水区可栽培芦苇、菖蒲、水蓼、花叶芦竹、木贼等。沉水区可栽植眼子菜、荇菜、川蔓藻、黄花狸藻、黑藻、杉叶藻、狐尾藻等。湖体里天然的浮水植物水葫芦自身繁殖能力很强，应进行监控。

5.7　生物多样性保护工程

5.7.1　按照生态本底，划分生物多样性保护修复单元

根据宁武县汾河流域地貌类型、气候条件、植被条件、自然保护地、生态功能

区、主要生态系统、主要生态问题等要素进行叠加，将该区域生态空间划分为 5 个生物多样性保护修复单元。

1. 水域河漫滩带生物多样性保护修复单元

本区域范围主要涉及汾河主河道及其主要支流延伸的河流阶地，主要为河流生态功能区，海拔在 1190～1600m。本带灌丛主要以河谷落叶阔叶灌丛为主，沙棘灌丛、宽苞水柏枝灌丛、榛灌丛为优势品种，草本植被以小灯心草草甸和野大豆草甸为主，岩河岸呈条带状分布。水莎草草甸、头穗莎草草甸和芦苇草甸呈镶嵌分布。旋覆花草甸、酸模叶蓼草甸和鬼针草草甸面积很小，分布于河漫滩地势较高处或河岸田埂。由于河水的涨落，群落伴生植物生态学特性差异较大，有湿生植物水莎草、芦苇、小香蒲，也有中生植物稗、矛叶荩草、苍耳、野艾蒿等。芦苇草甸、香蒲草甸、小香蒲草甸、泽泻草甸和扁秆藨草草甸主要分布于河岸积水滩地。干流及部分支流沿线村镇居民分布较多，人为活动扰动明显，水质污染严重，生态基流难以保障，水生生物栖息地消失，鱼类等水生生物数量锐减，河流生态功能基本丧失，两侧生态系统景观破碎化，河滩地植物群落组成单一，生态系统连通性减弱。

2. 低山灌丛和农垦带生物多样性保护修复单元

本区域范围主要为海拔 1300～1750m 的低山区域，以山地灌丛、草丛和农田等生态环境类型为主，土壤为山地淡褐土，有机质含量较低，虎榛子灌丛、黄刺玫灌丛、土庄绣线菊灌丛、三裂绣线菊灌丛、美蔷薇灌丛、多花胡枝子灌丛、山蒿半灌丛为本带优势植被，大多为森林破坏后形成的次生灌丛群落。本带蒿类草丛和禾草类草丛交错分布，是落叶阔叶林遭反复破坏后，生境极度退化后形成的植物群落，常集中连片分布，尤以海拔较低的山地分布较多。本区域农田呈分散分布特征，多为坡耕地，少部分经过整理形成梯田，无灌溉设施，农田耕作效能较低，多数农田荒废，杂草丛生。该区域受到人类耕作活动影响较大，历史上由于开荒、过度放牧、砍伐木材、土地耕种等原因，严重破坏了该区的原生环境，动植物栖息地破坏严重，生物多样性退化，水土流失严重。

3. 低中山疏林灌丛带生物多样性保护修复单元

本区域范围主要为海拔 1450～1800m 的低中山区域，土壤为山地淋溶褐土及棕色森林土，土层较厚，立地条件较好。该区的低海拔区域主要有以桦树、山杨、辽东栎组成的阔叶混交林，其中有蒙椴、榆混生，灌木有虎榛子、三裂绣线菊、黄刺玫、陕西荚蒾、沙棘等，草本植物有蒿类、柴胡、沙参、蓝花棘豆、老芒麦、披碱草等。该区的高海拔区域主要以油松林为主，镶嵌有白桦、青杆林，油松林成片分布，发育良好，灌木层盖度较大，主要有土庄绣线菊、黄刺玫、银露梅等，草本层主要有地榆、东方草莓、细叶薹草、瓣蕊唐松草、糙苏等。该区域以人工混交林为主，林种构成简单，森林郁闭度较低，蓄水保土能力弱，林区树龄分布不够均衡，呈现两头小中间大特征，加之放牧等人类活动影响，造成局部区域呈现不同程度的植被退化。

4. 高中山针叶林带生物多样性保护修复单元

本区域范围主要为海拔 1820～2680m 的高中山区域，土壤类型主要为棕色森林土，土层较厚，腐殖质含量较高、立地条件较好。区域涵盖芦芽山自然保护区的核心区和缓冲区等，包括荷叶坪、冰口洼、达毛庵、席麻洼等地。该区域森林植被类型以华北落叶松林和云杉林为主，是芦芽山自然保护区自然植被的主体，也是国家一级保护动物褐马鸡的集中分布区。本区域华北落叶松林、云杉林发育良好，林相整齐，单位面积蓄积量较高，高 7～22m，胸径 4.1～22.8cm，郁闭度 0.5～0.9。伴生乔木有白桦、红桦、青杆、白杆等。灌木层盖度 5%～40%，林下覆盖度较低，在林缘靠近沟谷的地段，灌木层盖度较高，组成种类较为丰富。常见的有土庄绣线菊、金花忍冬、金银忍冬、美蔷薇、东北茶藨子、陕西荚蒾、灰栒子、刺梨、水栒子、银露梅等；草本植物有披针薹草、东方草莓、胭脂花、野青茅、山马兰、歪头菜、地榆、拉拉藤、双花堇菜、木贼、天蓝韭、小红菊、柴胡、龙芽草、车前、河北假报春、齿叶橐吾、糙苏、瓣蕊唐松草、老鹳草、多花棘豆、高乌头、蓝苞橐吾、细叶薹草、荫生鼠尾草、龙芽草、水杨梅、烟管头草、小红菊、野韭、舞鹤草、穗花马先蒿、小花草玉梅、山马兰、鸡腿堇菜、山尖子、矮香豌豆、三脉紫菀、中亚薹草等。该区域以天然林为主，林种构成简单，森林郁闭度高，蓄水保土能力较强，大多数森林处于生长旺盛阶段，需要加强抚育管理，促进生长发育，培育后备森林资源。

5. 亚高山灌丛草甸带生物多样性保护修复单元

本区域范围主要为海拔 2400～2787m 的亚高山区域，土壤以山地草甸土为主，主要位于荷叶坪、冰口洼、太子殿等地。灌丛植被类型有鬼箭锦鸡儿灌丛、金露梅灌丛、银露梅灌丛等，其中鬼箭锦鸡儿灌丛为本带灌丛的优势植被类型。草本层植物区系组成较为丰富，主要有钩叶委陵菜、老鹳草、铃铃香青、车前、胭脂花、野胡萝卜、花锚、高山蒲公英、地榆、草地早熟禾、高乌头、秦艽、东方草莓、野罂粟等。该区域的特点是植物区系成分复杂，类型多样，面积大、分布范围广，形成了芦芽山自然保护区亚高山地区一道独特的自然景观，主要植被类型包括杂类草草甸、薹草草甸、嵩草草甸、五花草甸，主要优势种有紫羊茅、达乌里黄耆、防风、砂珍棘豆、紫苞风毛菊、翠雀、高山蒲公英、早开堇菜、纤细羽衣草、火绒草、钩叶委陵菜、蒲公英、野胡萝卜等；伴生种有秦艽、小红菊、扁蕾、繁缕、草地老鹳草、车前、田葛缕子、勿忘草、鳞叶龙胆和野罂粟等，有许多优质牧草如歪头菜、珠芽蓼、委陵菜、老鹳草等。该区域部分地段生态环境脆弱，热量较低，风速较大，植物生长缓慢，历史上是当地牛群的夏季牧场，受到放牧活动影响，部分地区出现退化现象。

5.7.2　以生态为导向，突出重点，分区施策

始终坚持以改善生态环境、保护生物多样性为基本前提，根据各区域生态本底特征，坚持尊重自然、顺应自然、保护自然，坚持保护优先、自然恢复为主，坚持宜林则林、宜草则草、宜荒则荒，按照"生态恢复、分区管控、依法依规、经济合理、创新支撑、实现生态保护与节约优先，保护与修复有机结合""自然恢复＋工程治理"的综合治理思路。

5.7.2.1　水域河漫滩带生物多样性保护修复单元工程措施

水域河漫滩是生物多样性丰富和敏感的区域，自然状态的河流能够维持陆域与水域之间能量、物质和信息的通道，能够保持河流系统的时空异质性，为动物、植物、微生物提适宜的避难所，是河流有效发挥生态系统服务功能的基础，并通过边缘效应、廊道效应和干扰效应，对生物多样性施加积极影响。但由于受人类生产生活活动的影响，河流生态系统遭受到一定的破坏，阻碍着陆域与水域之间能量、物质和信息的通道，河岸裸露无法为动物、植物、微生物提供必要的避难所，河流无法很好发挥相应的边缘效应、廊道效应。[❶]

宁武县汾河流域水域河漫滩区域生物多样性保护修复应采取河流近自然修复方式，深刻认识河流生态系统的原生特质，以生态为基础，以自然状态下的河流形态为参照，采取必要的措施手段，将生态系统已遭受破坏的河流恢复至近自然的状态，疏通陆域与水域之间能量、物质和信息的通道，为动物、植物、微生物重构自然生境，促进生物多样性。

水域河漫滩带生物多样性保护修复单元工程措施应遵循以下原则：①尊重原生环境，修复河流生态，不降低原有河道行洪能力；②最小人工干预，利用现状地形，顺应自然规律，充分发挥河流自然生态系统的自我修复能力；③河段生态系统进行整体布局，完善区域生态结构，做到堤防、河滩、河道三方协调、自然兼容。

宁武县汾河流域支流多发育在管涔山、芦芽山沿线土石山区及黄土丘陵区，河流比降较大，水量较小，泥沙含量大。西马坊河、新堡沟、大寨沟、阳房沟等较大支流下游水量较大修筑有浆砌石堤防挡墙，形成了生硬的生态阻隔带，影响了河流生态系统的连通性。由于支流泥沙含量较高，支流下游河道淤积严重，行洪不畅，河道内现状跌水堰泥沙淤积严重，无法发挥河道湿地的生态效益。一些支流水质受人类扰动较大，存在"乱围乱堵、乱倒乱排"的现象，严重破坏了河道生态环境。

---

❶　叶碎高，王帅，韩玉玲. 近自然河道植物群落构建及其对生物多样性的影响［J］. 水土保持通报，2008（5）：108-111，147.

部分河段生态环境脆弱，滩地缺少植被覆盖，主要表现为植物生长不茂盛、地表土地直接裸露、水土流失较为严重，严重破坏了河道生态环境，无法为动物、植物、微生物提供良好的栖息地，生物多样性亟待提高。西马坊河等河道部分主河道发育保存较好，河岸滩地植被茂盛，植被覆盖度较高。河道整体受人为干扰较少，生态环境较好。

1. 河流近自然修复工程

针对河道发育保存较好，河岸滩地自然生长有大量灌木，植被茂盛，植被覆盖度较高，生态环境较好的区域，应利用自然优势，顺应自然规律，充分发挥该河段自然生态系统的自我修复能力，适当的人工干预及修复。针对河流两岸植被破坏，大量滩地缺少植被覆盖（图5.27），人为干扰很大，河道生态环境严重的区域，进行灌草栽植恢复植被，重塑河道自然生态系统，使得河道恢复至近自然状态。

图 5.27　河流两岸植被破坏，大量滩地缺少植被覆盖

选择河流生态破坏严重河段，首先对河滩地裸乱的废弃土石、垃圾等进行清理、整治，选取其中较适合作物生长的堆放到就近的堤防外侧堆叠微地形。结合原有天然地形条件，将其整治为略有起伏的坡地地形，结合生态修复需要，形成坡地立体效果，增加地表植被种植面积，微地形整治高程范围 $1\sim3m$。结合微地形表面铺植草皮、栽植灌木、配置乔木，形成复合型滨河植物系统。植被选择汾河沿线河道内生长旺盛的乔木、灌木、草本类植物，参照河流自然生态环境状态进行生态绿化设计，修复河道的自我更新功能，使生态系统达到平衡和自然环境的提升。植被修复过程中应注重灌草立体绿化，协同考虑常绿落叶比例及秋色叶树种绿化优势的比例搭配，注重营造共生的植物群落，并考虑植物空间的虚实搭配，植物的抗逆性及粗放管理程度。经过沿河走访调研，选择固土蓄水能力强、耐贫瘠、耐盐碱的适应能力强的植物作为河流生态修复植被，其中包括红叶腺柳、山桃、山杏、沙棘、金露梅、迎春、马蔺等，易于养护及管理粗放的多年生草花地被品种如大花金鸡菊、波斯菊、月见草等，花叶芦竹、芦苇、千屈菜、荷花、香蒲等水生植物。针对河道生

境发育较好区域进行适当的小范围提升，通过局部点植灌木，对于裸露地面补植地被草本植物，结合水岸补充部分水生植物等措施，提升该区段的生物多样性。河流近自然生物多样性修复实景如图5.28所示。

图5.28　河流近自然生物多样性修复实景

2. 淤积河段生态改造工程

针对河道淤积、跌水堰泥沙淤积严重河段，开展清淤工程。宁武县汾河流域部分河段淤积现状如图5.29所示。河道清淤按照《河道整治设计规范》（GB 50707—2011），将清淤断面设计为梯形断面，对河道两岸现状堤防无不利影响，清淤时从河道两岸分别采用内扩0.5m后，以1∶1.0的边坡向河中心方向削坡清淤。对现存跌水堰前淤积泥沙进行清淤，平均清淤深度为1.0m通过清淤工程归还湿地水面，形成较宽阔的水域和潺潺流水。河道淤积泥沙有机质含量高，是天然的种植土，清淤

图5.29　宁武县汾河流域部分河段淤积现状

方通过微地形堆叠等方式就地消化，不会带来弃运生态压力。通过清淤工程既可以恢复原跌水堰、拦河堰上游河道水面，又可以与上、下游河道水流恢复原有衔接，有利于促进生态恢复、和谐自然。

汾河沿线支流上存在多处跌水堰、拦河堰，均为阶梯式，由混凝土或浆砌石修筑。经过现场调研，这些溢流堰整体结构良好，局部破损修复可用，具备一定的改造提升基础。为让溢流堰更好地融入自然生态环境，在现有跌水堰基础上进行置石改造，营造出一种至简、顺应自然的河流湿地生态。溢流堰改造实景如图 5.30 所示。选用当地天然落石，经初步加工后用于改造工程，既能解决周边落石堆放的问题，又能继续发挥跌水堰的溢流功能，避免拆除施工，降低工程投资，同时可避免拆除废弃料的产生，可以有效地减轻施工对生态环境的负面影响。

图 5.30　溢流堰改造实景

3. 河流湿地恢复工程

以尊重自然、保护优先、减少人工介入为原则，以恢复河道生物多样性为出发点，选择村落周边现有溢流堰恢复湿地生态环境，丰富生物多样性，将物种及其栖息地保护和生态旅游、教育功能有机结合起来，突出人居环境与自然生态的和谐共处。结合溢流堰上游河岸及河滩地，利用清淤挖出的淤泥填筑缓坡微地形，结合地形，形成立体生态植被绿化，通过溢流堰蓄水，形成多层次湿地环境，将周边山体、树林等生态要素加以保护、整合，形成一幅丘、岛、滩、水、林、草、鸟、鱼相结合自然水绿生态画卷，丰富水岸生物多样性。

沿西马坊河选择细腰村段、西马坊村段、榆木桥村段作为生态重点治理段。结合细腰村营造荷蒲湿地环境，选用红叶腺柳、香蒲、荷花、芦苇、千屈菜等适合当地生长的水生植物以及耐水湿植物打造富有乡野气息和生活气息的植被生态，形成蒲草熏风、荷塘蛙鸣、芦苇絮语的生态意境，细腰村荷蒲湿地生态重点治理段平面图如图 5.31 所示。结合西马坊村营造花田野趣的生态环境，在充分尊重场地现状，保留现状滩地生长良好的植被，梳理滩形，平整滩地，选择山桃、红叶腺柳、千屈菜、金鸡菊、波斯菊、千屈菜等适生的野趣植被，以大面积的花灌木以及观花地被为特色，搭配观花的水生、湿生植物，置石等，打造自然野趣的乡村植被生态修复效果，西马坊村花田野趣生态

图 5.31　细腰村荷蒲湿地生态重点治理段平面图

重点治理段平面图如图 5.32 所示。结合榆木桥村营造禾草乡韵生态环境，在河道清淤的基础上，塑造生态微地形，形成高低起伏、前后错落的多样化植被群落，选用芦苇、矮蒲苇、狼尾草、细叶芒草、花叶芦竹、晨光芒等适应性较强的植物，能够较快形成较好的生态植被修复效果，榆木桥村禾草乡韵生态重点治理段平面图如图 5.33 所示。

图 5.32　西马坊村花田野趣生态
重点治理段平面图

图 5.33　榆木桥村禾草乡韵生态
重点治理段平面图

5.7.2.2 低山灌丛和农垦带生物多样性保护修复单元工程措施

该单元海拔较低，属于低山区域，土壤为山地淡褐土，多为土石山区和黄土丘陵，有机质含量较低，是原有的落叶阔叶林遭反复破坏后形成的次生灌丛群落。主要乔木有云杉、油松、栎类、桦山杨与华北落叶松等，灌木主要为沙棘、虎榛子、黄刺玫、美蔷薇、绣线菊、多花胡枝子、山蒿等。本单元受人类开垦耕作活动影响，林地稀疏，荒山连片，水土流失严重，生物多样性退化严重。

该单元以山地为主，小气候特点主要由坡向、坡位决定，不同的坡向、坡位，受光的时间和强度、风力强弱、水分状况都有明显变化。总的来说，阳坡光照充足、干燥温暖；阴坡光照较差，阴湿寒冷❶。根据坡度、坡向、土地利用现状分析，以及参考宁武县类似造林工程项目经验及实施后的效果情况，重点选择坡度 40°以下进行林地建设。通过立地条件分析，该单元可分为土石山造林区和石质山造林区。土石山造林区主要土壤特征为土多石少，土壤以褐土为主，该区域造林适应性较强，阳坡和阴坡成活率均较高。石质山造林区石多土少，土壤以褐土为主，该区域造林主要以阳坡为主，阴坡植被成活率较低。根据该单元的土地利用现状，植被修复的小班地类主要选择其他草地、其他林地、灌木林地、乔木林地构成。针对该单元存在的局部区域植被退化、水源涵养能力减弱、区域水土流失加剧、生物栖息地碎片化等问题，通过对该区域的土地利用类型及植被分布状况分析，调研保护动物所需的栖息环境，结合遥感影像及现场踏勘选定适宜生态造林的区域，合理划定植被修复造林小班，进行林草植被配置，从而修复该单元的动植物栖息地生境。保护区国家重点保护野生动物与栖息环境关系见表 5.9。

表 5.9　　　　　　　　保护区国家重点保护野生动物与栖息环境关系表

序号	国家重点保护野生动物	栖　息　环　境
1	褐马鸡	主要栖息在以华北落叶松、云杉次生林为主的林区和华北落叶松、云杉、杨树、桦树次生针阔混交森林中，对油松林、华北落叶松林、油松—栎类林、辽东栎林 4 种生态环境有较强的选择性
2	金钱豹	金钱豹栖息环境多种多样，从低山、丘陵至高山森林、灌丛均有分布
3	原麝	原麝多在针阔混交林、针叶落叶林、针叶混交林、疏林灌丛地带的悬崖峭壁和岩石山地生境中栖居，有时随季节的不同而作垂直的迁徙

❶ 王晶，聂学军，杨伟超. 南水北调西线工程区植被恢复途径与方法研究［J］. 中国人口·资源与环境，2013，23（S1）：188-191.

续表

序号	国家重点保护野生动物	栖 息 环 境
4	青鼬	青鼬活动于常绿阔叶叶林和针阔叶混交林区
5	黑鹳	繁殖期间栖息在偏僻而无干扰的开阔森林及森林河谷与森林沼泽地带
6	马鹿	马鹿栖息于海拔不高、范围较大的针阔混交林、林间草地或溪谷沿岸林地

以地形图、土地利用现状图等资料为基础，结合现场调查，按照坡度、坡向、坡位、高程等类型划分造林小班。生态造林小班立地类型划分见表 5.10。

表 5.10 生态造林小班立地类型划分表

立地类型	土 质	坡 向	海 拔
1	石质山	阴坡	1500m 以下
2		阴坡	1500～1600m
3			1600～1700m
4		阳坡	1500m 以下
5		阳坡	1500～1600m
6			1600～1700m
7	土石山	阴坡	1500m 以下
8		阴坡	1500～1600m
9			1600～1700m
10		阳坡	1500m 以下
11		阳坡	1500～1600m
12			1600～1700m

为修复生态系统，改善本单元生物多样性，提升生态功能，结合造林小班，针对该单元林地稀疏和荒山荒草片区进行生态造林。以因地制宜、适地适树、乡土树种优先为原则，结合不同类型的造林小班立地条件，选择抗旱性强、抗逆性好、根系发达、生长迅速，具有良好的水土保持、水源涵养、抗干旱瘠薄的造林树种，采用乔灌木结合的方式进行生态补植。针对汾河干流沿线区域选择规格较高规格的乔木树种进行补植，营造带状混交林，采用水平阶整地，对坡度较陡、地形较破碎、土层较薄等条件差的地块，采用鱼鳞坑整地方式。考虑阴坡和阳坡选择喜阴和喜阳植物，并结合下垫面土壤性质综合选择合适的树种，乔木选择落叶松、云杉、油松、

金叶榆、榆树、山杏、杨树、西府海棠等，灌木选择沙棘、柠条等，造林树种光习性分析见表5.11。

表 5.11 造林树种光习性分析表

树 种	光习性	树 种	光习性
油松	喜光	榆树	喜光
云杉	耐阴	山杏	喜光
落叶松	喜光	沙棘	喜光，可适应散射光
杨树	喜光	柠条	喜光
金叶榆	喜光	西府海棠	喜光

针对不同造林小班的立地条件，采用因地制宜的多样性生态造林修复模式，恢复本单元被人类破坏的生态系统。

1. 土石山区

土石山区立地条件较好，土壤有机质含量较高，植物成活率较高，是生物多样性主要的修复区域，修复模式可以分为土石山针阔混交模式、土石山乔灌混交模式、土石山纯林模式。

（1）土石山针阔混交模式。造林树种选择油松与榆树混交、油松与金叶榆混交、油松与山杏混交、落叶松与山杏混交等形式。造林密度为110株/亩，整地采用水平阶地和鱼鳞坑整地相结合，小于1/3的较小坡面采用水平阶地整地，大于1/3的坡面采用鱼鳞坑整地，不同乔木栽植采用大小鱼鳞坑，大规格乔木为80cm×60cm×60cm，小规格乔木为60cm×50cm×40cm。植物配置方式为块状混交，内部"品"字形配置，株行距为2m×3m，混交比例为1∶1。

（2）土石山乔灌混交模式。造林树种选择油松与沙棘混交、云杉与沙棘混交、落叶松与沙棘混交、落叶松与柠条混交等形式。造林密度为乔木110株/亩，灌木167株/亩。整地方式采用鱼鳞坑整地，乔木栽植采用大鱼鳞坑，大规格乔木为80cm×60cm×60cm，小规格乔木为60cm×50cm×40cm，灌木栽植采用小鱼鳞坑，规格为50cm×40cm×30cm。植物配置方式为块状混交，内部"品"字形配置，乔木株行距2m×3m，灌木株行距2m×2m，混交比例7∶3。

（3）土石山纯林模式。造林树种选择杨树、油松、落叶松形式。造林密度为110株/亩。整地方式采用鱼鳞坑整地，规格为60cm×50cm×40cm。植物配置方式采用"品"字形配置，株行距2m×3m。针对主要干道两侧、干流两侧、支流河口等景观要求较高的区域，采用密度为55株/亩的西府海棠造林，采用规格为60cm×50cm×40cm鱼鳞坑整地，株行距3m×4m，内部"品"字形配置。

2. 石质山区

石质山区地表土壤含量少，植被修复难度较大，需要进行地表环境的改善，方可进行植被修复，修复方式可以分为石质山针阔混交模式、石质山乔灌混交模式、石质山纯林模式。

（1）石质山针阔混交模式。造林树种选择油松与榆树混交、油松与金叶榆混交、油松与山杏混交、落叶松与山杏混交形式。造林密度为油松与金叶榆混交 110 株/亩，其他 83 株/亩。采用石坎鱼鳞坑整地，利用开挖土进行回填，不足的部分利用客土，客土来源为当地土料场外购，乔木栽植采用大鱼鳞坑，大规格乔木为 80cm×60cm×60cm，小规格乔木为 60cm×50cm×40cm。植物配置采用块状混交，内部"品"字形配置，株行距 2m×4m，混交比例 1:1。

（2）石质山乔灌混交模式：造林树种选用油松与沙棘混交、云杉与沙棘混交、落叶松与沙棘混交、落叶松与柠条混交形式。造林密度为 83 株/亩。采用石坎鱼鳞坑整地，利用开挖土进行回填，不足的部分利用客土，客土来源为当地土料场外购，乔木栽植采用大鱼鳞坑，大规格乔木为 80cm×60cm×60cm，小规格乔木为 60cm×50cm×40cm，灌木栽植采用小鱼鳞坑，规格为 50cm×40cm×30cm。植物配置采用块状混交，内部"品"字形配置，株行距 2m×4m，混交比例 7:3。

（3）石质山纯林模式：造林树种选用油松。造林密度为 83 株/亩。采用石坎鱼鳞坑整地，利用开挖土进行回填，不足的部分利用客土，客土来源为当地土料场外购，规格为 60cm×50cm×40cm。植物配置采用内部"品"字形配置，株行距 2m×4m。

结合该单元与河流水域的过渡区域，营造植被缓冲带，沟通生物多样性系统，形成连续的动植物栖息地。植被缓冲带主要通过"两条植被林带+三层植被"结构组成。两条植被林带为乔木栽植林带和灌木栽植林带，宽度均为 10m；三层植被结构包含乔木层、灌木层及乔木下的匍匐灌木层。乔木栽植密度为 2.5m×2.5m，灌木栽植密度为 2.0m×2.0m，匍匐灌木栽植密度为 16 株/m²。乔木栽植时，两列落叶乔木、两列常绿乔木，靠近灌木一侧为常绿乔木栽植区。对于乔木层，所选择的植被可以为杨树、榆树、柳树、云杉、山杏等，对于灌木层，所选择的植被可以为柠条、沙棘、沙地柏。植被缓冲带断面设计如图 5.34 所示。

5.7.2.3　低中山疏林灌丛带生物多样性保护修复单元工程措施

该单元处于低中山区域，土层较厚，以人工混交林为主，主要有油松、桦树、山杨、青杆、辽东栎组成的阔叶混交林，森林郁闭度较低，林种构成简单，人类扰动影响较大，局部区域呈现不同程度的植被退化，生物多样性下降。

1. 疏林地提升工程

针对本单元区局部有林地植被退化或破坏的地块，通过遥感影像及现场踏勘选定适宜提升造林的疏林地进行补植，达到提升保护区国家重点保护野生动物栖息地

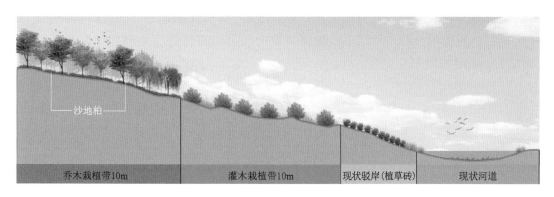

图 5.34　植被缓冲带断面设计图

生境的目的。本单元疏林地植被稀疏，主要以油松、落叶松为主，虽有较大个体乔木分布，但整体郁闭度不高，林木蓄积量偏小。结合当地造林经验，补植模式选择针阔混交和乔灌混交为主，利于恢复植被，提高植被多样性。

通过现场样方调查，本单元区内疏林地每 $100m^2$ 内有乔木 $10\sim12$ 株，根据当地立地条件和当地造林经验，确定疏林补植造林密度土石山为 74 株/亩，石质山为 55 株/亩。为恢复植被退化生境，提升林地质量，根据因地制宜、适地适树、乡土树种优先的原则，结合立地条件分析，选择抗旱性强、抗逆性好、根系发达、生长迅速，具有良好的水土保持、水源涵养、抗干旱瘠薄的造林树种，充分考虑保护区国家重点保护野生动物栖息地现有生长的树种，确定补植树种乔木为落叶松、云杉、油松、金叶榆、榆树、山杏，灌木为沙棘。

根据土壤条件，疏林地提升可以分为土石山区和石质山区两种类型。

（1）土石山区。针对土石山区，结合其种植环境和土壤特性，可采用土石山针阔混交模式、土石山乔灌混交模式、土石山纯林模式三种模式。

1）土石山针阔混交模式可采用油松与金叶榆混交、油松与山杏混交、落叶松与山杏混交、云杉与榆树混交，造林密度为 74 株/亩，采用鱼鳞坑整地，乔木栽植采用大鱼鳞坑，大规格乔木为 $80cm\times60cm\times60cm$，小规格乔木为 $60cm\times50cm\times40cm$，植物配置方式为块状混交，内部"品"字形配置，株行距 $3m\times3m$，混交比例 $1:1$。

2）土石山乔灌混交模式选择油松与沙棘混交、云杉与沙棘混交、落叶松与沙棘混交，造林密度选择 74 株/亩，采用鱼鳞坑整地，乔木栽植采用大鱼鳞坑，规格乔木为 $60cm\times50cm\times40cm$，灌木栽植采用小鱼鳞坑，规格为 $50cm\times40cm\times30cm$。植物配置方式采用块状混交，内部"品"字形配置，株行距 $3m\times3m$，混交比例 $7:3$。

3）土石山纯林模式可选择油松、云杉、落叶松，造林密度为 74 株/亩，采用鱼鳞坑整地，乔木栽植采用大鱼鳞坑，大规格乔木为 $80cm\times60cm\times60cm$，小规格乔木为 60cm×50cm×40cm，植物配置方式为内部"品"字形配置，株行距 3m×3m。

（2）石质山区。石质山区土层较薄，坡度较陡，需进行整地和土层整理，可针对其特性采用石质山针阔混交模式、石质山乔灌混交模式、石质山纯林模式三种模式。

1）石质山针阔混交模式选择油松与金叶榆混交、油松与山杏混交，造林密度为 55 株/亩，采用石坎鱼鳞坑整地，利用开挖土进行回填，不足的部分利用客土，客土来源为当地土料场外购，乔木栽植采用大鱼鳞坑，大规格乔木为 80cm×60cm×60cm，小规格乔木为 60cm×50cm×40cm。配置方式采用块状混交，内部"品"字形配置，株行距 3m×4m，混交比例 1∶1。

2）石质山乔灌混交模式选择油松与沙棘混交、云杉与沙棘混交，造林密度为 55 株/亩，采用石坎鱼鳞坑整地，利用开挖土进行回填，不足的部分利用客土，客土来源为当地土料场外购，乔木栽植采用大鱼鳞坑，规格乔木为 60cm×50cm×40cm，灌木栽植采用小鱼鳞坑，规格为 50cm×40cm×30cm。配置方式采用块状混交，内部"品"字形配置，株行距 3m×4m，混交比例 7∶3。

3）石质山纯林模式选择油松，造林密度为 55 株/亩，采用石坎鱼鳞坑整地，利用开挖土进行回填，不足的部分利用客土，客土来源为当地土料场外购，规格乔木为 60cm×50cm×40cm，配置方式为内部"品"字形配置，株行距 3m×4m。

2. 飞播造林（草）工程

根据气候及植被特点，宜林则林，宜草则草，大规模实施飞播造林造草工程。根据飞播作业设计和播区立地条件、造林目的和适地适树原则以及种源供应条件，选择飞播造林树种，采用带状或混播等方式进行播种培育混交林，根据地域特征，主要采用青海云杉、沙棘、柠条、沙蒿、披碱草、赖草等植物种子混播。

根据播区的气候情况和特点以及年降水量的分布规律，科学确定最佳播种时期，保证"播前有透雨，播后有均雨"，气温适宜，最佳飞播期宜选在雨季来临之前，以 6 月下旬至 8 月上旬最佳，有利于种子发芽和生长，既可以保证种子发芽温度，又可保证种子有充足的水分和养分，还可以延长幼苗生长期，保证幼苗充分木质化，安全越冬。

飞播种子要选用优质种子且要进行药物处理，目前采用多效抗旱驱鼠剂和植物生长调节剂（GGR）对飞播用种进行拌种，能够有效促进种子发芽，提高出苗率。严格按照飞播作业设计，落实地面指挥、通信联络、实地接种、后勤服务等各方面工作人员，明确每个人员的工作职责，建立岗位责任制。施工结束后，立即落实管护人员，采取警示保护与巡山制度相结合的办法，在播区人口流动较频繁地段，设立警示牌，在播区附近乡村，招聘专兼职护林员，坚持每天巡查进行管护，禁止人为破坏，随时监控病虫、火灾的发生，进行全封 3 年、半封 2 年，积极做好防控工

作。严厉打击乱垦乱挖、乱砍乱占播区行为。❶

3. 中幼林抚育工程

针对本单元区内存在局部区域中幼林开展抚育养护工程，修复生境，提升区域生态环境，加快生物多样性修复过程。抚育工程针对新造林区域，造林当年抚育1次，第二年抚育2次，第三年抚育1次，抚育的主要内容是松土、除草、除萌、扩穴、砍灌、培土、整枝等。中幼林抚育后，病虫害防治极为重要，要随时进行病虫害检测与防治，发现病虫害要迅速采取有效措施，及时消灭，防止蔓延。

4. 人工增雨（雪）工程

宁武县汾河流域雨水分布不均，冬春降雨较少，为更好地促进植被自然恢复效果，克服地形、地表水资源和配套灌溉设施缺乏的限制，保证修复植被的成活，应在汾河两岸造林及恢复区域实施人工增雨（雪）工程。采用飞机人工增雨（雪），针对降水云系发展不同特点，设计"8"字或"几"字航线，实现以科学催化为目的的航线设计，有效实施靶向作业。

5.7.2.4 高中山针叶林带生物多样性保护修复单元工程措施

该单元主要为高中山区域，土层较厚，立地条件较好，以天然林为主，以华北落叶松林和云杉林为主，森林林相整齐，伴生乔木有白桦、红桦、青杆、白杆等，郁闭度高，林下灌木层盖度较低，林缘区域灌木层覆盖度较高。该区域生物多样性丰富，是褐马鸡的主要栖息地，具有重要的生物多样性保护意义。该单元区内自然植被较好，生物多样性较为丰富，具有水源涵养及生物多样性的保护服务功能，因此，本项目区重点开展天然林封育保护、人工增雨（雪）等措施，促进生态系统自然恢复，提升区内生物多样性。

以自然生态为导向，实施封山育林保护天然林资源。针对高中山针叶天然林采用全封的育林形式，彻底阻隔人类活动对该区域动植物环境的扰动，在封育期内禁止采伐、砍柴、放牧、割草和其他一切不利于林木生长繁育的人为活动，全年禁止人畜进入。在封育区周界明显处，主要山口，沟口，河流交叉点，主要交通路等树立坚固的封山育林标牌、告示，公布封山育林乡规民约。在距村庄近，人类活动干扰相对较大的地块设置网围栏防护的围栏封禁。结合封禁区设专职或兼职护林员巡护，加强封育区管护。在封山育林区域，实行严格管护，按网格化管理的原则，层层落实森林资源管护责任，做好森林资源培育、森林防火、森林病虫害防治、林木保护和野生动物资源保护等各项工作。为更好地促进植被自然恢复效果，克服地形、地表水资源和配套灌溉设施缺乏的限制，科学开发利用空中云水资源，发挥人工影响天气在防灾减灾中的作用，积极应对林火及干旱突发事件，改善局部生态环境，

---

❶ 王天社，王博. 提高飞播造林成效的关键措施［J］. 现代农业科技，2013（22）：165，178.

在管涔山及芦芽山区实施人工增雨（雪）项目。

5.7.2.5 亚高山灌丛草甸带生物多样性保护修复单元工程措施

本单元主要位于海拔 2400～2787m 的亚高山区域，植物区系成分复杂，类型多样，土壤以山地草甸土为主，草本层植物区系组成较为丰富，也有部分优势灌丛植被。该区域自古以来是天然的牧场，由于过度放牧，草地日渐退化，坡面水土流失加剧。由于海拔高，热量较低，植物生长缓慢，加之受到放牧活动的影响，部分地区出现生物多样性退化现象。退化草地以荒漠型退化草地为主，草地逆行演替，群落结构简单化，生产力下降，严重影响了其生态经济服务功能的价值。

加强禁牧或限牧措施是保护宁武县汾河流域亚高山草甸的重要任务。根据该单元严寒高海拔的自然条件，草地生态系统极为脆弱，一旦遭到破坏，很难自然恢复。根据草地的恢复能力核定天然草地承载能力，实施科学的"以草定畜，草畜平衡"政策，进行草畜平衡管理，针对薄弱区域实施禁牧，其余区域实施限牧，通过扩大饲草料种植规模，建设设施棚圈，促进天然草原放牧向舍饲、半舍饲转变，严格控制载畜量。大力发展饲草料产业，提高规模化养殖比重，促进种养结合、草畜联动、循环发展。

实施封山育草，可使草地生产力迅速恢复，促进草地生态系统向良性转变，是达到增加草群密度、高度，提高产草量的一种简单易行的改良方式。针对宁武县汾河流域高山草甸封山育草采取两种措施，一种是设立标志牌，制定有效的管护办法，乡规民约等方式进行封禁；另一种是对距村庄近，人为活动干扰相对较大的地块设置网围栏防护的围栏封禁。封禁方式采取全年封禁和季节性封禁两种形式。在原有林地破坏严重，恢复比较困难且地广人稀的地区，实施全年封禁，为有利于草地恢复，全年禁止人畜进入。在气候条件较好，植被易于恢复地区，实施季节封禁，在春季、夏季和秋季饲草生长时节实行封禁，在晚秋和冬季允许农牧民在局部区域放牧，通过合理安排封禁与开放的面积，实现休养生息。

开展草地补播，更新、复壮草群。选择在土层较厚、地势平坦、年降雨量大于300mm 的退化草地上进行草地补播。补播前对地面和牧草种子进行施肥、短芒等技术处理，并选择适应当地自然条件、且生命力强的禾草优良品种来恢复退化草地，如垂穗披碱草、短芒老芒麦、中华羊茅、星星草、冷地早熟禾等。补播完成后，应加强对补播草地的禁牧等管护和管理措施❶。补播完成后采用撒施、条施、溶水灌喷、圈施肥等方式向补播区域进行施肥，通过合理施肥促进草群中优良草类的发育，提高草地生态品质。

---

❶ 辛玉春. 青海天然草地退化与治理技术 ［J］. 青海草业，2014，23（4）：44-49.

5.7.3　开展生物多样性本底综合调查，进行多类型专项评估

利用遥感技术（RS）、地理信息系统（GIS）、全球定位系统（GPS）技术，结合野外调查、模型模拟等方法，定期开展针对管涔山区、芦芽山区及其周边区域的生态系统格局、生态系统质量和生态系统服务功能状况调查评估。组织专业技术人员组成联合考察组，对宁武县汾河流域区域内的地质地貌，土壤及其结构和分布特征，植被类型、分布、演替规律，野生植物种类、数量、分布、种群结构，野生动物区系、数量、分布、栖息地，森林昆虫优势种群的分布和动态变化，土壤微生物的生态、分布及其作用，土地利用状况等开展综合调查，并重点针对陆生野生高等植物资源、陆生野生动物资源、水生生物资源、微生物资源进行本底调查，调查物种的种类、数量、分布、生境、威胁因素等。

开展国家重点保护及特有野生动植物专项调查。对野大豆、党参、宁武乌头、山西乌头、红景天、刺五加、大花杓兰、火烧兰、凹舌兰、对叶兰、蜻蜓兰、沼兰等珍稀濒危植物开展专项调查，对其生境、分布、数量等关键信息建档，实施拯救性保护。对褐马鸡、金钱豹、金雕、苍鹰、雀鹰、松雀鹰、大鵟、普通鵟、白尾鹞、鹊鹞、青鼬、石貂、原麝、黑鹳、马口鱼、中华青鳉、黑斑侧褶蛙、赤峰锦蛇、黑眉锦蛇、棕黑锦蛇、中介蝮等珍稀关键动物物种开展专项调查，主要调查其数量、分布、习性、种群动态、迁徙路线等规律，有针对性地开展野生动物保护。调查方式采取野外实地调查与在线监测等相结合。关键动物物种的在线监测要包括动物GPS跟踪器和视频监控等。同时，对难以到达的地区，要利用遥感和无人机监控。❶

开展区域森林植被水文效益评估研究。森林植被在涵养水源、调节径流、改善水质、保护土壤和水环境等方面具有不可替代的巨大水文调节作用。以保护区现有的不同的森林植被为研究对象，通过对不同森林植被冠层的水文作用、地被物层的水文作用、土壤层的水文作用进行综合研究，以确定区域内不同的森林植被水文效益的大小；通过比较，确定区域内水文效益最大化的森林植被类型，为保护区水源涵养林后备资源的培育提供科学依据。

开展区域森林生态效益综合评估。林业是生态建设的主体，通过建立新的林业发展良性循环机制，实现由无偿使用森林生态效益向有偿使用森林生态效益转变。有利于下一步山西省森林生态效益补偿机制的建立。因此以保护区森林生态系统为主体进行生态效益综合评估研究，定量分析单位面积内的森林生态综合效益的货币价值，为生态效益补偿机制建立奠定基础。

---

❶　庄长伟，修晨，张荣京，张晓露. 广东南岭生物多样性保护优先区域规划建设策略［J］. 林业调查规划，2021，46（3）：167-170，177.

开展森林生态系统植物功能群及其动态评估。植物功能群是具有确定的植物功能特征的一系列植物的组合，是研究植被随环境动态变化的基本单元。对芦芽山自然保护区植物种类进行功能群划分，对研究保护区的生态系统结构、稳定性、功能及动态变化具有重要意义，为科学制定保护区生物多样性的保护与管理提供科学依据。

5.7.4　建立生态监测系统，搭建预测预报平台

建立生态监测系统对生态环境、生物动态变化进行长期的、系统的、科学的监测，在芦芽山和管涔山核心区内，按不同生态系统和物种栖息地设立监测点，将监测数据编入保护区信息库中。建立气象观测站和水文水质监测点，对大气质量、水文等生态因子进行长期连续监测，设置动物固定样线和植物固定样方，对野生动物、植物和植被资源的动态进行定位监测，设立红外线自拍仪，监测野生动物的种群动态，通过管护人员采用 GPS、望远镜、数码照相机，在巡护中进行随时监测，及时掌握森林和野生动植物、生态旅游、野生动物危害等情况。建立起生物多样性数据库和地理信息系统，实现了监测信息的自动化和数字化管理，提高了对监测资料的科学存储、管理和应用的能力。

建立生物多样性信息与监测系统是保护芦芽山和管涔山区生物多样性工作的基础。通过加强针对生态环境敏感脆弱的地区和生物多样性重点保护地区的生态环境变化状况、动植物分布状况及变化动态等监测，建立一个与生物多样性紧密相关的数据信息系统，包括濒危动植物物种数据库、生态系统数据库以及经济类物种数据库等，对濒危珍稀物种、外来物种和对环境变化具有指示作用的物种进行科学化、系统化的管理。针对林区旅游活动的开展，应针对游客及其行为进行有效的约束和监管，避免对于生态环境的负面影响，开展生态旅游活动监测研究，科学确定保护区生态旅游小区的游客和环境容量，规范旅游活动和管理游客旅游行为，促进区域资源保护。

铸造科技监管平台，完善预测预报机制，建立生态保护工作考核奖惩制度。将天然林保护工作纳入乡镇政府年度林业工作目标考核内容，对天然林管护成效进行兑现奖罚。凡是对天然林保护工程有突出贡献的给予表彰，对天然林保护工程监管不力、造成重大损失的追究责任。按照保护政策执行情况、检查工作台账等情况形成专项保护评估报告。

不断完善预测预报机制，搭建技术平台，加强森林病虫害的预测和护林防火预报，严格执行种苗病虫害检疫制度，推广森林病虫害综合防治技术，招引或培育病虫天敌以防止病虫害。在封育区内每平方公里设置一个观测点，观测病虫害发生发展动态及火险等级，消除火灾隐患，防患于未然。进一步拓展遥感技术在森林资源

保护中的应用，构建了"天上看、地下查"的"天空地"监管全覆盖体系，建立常态化的监督和执法机制，及时发现、及时查处、及时整改、及时恢复，从根本上解决了以往森林资源监管"被动式发现、运动式查处"的现象，有效遏制破坏森林资源违法行为。

5.7.5 加强科学研究与人才培养，强化管护能力建设

虽然芦芽山和管涔山区生物多样性资源丰富，但是科研基础仍然比较薄弱，人才配置还不完整，人才总量相对不足、流失严重，高层次人才较少，技能人才学历普遍偏低，基层单位人才匮乏，人才结构分布不均衡。

开展生物多样性保护能力建设，加大对区域相关保护基础设施和科学研究的投入，加强对地方管理和技术人员的业务培训，提高管理人员的管理能力和业务水平，建立生物多样性保护人才队伍❶。管理部门应适度地加大人才方面的资金投入，做好关于生物多样性领域人才工作的对策研究并建立相关职业培训实训基地，加强与高等院校和研究机构的合作。逐步建立人才培养模式，完善该领域的评价体系，实现生物多样性领域科学研究和人才培养方面的跨越式发展。培养和引进具有专业素质、实践能力强的人才，造就一批精英科技骨干。芦芽山和管涔山林区要尽快设立专门的科研机构，引进专职科研技术人员，采用先进的科学技术和设备，开展科学研究工作，为保护区发展提供科学决策依据。加强形式多样的宣传教育，提高公众保护意识，吸收当地居民为管护人员，发挥群众力量进行管护，建立社区参与的工作机制，形成齐抓共管的全面管护网络。应积极与国外自然保护区或相关国际组织建立密切的交流，通过加强对外合作，共同开发多种项目的研究，聘请有关专家、学者前来参观考察与学术交流，扩大区域影响力，提升保护区在国际自然保护中的声誉与地位，与国际上自然保护区接轨。

加强管护站工作人员日常巡护检查工作，记录珍稀野生动植物的资源动态和生态监测，预防森林火灾，巡视偷砍滥伐、乱捕滥猎、挖掘珍稀植物等违法行为。采取与周边居民共管联防的方法，在各自然村聘用专职护林员，与专职人员1:1配套，责任连带，逐步形成以护林防火为核心的社区联防体系。在对待偷砍滥伐、乱捕滥猎、挖掘珍稀植物等违法犯罪行为方面，实行公安民警负责制，民警包站，做到警力下沉，警务前移。建立以公安民警为执法主体，各基层保护站和木材检查站人员密切配合的执法体系，消除非法活动对保护区生物多样性和资源的安全隐患。

---

❶ 庄长伟，修晨，张荣京，张晓露. 广东南岭生物多样性保护优先区域规划建设策略［J］. 林业调查规划，2021，46（3）：167-170，177.

5.7.6 完善机构，建立以国家公园为主体的自然保护地体系

依托现有芦芽山国家级自然保护区、管涔山林区特有的华北地区典型的寒温带天然次生林针叶林生态区域及丰富的动植物资源，在具有国家代表性的大面积自然生态系统分布的地区，积极探索建立国家公园。对Ⅲ类区中评估为生物多样性保护的重要区域，以新建或扩建自然保护区、新建保护小区和增加生态廊道等方式，优化和完善自然保护体系，建立以国家公园为主体的自然保护地体系。在相互隔离的同类型自然保护区之间以及物种迁徙通道建设生态廊道，使典型生物栖息地和物种得到全面保护，逐步形成布局合理、分类科学、保护有力的自然保护地体系。结合国家退耕还林政策，针对林区边缘过去因开垦农田造成生境破碎化的问题，优先在自然保护区生物走廊带内安排退耕还林工程，在各片区之间建立生物走廊带，打通物种和基因交流的通道。完善保护区的组织机构，配置相应的管理人员，除原有机构设置外，应增加社区事务与宣传教育等职能部门，增加执法人员的编制，建议提升保护区级别，扩大保护区面积，使之与保护区的重要地位相适应，以利于对保护对象进行有效保护。❶

5.7.7 实施分类监管，开展社区共建

宁武县汾河流域生物多样性保护优先区域面积大、范围广，为提高保护成效，有效协调区域发展与保护的矛盾，根据区域生物多样性及其保护现状、资源分布、土地利用现状和经济社会发展规划等，开展规划分区，实施分级分类保护，制定相关管理办法。根据建设项目开发对生物多样性的影响机制，按照生物多样性保护要求，建立生态环境硬约束机制，制定负面清单，严格限制建设项目准入。对不符合规定占用的岸线、河段、土地，逐步退出。加大在生态补偿方面的资金投入，通过生态补偿激发各地保护生态环境的内在动力。按照"谁受益谁补偿"的原则，探索受益地区对生态保护地区进行生态补偿的机制。将生物多样性保护工作纳入各级政府国民经济和社会发展规划，以及各部门相关规划中。强化日常监测和监管，制定和完善生物多样性考核指标体系，建立健全党政领导干部生态环境损害责任追究问责制度，加强对执行生物物种资源保护相关法律规章情况的跟踪监督。❷

要大胆实践参与性管理，将周边社区的乡村发展纳入自然保护的工作范畴，建立社区与保护部门共管机制，实现共同发展。激励社区进行产业结构调整，进行农

---

❶ 李俊生，高吉喜，张晓岚，徐靖. 贵清山自然保护区生物多样性现状和可持续发展对策 [J]. 环境科学研究，2006（3）：41-45.

❷ 庄长伟，修晨，张荣京，张晓露. 广东南岭生物多样性保护优先区域规划建设策略 [J]. 林业调查规划，2021，46（3）：167-170，177.

村能源改造，减少社区群众对自然资源的依赖性。引导社区由单一经营转变到多种综合经营，走生态农业、生态林业、生态牧业和生态旅游道路，帮助群众脱贫致富，减少对保护区资源的破坏，实现保护区和社区共同发展，从而有效地对保护区内的生物多样性进行保护❶。加强基础设施建设，改变传统的畜牧业生产方式，在水源充足生息能力强区域发展牧草生产，建立高产优质的饲料生产基础，采取政策补贴鼓励牧民建设棚圈，推广适合舍饲的优良牲畜品种，采用舍饲方式，提高生产效率，改变生产模式。

5.7.8 加强宣传教育，提升保护意识，促进公众参与

宁武县汾河流域人居环境与生态保护区交织分布，保护生物多样性不能仅靠政府和林区管理机构，需要沿线人们的共同努力。通过加强宣传教育力度，提升公众保护生物多样性的保护意识，保护工作才能真正地做到切实可行。长期以来由于人们缺乏对生物多样性保护的社会经济与生态价值的正确认识，乱砍、乱伐、偷牧、盗猎等事件频发，保护区的生物多样性受到严重威胁。不规范的旅游活动带来了噪声、尾气、废水、土地侵占等问题，影响了动植物群落的稳定，因此规范旅游活动，严格控制旅游规模，提高游客的环保意识，倡导发展生态旅游具有重要意义。

宁武县汾河流域芦芽山、管涔山具有重要的生物学意义，是独特的生态系统类型，具有博览和教育意义。应结合区位优势明显，与环境相得益彰的区域兴建科研宣教场馆，实现科研、保护、自然教育、生态旅游参观的功能。采用自然融合的建筑设计手法，与环境对话，与自然和谐，设置科教大厅、标本展览馆、沉浸式生态体验馆等功能板块，对公众进行多角度、多层次、多领域的宣传与教育工作，唤起人们对自然的热爱，从而达到宣传教育的目的。同区内的村庄签订相关的野生动植物保护联防责任状，开展区内民众生物多样性保护相关法律和法规的宣传工作，构建了法制宣传平台，及时印发相关材料，对保护区内的民众进行普法教育，使民众自觉地以实际行动加入到保护生物多样性和动植物资源的行列。

科普生物多样性保护知识，强调群众参与的重要性，提高公众参与生物多样性保护的自觉性和主动性，加强法制宣传。倡导公众主动抵制破坏湿地生物多样性的行为，减少和避免由于人为的过度利用导致物种锐减，着力发展生态型旅游。在大力加强湿地生物多样性保护宣传教育力度的同时，也要坚决依法打击破坏生态资源的行为，从而实现生态资源的永续利用。❷

---

❶ 李俊生，高吉喜，张晓岚，徐靖. 贵清山自然保护区生物多样性现状和可持续发展对策 [J]. 环境科学研究，2006（3）：41-45.

❷ 王诗慧. 盘锦双台河口湿地生物多样性的调查与保护的研究 [D]. 大连：大连海事大学，2015.

5.8　农田综合治理工程

5.8.1　因地制宜，实施农田整理

宁武县汾河流域的农田分布呈现出不均衡特点，集中连片、土地平整的优质耕地均分布在汾河及其主要支流两侧，大量农田呈散点状分布于多山丘陵地区。农田是农业生产的基础，良好的农田基础有利于农业的高效发展，实施农田整理是提高农业发展水平的基础。宁武县汾河流域农田整理的总体思路是恢复粗放耕作损毁的生态用地，平整优化汾河两岸的平整高质量农田，丘陵地区散点状分布的农田地形错综复杂，地势起伏，田块零星分散，采用因地制宜的整理策略，分区域实行不同的方式，提高生产效益。

由于地势平坦，灌溉方便，宁武县汾河河滩区域被村民覆盖薄土进行耕作，破坏了原生的河滩生态系统。由于该区域土层稀薄，底部为河滩卵石，土壤保水性差，肥力流失，农业生产效率低下，农药肥料等施用造成农业面源污染问题，严重影响了河流生态系统。针对该类型农用地，应采用生态化改造手段，恢复区域原生生态环境，建立适应河流生态体系的植被生境。

汾河河谷宁武段分布有平整的集中连片的农田，目前由于分属于各个农户进行耕作，农田分割严重，现状农田存在局部起伏较大，田块不规整的问题，灌溉系统配套不足，基本是靠天吃饭，农业生产效率低下，大量农田处于撂荒状态。基于现状问题，针对此类型可采用农场化集中经营模式将现有农田产权加以整合，将连片的集中农田修整平坦，形成规模，划分符合机械化农业需求的方正有序格田，形成田面宽 70~80m，田面长 120~160m 的规则形态，并在相邻田块间修筑高度为 50cm 的土埂，使田块纵坡处于 1/1000~1/500 之间，配套耕作道路和排灌系统，推进全程机械化操作和集约化生产，提高生产效率。

分布于汾河两岸丘陵沟壑区的散点型农田，可根据其坡度、坡向、坡面大小等条件进行因地制宜的改造。坡度较小、连片区较高的区域可沿垂直于等高线方向建设成方形的格田，便于中、小型机械操作。坡度较大且较为连片的区域，可通过砌筑田埂等措施建成较为规整的长条形水平梯田，以利于小型机械和便携式机械的操作。针对过于零散且坡度较高的区域，可选择种植对平整度要求不高的作物，尽量打破田宽界线，以起垄和沟壑等方式分割，建设成规模的坡耕地，同样可以适应各种小型机械的作业要求。对于确实改造难度较大的坡面农田，可通过综合评估建设生态林，优化区域生态环境，缓解水土流失。

5.8.2 多措并举，涵养水源保持水土

重点针对宁武县汾河干流沿线及其两侧的重要支流进行水土保持林建设。根据区域高海拔、高寒的气候特征，选择当地适生的落叶松、云杉、新疆杨、油松、沙棘、柠条、丁香等优势品种营造水土保持林，涵养水源。结合山高坡陡的地貌特征，坡面采用鱼鳞坑整地，较平坦区域采用穴状整地，品字形配置模式。为实现更好的生态修复效果，植被采用乔灌混交、块状混交、行间混交模式，实现水土保持功能的同时提升生物多样性。

以地处偏僻的荒山、荒草地为主划定封禁小斑，同时融入部分疏林地，实施封山育林工程，采用全年封禁的形式。通过乔木补植、灌木丰富、局部播撒草籽等措施，增加林分植被种类，加快绿化速度，强化片区水源涵养能力，保持水土，从而整体上改善农业生产条件，改善区域环境基底。

为抬高侵蚀基准，防止沟底下切，减缓沟道纵坡，减小山洪流速，针对沟道侵蚀明显、沟道比降大、沟底侵蚀剧烈的支沟，建设浆砌石谷坊工程。谷坊设计防洪标准为10年一遇，3~6h最大降雨。通过谷坊工程的建设将有利于形成沟底台阶化形态，从而增加平面优良耕地，为利用沟道土地发展农业生产创造条件。

5.8.3 采用工程措施，实施坡耕地改造

宁武县山地地貌面积1737.37km²，占全县总面积的89.34%，坡耕地占全县耕地面积的87.6%。在地质和降雨的双重影响下，坡耕地水土流失和土地侵蚀现象加剧，土壤湿润层较薄，坡耕地有机质含量降低。宁武县汾河流域的丘陵区和半山区1800~2000m的山体中部及中下部土壤类型主要为褐土，在水土流失作用下，土壤平均有机质含量为13.1g/kg。为有效降低地形坡度，减小地面径流速率，增加土壤水分含蓄能力，加强耕地保水保墒能力，增加土地生产能力，建议结合坡度不大于20°的连片坡耕地进行坡改梯改造。

宁武县坡耕地土质多为砂质土，据此确定田坎外坡边坡系数为0.7，计算得田坎高度为3.7m，硬坎高度为4.0m，田面毛宽为12.8m。为便利交通，提高耕作效率，可布局宽度为3m的田间路，表面采用15cm厚泥结碎石层。可根据地形布设混凝土板梯形断面排水沟，拦截坡面径流，并通过连接竹节沟，有效排除地表水防止冲刷，达到防止水土流失的效果。

宁武县汾河流域丘陵地区的灌溉方式受地形影响很大，远离河流，地势较高，可以依托地形修建的小型水库、囤水田、山坪塘等微型水源工程，划分灌区，利用地貌高差设计自流灌溉系统，均衡水资源的时空分布不均问题，解决高台位农田用水问题。丘陵地区地形对渠道修建的限制较大，除了常用的明渠外，还可采用渡槽、

倒虹管、暗涵等多种形式应对各种不同的地形。排水系统建设也是坡耕地水利设施建设的重要一环，可以布设沿等高线方向的截水沟和垂直于等高线方向的排水沟，有序的排出多余旱地水分，减轻水土流失。❶

5.8.4 提升基础设施水平，改善连片农田

宁武县汾河流域多数耕地分布于山坡，仅有少部分优良耕地分布于主河道滩地河谷。河谷耕地总体地势整体平坦，农田集中且连片，目前缺乏灌排配套设施，土地生产力低下，大片农田荒耕，且面临洪水威胁。

宁武县最为优良连片平坦的耕地多分布于汾河干流两岸，且两岸防洪体系不完善，防洪安全问题尤为突出。新中国成立以来，汾河全流域展开了大规模的人民治汾活动，形成了汾河干流沿线的基本防洪体系。规划在汾河干流两岸现有防洪设施的基础上，利用现有堤防进行完善、改造、提升，针对堤防缺失、20 世纪五六十年代建设的老旧堤防段落进行新建贴坡式堤防提升工程，结合干流与支沟结合处的堤防薄弱区域新建浆砌石堤防，形成汾河干流沿线完善的防洪体系，抵御洪水侵袭，并结合上下游河道淤积情况开展河道疏浚工作，疏解洪水压力保证农田防洪安全。

区域现状农田灌溉设施老化、破损、导致灌溉水利用率低，耕地潜力难以开发，影响农作物产量的提高。通过技术、经济综合比选，为避免输水损失和蒸发损失，提高输水效率，可采用低压管灌作为灌排系统。根据《农田低压管道输水灌溉工程技术规范》，灌溉设计保证率应大于 75%，灌水周期以 10 天为佳，设计灌水定额为75mm。因地制宜，选择岸坡稳定，取水方便的地方设置泵站。泵站从汾河取水，取水方式可选择侧向引水，取水口应设置拦污栅及闸门，采用干室型泵房，输水管道采用单管布置，管道中水流以满管、有压方式运行。

为满足农业生产交通需求，提升耕作效率，应进行田间道路修整，断面结构可选用宽 2m 泥结碎石路面，修成鱼脊式，横向坡比 2%。选择胸径 3～5cm 的杨树、柳树等乡土树种，沿田间路种植，形成农田防护林，起到防风防冲的作用。

5.9 环境设施提升工程

汾河流域点面源污染是造成河流水质不达标的主要因素，沿河两岸的洗煤厂、乡镇企业等，由于企业规模小、技术水平低、投资低、环保措施落后、环保意识缺乏等，生产垃圾、建筑垃圾随意排放，造成水体、土壤、空气污染。周边村镇排污

---

❶ 金昆. 丘陵地区农业基础设施建设模式探讨［J］. 北京农业，2015（9）：267-268.

体制不完善，沿岸村庄的污水、雨水排放口沿河排布，一些生活污水直接排入河道之中，雨污没有实现分流，污水处理设备不完善，从而影响水质。农村生活垃圾随意排放，农业生产活动中农药、化肥、除草剂的过度施用，都对土壤、河流、地下水造成一定污染。环境设施提升工程从源头治污，推进工业企业排污治理，发展生态循环农业，治理农业面源污染，结合污水处理厂提标扩容，探索村庄污水处理多种模式并行机制，推行城乡垃圾一体化处置措施，多措并举系统提升汾河流域水环境质量，推动乡村绿色高质量发展。

5.9.1 重视源头治污，推进工业企业排污治理

重视源头治污，通过设备、技术及工艺流程改进和提高企业的环保意识，推广清洁生产，提高水的重复利用率并控制材料损耗，以降低单位产品或产值的水污染负荷。处理好水资源保护与水污染防治之间的关系，当前要努力达到水功能区的目标。重视和加强水功能区企业入河排污口的监测，加强水功能区和入河排污口的水质水量监测，提高监测的技术水平和能力，深入研究和探索管理的模式和方法。控制生产企业的污水排放，严格按照水功能区的水质目标和纳污能力，实现企业污水零排放。加强功能区水质和入河排污总量监督，严格控制新建、改建或扩大排污口。根据企业生产特征，提出污水处理要求，增设污水处理设施，实施企业污水零排放。加强普法宣传工作，通过多种形式开展《水法》《水污染防治法》《入河排污口监督管理办法》等法律法规的宣传，增强人们尤其是排污企业水资源保护与水污染防治的法律意识，以便更好地开展入河排污口监督管理相关工作。

5.9.2 发展生态循环农业，治理农业面源污染

增强村民环保意识，逐步加强基础设施建设和新技术投入，鼓励发展科技，推广生态农业生产技术。有效缓解农田氮磷流失、畜禽养殖污染、农作物秸秆焚烧、农田地膜残留等农业环境突出问题，提高农业废弃物资源化利用，减少农业投入品使用，促进农业污染物减排，保护土壤、空气、水环境，促进农业可持续发展。有效降低农药、化肥、地膜等农业投入品残留，提高化肥农药利用率，改善土壤结构，提高土壤有机质含量，从源头保障农产品质量安全，提高农业资源环境支撑能力，提升项目区农产品质量和市场竞争力，促进农业增效，农民增收。极大改善农村人居环境，为当地人畜饮水安全和灌溉水质清洁提供强有力保障。

推广生态农业，以发展生态循环农业为原则，通过微生物资源进行转换，使资源重新回到农业生态系统，进而对资源进行多级利用，提高资源的价值。培训农民使用先进环保的种植技术和养殖技术，减少使用对环境有害的物质。同时，大力进行农村基础设施建设，改建农村的厕所、厨房和取暖设施等，尽量使用清洁能源，

减少环境污染。要改进田地灌溉方式，减少水资源浪费，降低农业生产成本。要提高有机肥的使用率，减少有机肥制作造成的污染。进一步关注无公害技术、秸秆还田等新兴农业技术，提高农业废料的使用价值。[1] 施用有机肥料，禁止有害化肥施用，推广使用无污染有机肥料。通过化肥零施用，防止耕地土壤板结，减轻对地下水的污染，增加农作物产量。有机肥料富含有机物质和作物生长所需的营养物质，不仅能提供作物生长所需养分，改良土壤，还可以改善作物品质，提高作物产量，促进作物高产稳产，保持土壤肥力，同时可提高肥料利用率，降低生产成本。充分合理利用有机肥料能增加作物产量、培肥地力，改善农产品品质，提高土壤养分的有效性。通过修建生态田埂、生态沟渠等耕地生物拦截带，拦截农田径流污染物，吸收氮磷，从而对污染过程进行阻断。重点开展人畜粪便、蔬菜残体和农作物秸秆就近堆肥处理，确保农业废弃物安全利用，降低污染物流失风险。主要建设农业废弃物田间处理池、农用化学品包装物田间收集池。[2]

5.9.3　提标扩容，提升污水厂污水处理能力

宁武县汾河流域现有一座污水处理厂，位于东寨镇，地处汾河源头，处理规模为 1250t/d，出口排放标准为一级 A 标准，采用 SBR 工艺（序批式间歇活性污泥法）。随着城镇发展和雨污分流管网的不断完善，进入厂区的污水量将逐渐增加，现有的污水处理能力无法满足未来的发展需求。同时随着环保要求的逐步提高，水质排放标准需进一步提升。因此，通过提标扩容，提升污水处理能力，对于改善区域水生态环境具有重要意义。

提标扩容改造工程坚持先优化运行，后工程实施；先内部碳源，后外加碳源；先生物除磷，后化学除磷；减排兼节能，达标顾经济的原则实施。提标扩容改造工程首先对源头污染物进行控制，合理取舍预处理单元，充分发挥生物处理段的作用，合理选择深度处理工艺单元，当二级处理出水水质接近一级 A 标准，但还不能稳定达标时，可以采用絮凝过滤（混缈过滤）、微絮凝（混合/过滤）或直接过滤等深度处理单元。同时加强运行管理，应根据进水水质和水量的变化调整运行模式，应特别重视冬季低温下出水稳定达标的运行控制。

5.9.4　分类定策，采用多种模式处理村庄污水

汾河流域村庄布局分散，除镇区中心外，其他村庄没有排水渠道和污水处理系统，生产生活污水随意排放，造成一系列的生态环境问题。加强农村地区的污水排

---

❶　陈波. 乡村污染问题及治理措施 [J]. 中国资源综合利用，2021，39（1）：162-164.
❷　黄淑文. 微生物菌剂对有机肥的发酵作用试验 [J]. 蔬菜，2013（8）：27-28.

放收集和处理设施建设工作，避免因污水未经处理直接排放而对农村地区的水体、土地等自然环境产生污染影响，确保农村水源安全和农民身体健康，是汾河流域需解决的突出问题，对于改善汾河流域生态环境具有重要意义。

针对居民点分布情况，分类制定污水收集处理模式。对于布局分散规模较小，地形复杂，污水收集不易的村庄居民点，采用分散处理模式，将农户污水按照分区进行收集，以稍大的村庄或邻近村庄的联合为宜，每个区域污水单独处理。污水分片收集后，采用中小型污水处理设备或自然处理等形式处理村庄污水。对于布局相对密集，规模较大，经济条件好，村镇企业或旅游业发达，处于水源保护区内的村庄，采用集中处理模式，将所有农户产生的污水进行集中收集，统一建设一处处理设施处理村庄全部污水。污水处理采用自然处理，常规生物处理等工艺形式，可以采用人工湿地、稳定塘、土壤渗滤等几种适合农村实际的污水处理工艺技术。❶ 对于距离东寨污水处理厂较近，符合接入市政管网要求的村庄，采用接入市政管网统一处理的模式。

5.9.5　城乡联动，实现垃圾一体化科学处置

长期以来因对农村的基础设施建设投入不足，农村环境卫生管理水平滞后，农村生活垃圾乱倾乱倒、乱堆乱放现象普遍存在，严重影响生态环境。在城乡统筹发展的背景下，实施城乡生活垃圾一体化处理措施势在必行。城乡生活垃圾一体化处理的基本思路是以村居为单位，统一规划建设一批垃圾中转站，用于收集群众生活垃圾；同时在镇区建设一处垃圾压缩转运站，对各中转站的垃圾进行统一集中压缩处理后，再运送到县垃圾处理场，从而实现城乡生活垃圾统一收集、集中处理，一体化管理的目标。

建设覆盖城乡区域的垃圾处理设施和运行体系，为实现城乡生活垃圾一体化处理奠定了坚实基础，通过健全组织和制度保障体系、建立科学规范的长效管理机制，确保城乡生活垃圾一体化处理工作的顺利推进。建立农村生活垃圾专门管理机构，将农村生活垃圾管理纳入现有城市管理局、住建部门的职能范围，建立和强化"政府统一协调、乡镇全面负责、职能部门各司其职、行政村联合推进"的工作机制。各成立乡镇环卫所，并配备专职环卫管理人员，在行政村建立和完善保洁员、清运员、监督员"三员"队伍。充分发挥政府的主导作用，科学引入市场运作机制，依靠群众实现长效管理。

---

❶ 刘强，王学江，陈玲. 中国村镇水环境治理研究现状探讨［J］. 中国发展，2008 (2)：15-18.

第 6 章

**绿水青山，
推动流域高质量发展**

创新生态修复措施，营建高标准生态网络

党的十八大以来，习近平总书记对汾河生态治理保护、"四治"一体推进、历史文化传承等作出重要指示，强调要让汾河"水量丰起来、水质好起来、风光美起来"，为汾河流域生态保护和高质量发展指明了目标方向，提供了根本遵循。2021年10月8日中共中央、国务院印发的文件《黄河流域生态保护和高质量发展规划纲要》中明确了构建"一带五区多点"的战略布局，其中重点河湖水污染防治区以汾河、渭河、涑水河、乌梁素海为主。作为黄河第二大支流和山西省的母亲河，汾河流域的生态发展和高质量发展对于保证黄河流域生态恢复、强化中上游水土保持能力、促进下游流域生态功能提升和入海口环境改善具有重要意义。汾河流域的生态治理是以生态优先为基本导向、绿色发展为建设理念、共同治理、全流域参与为治理原则的创新经验和模式，是学习贯彻习近平生态文明思想和习近平总书记考察调研山西重要指示精神，统筹推进汾河流域山水林田湖草生态系统治理和保护的重要实践。在治理过程中坚持污染治理和生态保护修复，坚持水资源、水生态、水环境"三水"统筹，以汾河流域水源保护、周边生态缓冲区生态修复、流域水环境改善为主要板块，高标准建设汾河生态廊道，确保一泓清水入黄河。同时以"双碳"目标为引领，立足汾河流域实际，坚持"四水四定"原则，构建生态保护和绿色发展空间格局。

6.1.1 流域共轭，突出系统治理思维

"山水林田湖草"是一个系统的概念，只有统筹考虑自然生态各类要素进行整体保护、系统修复、综合治理，才能有效维护生态平衡增强生态系统的循环能力。在生态修复中，宁武县以系统思维整合工作模式和工作区域，围绕源头整治、过程治理、重点治理、专项治理和系统治理，深入打好大气、水、土壤污染防治"三大战役"。在汾河流域生态修复工作中，采取了多项措施并举，多维空间共治，多层级管护的工作方法。

一是统筹全流域工作，2022年4月7日中共山西省委、山西省人民政府印发《山西省黄河流域生态保护和高质量发展规划》提出通过加强生态保护修复、强化环境综合治理、大力实施"五水综改"等，全力建设黄河流域生态保护和高质量发展重要实验区。推进黄土高原水土流失综合治理、强化汾河生态保护修复、加快产业转型升级、弘扬黄河文化、增进民生福祉是山西作为黄河高质量发展中游重点省份的主要任务，围绕生态保护修复、水资源节约集约利用、高质量发展、黄河文化等将全省域、流经区、流经县作为工作开展的三个层次，因此治理工作不仅仅考虑宁

武县内汾河段治理工作，而是以汾河中上游综合治理整治为目标，配合忻州市政府生态规划战略，联动静乐县流域，综合评估、整体判断、合作治理，通过系统性规划谋划、工程治理、分区管护形成完整有序的治理体系。同时依托忻州市级平台，对相邻流域的生态系统进行联合执法，共同治理，解决了层级治理问题和保护工作的衔接问题。二是多维空间共治模式的开展，在以流域为主体的治理工作中，统筹考虑全县域河流生态修复工作，以汾河流域治理为引子，开展全县生态保护工作。在工作中设立了"以水为领，山水林田共治"的片区化思维，拓展出针对不同现状的修复区域，以生境一体化、复合化、多维化为目标，统管统治，切实解决环境治理工作的根本问题，减少工作反复与遗漏。同时配合恢河、新堡河、芦芽山等生态区域，参照国土空间规划生态红线划定范围，一体整治，坚持生态环境整体维护原则，提高治理工作的成果质量。三是多层级管护模式，在生态治理工作中，全面推行河长制，强化森林资源管护力度，依托忻州市政策，在全县开展八道四治四建专项行动，集中整治城乡环境，着力破解贫困地区绿色发展难题，联动实施退耕还林、生态治理、生态保护、经济林提质增效、林业产业五大项目，切实以行动促进工作开展。

6.1.2　分区策略，筑牢美丽宁武根基

宁武县在生态修复措施中借鉴了"反规划"理念，即通过优先控制非建设区域来进行生态治理的逆向规划整治途径。基于"反规划"理论，以景观安全格局为方法论，在整治中以生态优先的原则对流域生态保护修复格局进行规划分区，以生态保护修复工程布局为规划战略和成果，形成了维护国土安全和保障流域生态系统服务功能的生态框架。创新建设了"两管"体系，即工程建设七大实践要点，生态系统三大区域控制模式。

工程建设七大实践要点——通过对宁武县境内汾河流域生态修复的具体问题对应，立足实际，划定了以物种平衡保护、生物多样性维持为主要任务的生物多样性保护区；以自然保护地体系为主，水源地保护管理、生产经营活动限制为主的水源涵养生态保护修复区；以汾河源头污染治理、水质修复为主的河流水系及水生态保护修复区；以土地保持、坡面治理、产业调整为主的水土保持生态修复区；以耕地保护、土地集约利用为主的农地综合整治区；以矿山整治修复、小流域综合治理为主的矿山生态环境综合整治区；以城乡综合环境治理，经济生态协调共进为主的城镇村建设开发区。通过划分管控片区，对不同区域内部具体问题精准把脉，做到问题现场处理、措施专项规划、管控责任到人、治理分期有序。通过系统规划及治理工程落位，目前宁武县已完成汾河川舌根台保护修复工程区（2019年）、高山天池湖泊群水源涵养及生物多样性保护修复工程区（2019年）、恢河流域生态保护修复工程区（2020年）、新堡河生态保

护修复工程区（2020 年）、芦芽山生物多样性保护工程区（2020 年）、怀道乡农田综合治理工程区（2020 年）、汾河源头矿山地质环境治理工程区（2021 年）等专项治理工程。以工程治理为基础措施，区域管控为治理手段的七大实践要点初见成效。

生态系统三大控制模式——在七大实践要点的基础上，宁武县的生态修复结合国土空间规划治理模式，借鉴"三区三线"的管控理念，对七大实践要点进行了更为具体的引导，旨在通过弹性管理、合理界定，在生态修复的前提下，促进人与自然的和谐发展，既"保"生态，又"促"发展。对七大实践要点已划定范围进行二次界定，制定严管区、控制区、缓冲区三类不同程度的管控模式。

（1）严管区模式。经过综合评价及分析后属于生态高危脆弱，需长期修复恢复的区域。严管区模式实行高于一般保护修复标准的管控，采取更为严格激进的保护措施，以区域的工程修复与自我恢复为主，减少人为活动侵扰，科学监测不同区域生境的变化情况，采取"格网"管控，责任到个人，在管理中落实不漏项、不缺项、不错过的"三不"原则，切实执行"生态优先"理念。

（2）控制区模式。经过综合评估分析后，属于生态修复覆盖区域，但自身具有较强环境承载能力、修复能力的区域。控制采取一般性修复及保护。根据各类专项规划及政策文件，落实对应七大实践要点的整治要求，重在执行与监控。控制区对环境侵扰的各类活动实行监管疏导模式，对一般性生活经济活动采取定期监管。政策普及，对环境侵扰大的设施等实行异地疏导，以维持区域生态的长期平衡发展。

（3）缓冲区模式。七大实践要点边界向外延伸 50～100m 的生态缓冲区。为避免人为活动对整治区域的二次干扰与破坏。作为缓冲带，减少七类修复治理区的治理压力，同时预留未来的相互侵扰空间，保证基本修复区域的生态治理成效维护与保持，从可持续理念出发，进一步确保整治成果不倒退、治理区域不增加，修复区域不减少。

6.1.3 山水一体，联动生态景观要素

宁武县位于汾河中上游，境内多条河流、山地等生态要素聚集。党的十九大报告强调，实施重要生态系统保护和修复重大工程，优化生态安全屏障体系，构建生态廊道和生物多样性保护网络，提升生态系统质量和稳定性。从生态格局构建的角度出发，通过汾河流域形成一条涵盖重要生态功能保护格局、人居环境安全格局、生物多样性维系格局的生态安全格局体系的生态廊道系统是提升环境质量和保护生物多样性的重要途径。在汾河流域生态修复过程中，形成了资源要素联动、生态景观构建的工作方法。一是以生态本底条件为基础，加强生态资源之间的串联，形成流域生态廊道。将生态保护红线区作为生态安全格局的源地，并以此为基础进一步构建生态廊道、生态战略节点等，有效保护、恢复和重建自然生态系统的完整性，

维持重要生态服务功能的可持续性。二是根据景观生态学理论，选取重要生态源斑块和构建景观阻力面，利用最小累计阻力模型构建基于"河流—湿地—湖泊—河口"的生态廊道，识别和确认生态节点，对廊道网络空间结构进行分析，进而规划设计生态网络框架，为工程规划区内生态环境的恢复和保护提供科学依据。三是通过工程治理，改善流域面貌，提高河流景观的利用价值，在维持河流自然形态的基础上，按照自然修复为主，人工修复为辅的思路，对河流景观风貌进行综合治理提升，改善风景视域通廊，结合滨河生态修复联动生态景观要素建设实景如图 6.1 所示。❶

图 6.1　结合滨河生态修复联动生态景观要素建设实景

6.1.4　单元耦合，构建流域生态网络

（1）构建生态源地。基于"源—汇"理论，结合宁武水资源分布，一方面考虑河流廊道的作用，将汾河干流作为一个源地，起到区域"汇"的作用，考虑邻近源地到河流廊道的生态作用；另一方面，综合森林资源分布特征，结合生态红线的划分、生态系统服务价值、水源涵养能力的重要性评价、生物多样性保护功能区等因素，根据生态源地的面积大小、动植物资源丰富度、地理区位、空间格局等特征，选取重要生态源地。最终划定宁武县面积 39794.85hm^2，主要分布在宁武县的西马坊乡、东寨镇和涔山乡。生态源地的内部同质性和外部扩张性促成其作为物种扩散和维持的自然栖息地，对维持生态系统结构、功能和过程及提高人类福祉具有重要

❶　徐威杰，陈晨，张哲，邵晓龙，张晓惠，张彦. 基于重要生态节点独流减河流域生态廊道构建 [J]. 环境科学研究，2018，31（5）：805-813.

作用。在生态系统及更高层次的景观水平上，生态源地对维持区域生物多样性具有重要的生态学意义。

（2）打造生态廊道。从生物多样性保护和促进河流湿地环境两个角度分别设置不同的阻力面及潜在生态廊道，目的在于充分考虑汾河源头区域生态系统物质、能量等有效流通，实现由点及面的生境保护和促进湿地环境的生态保护。为了使潜在廊道更加有效发挥其重要的连通作用，通过多次野外调研，查阅大量相关研究区记载生物物种的书籍及文献和咨询有关专家的意见，考虑到试点区内大多数哺乳动物，如褐马鸡等长期栖息在管涔山区域，迁徙活动范围较小，汾河川湿地面积较大及生态环境建设完好，营造良好的湿地环境又有益于生境的保护与建设，因此构建多功能的生态网络使其不仅满足生物迁徙的需求，又充分发挥汾河川周边生态源地的连通作用，提升区域生境质量，提出汾河源头生态网络规划的建议。综合从不同的角度构建的两种潜在廊道，将关键生态廊道与生态源地进行连接。

（3）筛选生态节点。生态节点主要分布在廊道与廊道的交汇连接处以及具有较高生态服务功能的生境斑块处，在廊道网络中起到踏脚石的作用，为物种迁移提供良好的暂息地，能够增加景观连接度，促进内部种在斑块间的运动生态节点的数量、质量和空间分布状况将直接影响物种迁移的时间周期和成功率，因此生态节点的建设和保护能够直接促进整个生态系统的循环运转，对区域生态环境和生物多样性保护至关重要。❶

6.1.5　体系重塑，构建生态功能格局

宁武县重点聚焦在突出生态环境问题区域，以问题导向，构建生态保护修复格局。统筹考虑各区域承担的生态服务功能和系统性、关联性修复要求，聚焦区域内受损严重、开展修复需求最迫切、恢复效果最明显的重点区域确定山水林田湖草生态保护修复总体布局，构建全民关注、全民支持、全民参与的山水林田湖草生态保护修复运营机制。

（1）根据"山水林田湖草"全方位系统综合治理的思路，依据现存问题集中区域的空间分布、面积及受损程度等，采取工程与生物措施相结合、人工治理与自然修复相结合的方式在治理的基础划定流域水生态环境保护修复区、重要生态系统保护修复区、水土保持综合治理区、矿山生态环境修复区等，根据生态源地划分，在流域源头及水源涵养区开展生态保护和修复。

（2）以重点流域为单元开展湿地修复与保护，推动流域水生态环境保护修复。

---

❶　徐威杰，陈晨，张哲，邵晓龙，张晓惠，张彦. 基于重要生态节点独流减河流域生态廊道构建［J］. 环境科学研究，2018，31（5）：805－813.

综合运用生物围栏、观赏草混播等技术建设生态围栏，以围栏封育保护区为主体，设置生态系统检测预警体系，实施退化林草抚育和植被人工修复，加快植被生产力，带动生态空间整体修复。

（3）依托山西省汾河中上游山水林田湖草生态保护修复工程试点，以汾河川为核心，以芦芽山、云中山为两翼，以万辉沟、东碾河等为轴带，以乡村生态环境整治为点，构建"两山一川多带多点"的流域生态保护修复格局，实现山上山下、流域上下游联动的整体性和系统性。

6.2　践行绿水青山要求，建设汾河绿色振兴走廊

6.2.1　综合治理，打造汾河水利长廊

在治理工作中，宁武县以汾河作为纽带，以水域岸线为载体，统筹水环境、水生态、水资源、水安全、水文化等多方面之间的有机联系，通过工程治理、水工建设等措施打造一条绿水畅流、洪涝无虞的水利长廊。

（1）提高水工建设标准，通过流域生态河堤续建配套与生态化改造，遵循确保重点、兼顾一般，以及防汛和抗旱相结合、工程措施和非工程措施相结合的原则，对流域进行防洪护堤生态改造。

（2）在确保防洪安全的前提下，堤岸工程应根据河势、流态及水沙条件，采用工程措施、生物和农艺措施或两者相结合的方式，注重保护和修复堤防的自然性、蜿蜒性和生态性，因势利导优化河道；条件允许的河段可结合堤外低洼湿地进行堤岸线调整，将堤防布局与修复河道的生态功能相结合。

（3）推动水利建设机制改革，完善水利规划实施的考核机制，提高规划编制质量，更好地发挥规划对水利发展的统筹和引领作用。按照权责对等、分类分档、公开透明、动态调整的原则，依托山西省水利财政事权与支出责任划分办法，理顺市、县政府水利事权。

（4）为保持小流域的水土，改善生态环境，合理开发和保护水、土资源，科学采取工程和生物并举的治理措施，提高流域生态承载能力，改善水土流失情况。

（5）推进流域水量分配，以流域为单元，综合评估规划，统筹考虑重大水资源配置工程，明确各段分配的总水量和周边区域的水量分配份额，控制断面下泄水量流量指标，防止水资源过度开发。

6.2.2　协调发展，恢复汾河景观长廊

依托汾河流域生态修复治理的阶段成果，宁武县对流域沿线的环境整治、河岸

风貌、绿地景观、生态景观、河道景观进行了综合治理与建设，通过景观格局体系的引导，在流域主线打造风光旖旎、多彩美丽的景观长廊。

（1）通过环境整治工作，对侵扰生态空间、河流岸线的建筑、设施进行迁移或清退，保证修复空间和景观打造空间，以连贯性、原真性作为基本原则，协调水岸元素，打造生态新名片。

（2）坚持小规模、渐进式的微更新策略，循序渐进，以点串线、以线带面，通过优质节点的打造与设计，串联成具有流域特色、地方特点的滨水景观带。

（3）规范绿化建设，在汾河河流两岸布设护堤护岸林，建设河流绿色通道，种植生物隔离带，既增加景观元素，又有效治理了部分面源污染，同时在有条件建设区域开展绿化公园建设，对沿岸绿化空间进行了功能区分，又形成了翠意盎然、人水和谐的绿色通廊。

（4）拓展景观空间，以汾河川为中轴，向东、西两翼延伸，对周边山体进行绿化整治和生态水源涵养防护林种植，形成林带，增加了景观的层次性和观赏性。

（5）结合生态修复，打造农田景观，通过平整土地、机修梯田、打坝等措施，种植观赏和经济价值兼顾的农作物，林田相间，沿线处处皆景、片片成荫。

（6）优化流域景观格局，打造兼顾防洪与观赏的生态景观区域，形成河道治导线、生态功能保障线、汾河绿化景观带、乡村田园风光带等生态治理及景观区域，以汾河干流地形地貌空间为依托，乡村旅游振兴发展为契机，结合宁武县汾河流域文化地域景观，形成具有宁武段文化特色、以生态景观为主、田园景观为辅的特色景观长廊。

6.2.3 系统修复，打造汾河休憩长廊

宁武县聚焦打造"百里汾河走廊"的总体目标，统筹实施汾河中上游山水林田湖草生态修复工程，对汾河沿线进行了"一轴一廊六核七营"总体规划布局——即以汾河流域为生态轴，打造 42km 生态绿廊、6 个生态核（包括 3 个人景互动生态核、3 个自然生态复合核）、7 个山水营地。同时将统筹推进国家第三批生态保护修复试点项目作为推进生态文明建设的重要抓手，守住底线，全面发力，久久为功，摸索出了一套"宁武经验"：以"335"工作思路为基础，以"九位一体"施治法为支撑，以山水林田湖草系统治理为核心，以试点项目永续管护为助力，彻底改变了宁武县生态脆弱的现状，在涵养汾河水源、提升水质、打造特色景观的同时，为群众打造了良好的人居环境，提升了县域旅游产业品位，推动建立人与自然和谐相处的永续发展之路。通过系统修复，一方面提高了流域的生态环境承载力，以及水资源涵养和循环能力，有效保护和恢复生物多样性，治理了芦芽山及其周边地区因采矿造成的破坏，有效保护修复了该地区的地质、地貌和生态景观，改善生态环境，

促进了旅游业发展。另一方面增加了群众的游憩休闲空间，通过生态核和山水营地的建设，为周末"微度假"和"周边游"提供了地点，提升了沿线居民的生活品质和居住环境，同时创造了滨河休旅廊道，激发了人地互动的积极性和保护意识，形成了共存互依托的和谐局面。汾河沿线生态修复与休憩长廊体系建设实景如图 6.2 所示。

图 6.2　汾河沿线生态修复与休憩长廊体系建设实景

6.2.4　人景互动，建设汾河文化长廊

通过"修山、治水、育林、护田、蓄湖、复草"等生态保护修复措施，构建"山青、水碧、林郁、田沃、湖美、草绿"的生态格局。通过汾河两岸绿化项目、汾河两岸道路及绿化带建设项目、汾河干流水系修复项目、天池高山湖泊群水源补给项目、恢河流域水生态综合治理项目、芦芽山生物多样性保护工程区等项目系统开展，提升了整体的生态品质和环境风貌。以汾河为主线的宁武县"八景"以新的形象展示，同时沿线开展民俗文化展示，系统构建汾河文化长廊。

（1）串联以"天池霞映、汾源灵沼、芦芽叠翠、支锅奇石"为主的自然生态风光，展现历史文化与自然景观的交相辉映。

（2）以"鸾桥烟虹、禅房夕照、染峪流虾"为代表的人文景观系统展示与提升，从生态区向人文区过渡。

（3）河流景观的再构与梳理，展现水系本真自然的风光。

（4）活化传统民俗文化，整理具有代表性的民俗技艺及活动，打造民俗生态区，依托汾河文化廊道建设，促进文化挖掘与群众生活建设，展现宁武县的文化气质。

6.2.5 治改联动，树立乡村振兴长廊

在以生态文明为导向的新时期发展语境下，绿色发展、永续发展、高质量发展成为核心诉求。从保护汾河流域绿色生态出发，实现生态修复治理的同时，提振乡村活力，多层级促进乡村振兴是以人为本的具体落位。乡村振兴结合汾河流域治改联动与绿色发展的核心诉求相一致。

（1）发挥县域经济优势，整合特色产业、资源禀赋，"一村一品"夯实发展基础，以特色产业长廊构建乡村产业新格局。

（2）生态宜居建设秀美乡村，发挥乡村资源集中、环境秀美的优势，利用山体修复、河道治理等措施，建设一批乡村风貌示范区，结合国土空间规划土地整治工作，系统整理乡村撂荒地等土地资源，整治矿山环境，让裸露的区域重现绿水青山。

（3）小流域治理与现代农业结合，发展休闲农业、设施农业、循环农业、有机农业，升级产业模式，发挥治理成效。

（4）乡村文化建设结合乡村旅游，建设一条宜居、宜业、宜产的乡村振兴示范长廊。

6.3 助力高质量发展，提振泛流域特色产业

6.3.1 挖掘潜力，激发生态价值

把贯彻落实"山水林田湖草是一个生命共同体"重要理念作为一条主线，统筹考虑山水林田湖草六大生态要素，以山水林田湖草保护与修复工程为主要抓手，按照生态产业化、产业生态化的原则，遵循保护优先、自然恢复为主的原则，正确处理发展与保护的关系，始终把保护放在优先位置，在发展中保护、在保护中发展。

（1）推行绿色发展方式和生活方式，打造生态秀美、环境靓丽的新宁武。立足本地生态资源禀赋、顺应自然本色，以产业生态化奠定绿色发展基础，挖掘生态产业的发展潜力，激活发展的生态价值。

（2）按照产业化建设要求推进生态文明建设，促进生态资源的保值增产和生态经济的良好发展，立足生态优势，打好市场牌，从"＋生态"向"生态＋"转化，融入绿色发展理念，因地制宜地选择绿色产业发展方向，多举措促进生态产品价值实现，将生态优势转化为经济优势。激发生态价值发展生态＋产业项目实景如图6.3所示。

图 6.3　激发生态价值发展生态＋产业项目实景

（3）实现生态发展与人口、经济建设相协调，推动生态要素向生产要素、生态财富向物质转变，促进生态与经济良性循环发展。建立良性循环机制，以一系列环境保护、水资源保护、土壤改良等产业发展促进乡村建设。

（4）以生态产业化、产业生态化作为乡村振兴发展引擎，践行"绿水青山就是金山银山"的理念，让生态优势变成经济优势，摒弃传统资源过度消耗型产业，加快绿色低碳、循环产业发展，利用先进技术，培育发展资源利用率高、能耗低排放少、生态效益好的新兴产业，采用节能低碳环保技术改造传统产业，促进产业绿色化发展。

6.3.2　改进方式，优化产业结构

保护生态环境就是保护生产力，改善生态环境就是发展生产力。宁武县产业生态化发展遵循自然生态有机循环机理，以自然系统承载能力为准绳，对区域内产业系统、自然系统和社会系统进行统筹优化，通过改进生产方式、优化产业结构、转变消费方式等途径，加快推动绿色低碳发展，持续改善环境质量，提升生态系统质量和稳定性，全面提高资源利用效率，促进人与自然和谐共生。❶

（1）构建生态产业发展的"跨区"模式，即充分整合利用生态资源的集中优势，打破乡镇、村域行政边界限制，统筹考虑产业布局与发展，以县域全局思维合理规划未来产业发展，减少重复建设与用地浪费，发挥不同地域优势，集中力量做优

---

❶　刘勇. 走产业生态化与生态产业化协同发展之路 ［N］. 学习时报，2020 - 12 - 09.

产品。

（2）推广产业融合发展，以农促工、以旅促产、以游代建等模式陆续替换原有单一产业发展理念，强调三次产业融合，以技术革新的原材料加工倒逼加工业转变生产模式，全过程形成生态化建设，以文旅发展刺激相关产业转型，面向市场需求重塑产业动能，以生态旅游、乡村民宿代替传统加工，增加居民收入，保护脆弱区域生态环境，形成长效发展机制。

（3）推广产业专业化、智能化、现代化发展。按照社会化需求导向提供生态产品与服务，以重点突破、短板优化的原则进行产业"补链"，强化上下游产业的关联性，完善智慧创新、循环高效、低碳绿色的创新产业体系，打造空间集约、资源循环、生产高效的产业结构。

（4）分类指导、动态管控。结合汾河流域生态环境基质特征，对生态产业进行分类指导，从生态修复到资源利用建立准入清单及管理体系，同时结合国土空间规划"一张图"系统，进行动态监测，合理利用土地，明确发展方向，实行"绿色经济"政策扶持与"灰色产业"清退的管理模式。

6.3.3 高效利用，促进和谐共生

遵循保护优先、自然恢复为主的原则，正确处理发展与保护的关系，始终把保护放在优先位置，以制度刚性约束产业无序发展，以消费理念倒逼产业转型，以责任意识协调人地关系。结合国内现有成熟的绿色产业发展体系，宁武县在学习借鉴和推广过程中，立足优势，稳中有序建立高效和谐的生态产业发展模式。

（1）完善生态产业发展制度体系建设，把资源消耗、环境损害、生态侵扰等影响流域生态建设的指标列入约束性条件当中，增加制度管理权重，形成地方管理条例结合生态法规双轨控制的模式，查漏补缺，增加生态执法力度，构建制度长效监管体系，推行生态治理现代化。

（2）提升群众环保意识，促进消费方式转变。通过媒体宣传、新媒体运用、舆论监督等措施，提升流域沿线居民的环保意识，从"环保事不关己"向"生态人人参与"转变，以社会主义核心价值观为导向，倡导"勤俭节约、低碳绿色、文明健康"的发展导向，转变消费方式，鼓励购买低碳、循环利用产品。

（3）增强产业环节的责任意识，推广循环经济。对企业主体进行方向调整奖惩制度，同时明确企业社会责任，必须兼顾生态效益和社会效益，培育发展新型现代产业园区，合理利用资源，减少碳排放，从生产端进行生态调整和高效利用。

（4）创新模式，通过投资导向打包优质生态资源，进行市场流转与收储，借用市场调节机制，完善"资源收储、资本赋能、市场化运作"的完整闭环，打通"资源—资产—资本—资金"的生态产业化转化通道。

6.3.4　补齐转型短板，夯实生活基础

根据忻州市"十四五"发展战略，宁武县坚持一手抓煤炭产业链延伸，一手推动生态修复、文旅产业、特色农业发展，推动宁武县、静乐县打造成为能源开发与生态保护协同发展示范区。继续淘汰煤炭落后产能、释放先进产能，延伸产业链条，发展高端精细化工产品和碳基新材料产品，促进煤炭清洁高效深度利用。扎实推进同煤北辛窑一体化项目，培育产业升级新的增长点。加强生态友好矿区建设，开展新型煤炭开采技术的研发与试验示范，不断提高能源资源开发利用绿色化水平。以建设汾河水源涵养保护功能区为重点，坚持保护与修复结合，营造河道生态防护林、水土保持林和水源涵养林，大力发展文旅产业，推动形成能源与环境、环境与产业和谐互促新格局。依托生态功能区优势，发展生态农业，建设高产示范区，全面推动藜麦、莜麦农业主导产业和杂粮、马铃薯、中药材等特色农业发展。以增强能源保供能力为目标，深入推进煤炭"减、优、绿"，大力发展可再生能源，加快煤层气勘、采、用进程，着力构建安全稳定、绿色高效的能源生产体系，全面提高能源供给体系的质量和效益。同时树立"产业兴、城市兴，产业强、城市强"理念，坚持高标准谋划、高起点定位、高质量保障，持续提升产城融合水平，实施好大县城战略，加快区域协调发展和以人为核心的新型城镇化步伐，建设宜居宜业宜创宜游创新型田园城市。以东寨镇、石家庄镇为重点，统筹推进新型城镇化建设，加强基础设施建设和公共服务配套，优化工业布局，推进文旅产业发展。

6.3.5　提升生活水平，转变发展思路

依托生态修复、流域治理，促进城乡经济融合发展，推动形成工农互促、城乡互补、协调发展、共同繁荣的新型工农城乡关系。

（1）改善生态要素和农业劳动力要素的融合，提高农业质量效益和竞争力，以生态优先的思路解放农村劳动力，提升农业劳动生产效率和综合收益，改变要素组合，鼓励返乡农民从事非农业生产活动，带动资金、技术等要素回流农村，促进农业新业态、新模式发展，提高农业质量效益和竞争力。

（2）疏通城乡要素流通通道，在汾河流域区域内明确生态发展的总体目标，以城乡融合发展为重要抓手促进农业农村现代化，建立健全城乡"人（社会效益）、地（生态效益）、钱（经济效益）"等要素的平等交换、双向流动的政策体系，促进要素更多向乡村流动，为农业农村发展持续注入新活力。在现有耕地保护的政策背景下，严守生态红线和开发边界，鼓励更多农民进入新型产业链，通过农业转型升级，农村三产融合，拓展产业链条，提升非农村民收入，夯实农村发展基础。

（3）提高流域整体环境治理水平，改变农村发展面貌。以村庄整治结合河道治

理工作，系统性做好河道清淤、分区治理，生态缓冲区域建设工作，整治乡村环境，提高生态保护意识，进行垃圾清运转运，生活污水生态化治理，严管河流排污，提升乡村宜居和生态文明水平。

（4）深化农村产权制度改革。盘活农村土地资源、增强农业农村发展活力，鼓励对依法登记的宅基地等农村建设用地进行复合利用。稳妥有序推进农村集体经营性建设用地入市，允许农村集体在农民自愿前提下，依法把有偿收回的闲置宅基地、废弃的集体公益性建设用地转变为集体经营性建设用地入市，用作生态设施及汾河流域治理工程措施用地，健全集体经济组织内部的增值收益分配制度，保障进城落户农民土地合法权益。

6.4 促进资源整合利用，打造汾河人文魅力走廊

6.4.1 明确目标，紧抓发展机遇

近年来，宁武县立足当地良好的自然环境、旅游资源、生态优势和县域实际，坚持把旅游业作为全县经济社会发展、转型升级的战略之一，紧抓全省打造"三大板块"重大机遇，按照全市"三个旅游集散地"部署，全面加大旅游资源、旅游产品开发力度，着力构建"吃、住、行、游、购、娱"全方位的旅游服务体系，高速推进旅游业蓬勃发展。

（1）明确发展目标，立足芦芽山景区长远发展，按照"科学规划、严格保护、合理开发、永续利用"的原则，坚持"保护第一、开发第二"的思路，在旅游业深度开发、品牌塑造、包装运营上做文章、下功夫、求突破，不仅为景区目标定位、功能区划、景点提升、未来走向及全域旅游发展提供了指南，也为全县旅游业的持续健康快速发展奠定了基础。

（2）优化升级战略，2021年，宁武县明确提出将文旅产业培育成为战略性支柱产业，以建设"三地一区一中心"（全省新型能源基地、国内著名旅游康养目的地、晋西北综合物流集散地，全市特色农业示范区，全市重要区域中心县城）为重点，成立了创建国家全域旅游示范区工作领导组，建立健全了综合协调、协同推进、综合监管、联合执法等工作机制，构建了党政统筹、高位推进，横向到边、纵向到底的全域旅游创建工作格局。

（3）紧抓政策机遇，以"十四五"发展为契机，乡村旅游建设为载体，发展"旅游＋"产品体系，大力发展民宿和生态旅游，不断丰富旅游产品体系，将传统旅游要素与生态科普、康养度假、乡村发展结合，衍生出食宿接待型、观光采摘型、

特色餐饮型、休闲度假型、民俗风情型、天然氧吧型等多种旅游形式。

6.4.2 品牌塑造，深度运营开发

（1）建立生态旅游品牌。以系统开发、突出特色为理念，将芦芽山、管涔山的旅游资源与汾河沿线区域相结合，拓展生态旅游区域的广度和内容的深度，以旅游资源点式开发作为基础，汾河流域带状空间作为支撑，沿线生态自然景观作为区域补充，形成汾河沿线的点线面相结合的旅游资源体系，结合山水林田湖草系统建设，打造宁武生态旅游品牌。

（2）沿黄文化特色推广，扶持发展剪纸、根雕等手工艺品，推广毛建茶、沙棘饮料、蘑菇、蕨菜等特产，胡麻、莜麦等有机杂粮，紧扣乡村振兴战略要求，丰富乡村旅游产品供给。利用旅游产品的影响力，建设宁武县旅游品牌，增强旅游＋产业发展动力，增加县域旅游吸引力。

（3）把握发展生态乡村旅游定位，制定乡村旅游标准化服务细则，立足原始景观、古老建筑和非物质文化等，对涉旅乡（镇）村进行了总体规划，坚持"一村一品"、错位发展，着力打造一批景色各异、特色鲜明的乡村休闲精品旅游景点、精品旅游新村。积极申报黄河、长城、太行"三个人家"，完善 15 个乡村旅游景点，争取提升改造 100 个"汾河人家"，打造具有宁武特色的原生态康养民宿集散地，让旅游富民的覆盖面和受益面极大拓展。

（4）依托丰富的自然资源和悠久的历史文化，秉承自身优势，坚持"宜融则融，能融尽融，以文促旅，以旅彰文"的总体原则，因地制宜推进文旅融合。深化"游山西就是读历史"活动，充分挖掘、整合当地特有的旅游文化内涵，把更多自然风光、文化资源转化为高品质旅游产品，着力培育新业态新模式，实现文旅产业融合化、品牌化发展。

（5）运营深化，以企业为主体负责投资建设、管理运营，持续激发景区活力、增强景区人气、活化景区业态，致力于景区基础设施提升及 A 级景区创建，发挥企业的积极性和市场思维，打造了以宁化古城为主体的国家 3A 级旅游景区，逐步形成了"一轴五区七节点"特有的乡村旅游景点，在政府引导、企业运营的模式下，将资源优势转化为发展优势、产业优势。

6.4.3 三位一体，特色康养产品

宁武县生态自然，风光秀美，十分适宜"洗眼、清肺、养心"。

（1）依托景区、跳出景区，一是积极融入"康养山西、夏养山西"布局，构建"生态度假＋森林康疗＋运动娱乐"三位一体产品体系，发展森林运动、保健养生、康复疗养、健康养老、休闲游憩等旅游项目，重点推进百里林海森林康养项目，打

造具有宁武特色的原生态康养基地。

（2）依托忻州市"336"战略布局，打造了东寨镇作为集散地，提升东寨镇的旅游集散功能和综合服务功能，推进东寨镇康养避暑度假小镇建设，完善东寨镇总体规划，改造市政基础设施，提高公共服务水平，启动运营东寨旅游一条街，增加新型观赏、娱乐、健身、购物、康养等互动参与文旅项目，致力于将东寨打造成为国内著名的旅游康养目的地。

（3）引进先进技术模式，搭建起宁武县智慧旅游平台，建立大数据中心及 3D 地图引擎系统，开发旅游公共服务电商 APP 和微信小程序，融入全省智慧旅游系统，实现平台动态及时科学管理，便于游客获取运用各类旅游信息，打造芦芽山大旅游智慧景区。

（4）生态先行，结合国家自然保护地相关措施，对生态区域进行有序开发，适度开发，以活动干扰小、自然体验足为原则打造一批特色旅游产品，拓宽景区范围，将村庄、矿山（治理后）等纳入景区，作为旅游活动的承载地和旅游观光的要素，综合利用，转化生态价值。

（5）以芦芽山创建国家 5A 级景区为目标，以国内著名旅游康养目的地建设为方向，高速推进旅游业蓬勃发展，逐步形成了"全资源整合、全要素调动、全季节体验、全产业发展、全方位服务、全社会参与、全区域管理"的全域旅游模式，先后被授予"中国十佳生态休闲文化旅游县"和"国家森林旅游示范县"称号。

6.4.4　文旅融合，培育新型业态

立足让宁武县的文化"活"起来、旅游"火"起来，着力打造新型旅游业态。

（1）打造以万年冰洞、芦芽山等为代表的冰川遗迹地质文化，以省鸟褐马鸡、华北落叶松等为代表的生物多样性文化，以天池湖泊群、两河源头等为代表的河源湖泊文化，以古楼烦、宁化镇古城等为代表的边塞民族融合文化，以宁武关、石门"三悬"等为代表的长城军事文化，以中国唯一毗卢遮那佛道场、宁化万佛洞等为代表的华严佛教文化，以"三线"兵工厂遗址为代表的红色军工文化等。结合流域环境整治、生态修复，进一步提升景区质量和环境。

（2）融合生态保护与旅游发展，重塑自然景观、景区提质扩容、推进芦芽山 5A 景区创建，参照国家地质公园、国家森林公园、国家自然保护区、国家水利风景区建设标准和保护要求，合理划分出管控区及缓冲区，依托自然生态的提升，实现从单一的"景点旅游"迈向线路成熟、项目丰富的"全域旅游"，形成了颜值更高、气质更佳、品质更优的生态文化旅游品牌。

（3）推出以生态为主题的文化和旅游活动、精品旅游线路，持续激发区域文化和旅游消费潜力，不断丰富生态文化融合文旅发展内涵，开展"流域治理＋景区建设""生态要素＋文创发展"，将生态资源转化为旅游产品，激发文化创意消费。

（4）坚持"微更新、精准提升"，依托汾河流域美丽风光和县域乡村资源，构建"特色民宿＋度假休闲"产品体系，打造古村民宿度假区和乡村康养饮食区，建设宜居、宜业、宜游、宜购、宜养的乡村旅游目的地。

（5）利用新媒体传播技术，进行景区宣传，提升宁武县旅游影响力。

6.4.5 环境升级，打造魅力环线

（1）提升基础设施建设，重点实施汾源生态园、绿道、水道、高桥洼换乘中心、马仑草原观景平台及游步道等 20 多项旅游开发建设项目，在汾河源头建成了集地质演化、历史文化、资源进化等科普知识于一体的地质公园博物馆和硅化木展馆，充分展示宁武旅游资源丰富、地质构造复杂、地质遗迹众多的独特优势。新建芦芽山西马坊登山游步道、自驾车营地，对汾河源头、马营海天池等景点进行提升改造，对景点周边进行亮化美化，对马仑沟和冰洞沟进行强弱电安全改造，推进游步道、停车场、旅游厕所、标识标牌等升级改造，景区基础设施得到明显改善，为大力发展观光旅游打下了坚实基础。开发运用全域旅游图标和旅游智慧服务平台，全面做好基础项和创新项重点提升任务，提升景区环境秩序和服务水平，推动旅游景区、乡村旅游、沿汾经济带形成整体良性互动。

（2）集中整治卫生环境，改善旅游沿线乡村风貌，拆除遗留废弃广告牌和有碍观瞻的视觉污染设施 490 处，整修坑洼路面、隔离带和绿化带 751 处，消除交通安全隐患 158 处，整治提升加油站厕所达星级标准 11 个，清理整治乱搭乱建、占道 1045m²，沿线绿化美化 15 万 m²。重点完善了旅游厕所配套服务设施，全面提升景区、乡村旅游点、旅游干线等重点区域旅游厕所软硬件水平，先后新建、改扩建旅游厕所 15 座，购置生态环保厕所 22 座。

（3）合理布局旅游线路，加快推进"四好农村路"和旅游公路建设，建成总里程 205.98km 的"一干五支六循环"旅游公路网，盘活汾河廊道、管涔林海、长城文化等优势资源，将各个旅游景点、服务点位和集散中心有机联系起来，开通旅游公交专线 10 余条。把县内旅游融入周边旅游网络，积极推进宁静高速公路和国道 241 改线工程前期工作，全方位提升县域旅游可进入性，形成了"城景通、景景通"的旅游交通网。

6.5 提升生态福祉，重塑群众获得感和幸福感

6.5.1 蓝绿空间协调，统筹环境治理

宁武县石家庄镇以上，流域呈树状分布，河谷高程 1300～1500m，为石质山地

区，山峦密布，山岭连绵，崖陡谷深，支流穿行。山间谷地有少量耕地，交通不便。宁武县石家庄镇至汾河水库之间，河谷高程 1100～1300m，分水岭及接近分水岭地带为石山区，山峰突兀，沟床深切，相对高差 1000m 以上，地势起伏沟壑发育；干流两侧基本被黄土覆盖，为中山黄土梁峁沟壑地貌，植被较差，水土流失严重。在系统进行生态修复及治理过程中，宁武县从蓝绿空间协调出发，对城乡经过区域进行了重点整治。

（1）落实因地制宜的原则，以提升河流生态功能为核心，构建宜居安全的汾河通道，以防洪、控污、调水、增湿、绿岸保土为治理重点。城镇段河道突出防洪安全兼顾景观休闲需求，乡村段河道突出防止生态退化和水土流失要求，并且将湿地分为堤内洪泛湿地、堤外湿地和入河口水质净化湿地，以恢复河道生态、净化水质为主。

（2）以防洪安全为第一原则，在确保防洪安全的前提下，对堤岸工程进行多维措施治理管护，保障群众生命生产权。根据河流走势、流态及水沙条件，采取工程措施结合生物科技和农艺措施的办法，注重保护和修复堤防的自然性、蜿蜒性和生态性，并整体进行河流岸线调整，对易淹没区进行完善治理，减少传统渠化堤防的治理手段，结合湿地建设，进行弹性治理及管护，提倡自然调蓄功能置入，综合恢复河道生态功能。

（3）以自然化原则，减少人为活动对流域的干涉，加强自然空间治理成效对生活空间的反哺和正向影响。重视河流沿线生态区域的异质性，对浅滩、深潭、植被、急缓流等不同的自然形态进行针对性的治理与保护，以自然景观格局为依据，采取"宜留则留，宜护则护"的原则，重塑河流健康自然、蜿蜒曲折的河岸线，给生物提供多样性生态环境，给水生动物提供健康的栖息地。树立从洪水控制向洪水管理转变和营造生物多样性生态环境治河理念，尽可能扩大两岸滩地空间，在给洪水以空间、降低两岸堤防高度、放缓堤坡，消隐堤防于微地貌，营造生态绿色堤防，减小堤防对生态系统的胁迫效应，实现人与自然的和谐永续。

（4）重视居民的活动安全，提升流域居民的生活质量，加强堤岸管控治理。根据防洪要求，对堤防缺失河段进行新建和续建，对受地形限制的现状陡坡型浆砌石堤防或混凝土堤防，通过种植爬山虎等藤类植物手段进行弱化、隐化、绿化，同时考虑宁武段周边乡村区域实际，根据堤防型式和两岸周边环境，对治理过的临路堤防采用以路代堤或以绿代堤；农田段在局部满足行洪要求的堤段，堤岸采用防浪林、护堤林、草灌等非工程措施或生态材料等防冲措施，尽可能保留洪泛滩地。

（5）堤岸工程结合国土空间规划、交通规划等，新建和改造堤防优先考虑堤防和交通道路结合，做到以堤代路或以路代堤。对堤顶现状道路进行升级改造，提高道路标准，完善堤顶交通系统，满足堤顶抢险、地域交通和两岸居民的景观休闲要求。

6.5.2　保障水质安全，打赢治理攻坚

结合《山西省人民政府关于坚决打赢汾河流域治理攻坚战的决定》，通过沿河城乡截污纳管、污水处理厂提标改造等措施，确保入河水质达标。同时在支流入河口、重要排污口以及退排水口设置水质净化湿地，通过植物、生态措施提升入河水质。

（1）注重生活安全，对流域污染源进行治理。以周边流域居住区城镇建设和乡村振兴项目为契机，进行了城乡水污染综合防治计划，推进居住区内部雨污分流，进行管网提升改造和优化，建立生态化污水处理设备，以乡村生活需求为出发点，进行改厕、改院、改管，强化生态安全教育宣传，治理沿线的工业企业排污情况，进行负面清单和准入清单设置，不断提升流域水环境治理能力。

（2）推进生态修复与保护，在生态文明和"三生空间"相关要求下，宁武县汾河流域生态治理管护应更加重视人地之间的矛盾处理，通过流域退耕还林还草提高土壤涵蓄能力，通过水土流失综合治理加强土壤维护和居住安全，通过两岸缓冲隔离防护林带、水源涵养林带建设加强生态环境的恢复，同时重视农村生态治理空间管控，在河岸带种植乔灌草为主的隔离防护林带，将河道与农村农田隔离开来，有效吸附农村生活污水或农田灌溉退水中的污染物。

（3）湿地水质净化措施。据气温、降雨、地形地貌、土地资源等实际情况选择湿地水质净化工程的场址、布局、工艺、参数、植被等。鼓励利用坑塘、洼地、荒地等便于利用的土地和城镇绿化带、边角地等开展人工湿地建设。在排污口或支流入汾口的湿地中种植鸢尾草、芦苇、水葱、凤眼莲等湿生植物，对污水中有机物、氨、氮、磷酸盐及重金属等进行去除，净化污水。

（4）排污口综合整治措施。2019年山西省全面启动汾河流域入河排污口整治工作，为促进汾河流域水环境质量明显改善，实现汾河"水量丰起来，水质好起来，风光美起来"奠定坚实基础。按照"查、测、溯、治"的工作原则，各部门分工合作进行整治。宁武县结合工作要求，对于污水排放企业进行建档管理和申请入河排污水登记检测，对于农村生活污水排放进行系统规划，原则上集中处理，并以行政村为单位建议统一设置排污口，并开设公益岗位进行水质监测。同时精准管理污水设施管网溢流口，分季节管控，对于农田灌溉退水口，依据《山西省水污染防治条例》规定，建设退水渠闸坝等设施，禁止农田灌溉退水直接排入河。对于雨季农田退水，要通过建设生态沟渠、稳定塘、人工湿地等措施，进行储蓄净化，尽可能重复利用农灌。

6.5.3　生活条件提升，景村一体建设

汾河宁武段主要流经区域为东寨镇和石家庄镇，在生态修复治理过程中，宁武

模式也注重考虑乡村居民生活条件的提升和改善，在环境整治之外，考虑汾河治理带来的生态经济效益，以"河＋村"共治共建为理念，通过景观生态资源的整合，改善乡村生态环境，将各类有价值的要素充分利用起来，与美丽宁武县建设融为一体，发展生态农业、生态观光，实现以农兴旅、以河带村的发展新路径。

（1）空间方面的"景村融合"，以"山、水、林、田、产"互为促进，生活、生态、生产三者彼此交融。重视流域整治区域之外的环境建设，保护生态空间，在村庄外部划分生态共建区，推动内部的环境和风貌整治，加强基础服务设施配套建设，使滨河带乡村景观范围进一步扩大，增强环境品质和居住适宜程度，建设了一批高标准的进村空间。

（2）注重乡村文化挖掘，以黄河流域文化脉络为基础，挖掘地方特色，因地制宜制定乡村文化发展建设方案，突出地域特征，彰显汾河风情，构建属于乡村文旅的核心吸引物，延续村庄文脉发展，实现外在实体河流水系空间和内部精神文化领域的双重建设。

（3）进行要素互补，借力汾河流域生态整治修复，实现了两个层面的互补，一方面实现生态修复、环境整治设施与村庄基础设施建设的互补建设，增强了村庄的生活基础和生活品质，另一方面实现了乡村生活服务设施与"吃、住、游、购、娱"等核心的乡村旅游设施的重合共享，通过要素的关联共享建设，达到了生态价值赋能乡村价值，乡村价值转化为经济效益。

（4）强化了沿线村庄的村域综合规划整治，以国土空间用地用海分类为依据，系统梳理村庄内部用地，明确了村庄的土地使用及范围，强化了山水格局对村庄发展的重要性，为"水美宁武"提供重要的建设依据，也调控腾出了更多的生态修复空间，既保证了村庄安全，又完善了水系治理。

（5）融合发展了村庄产业和生态建设。寻求适合当地发展的农村建设现代化和乡村旅游体验的平衡，在治理过程中优先考虑到生态经济与生态旅游对乡村发展的重要性，实现同步建设、同步策划，形成"以景带村、以村构景、景村互动"的发展模式。借助汾河特色资源塑造别具一格的城乡环境，根据空间结构合理划分各个发展模块，以生态服务设施支撑旅游设施需求，完善交通、环境等建设，依托汾河水系构建特色游览线路，创新科普教育体验游活动，发挥出乡村的独特优势，优化乡村生态环境，促进乡村经济的快速发展。

（6）突出了乡土气息，使乡村发展更有生活感和"老家味"。借助汾河流域治理的管控区域划分，将部分居住区划进监控治理区域，进行了建设开发的限制，保证了生态环境的长期监测，也保证了村庄记忆的延续。通过对村庄发展的系统引导，让村民意识到安全、舒适、宜居的生活环境大于盲目攀比、乱搭乱建，维护村庄的生活质量和品质，保留了大部分的村庄绿色空间、活动空间，保留了生发于乡土的当地建筑风貌，让宁武县的乡村实现了水美、村美、人美。

6.5.4　生态功能激活，营建特色空间

在人居环境改善方面，宁武县重视水文化的激活和综合利用，以生态位和多样性作为抓手，地方性和在地化作为原则，居民福祉为首要目标，进行了生态空间融合策略、建设项目白名单策略以及特色空间营建策略。

（1）优先保证居民的健康发展与环境治理的同步协调，对于乡村面源污染和其他污染进行系统整治，纳入汾河流域环境治理大工作下，作为人居环境保障的重要举措，提出了河道无垃圾、田间无地膜、村域无塑料的治理措施。从整体生态空间出发，构建河流治理与村庄治理共建的目标，分段统筹策划，在原有滨水廊道的策略下，对部分影响景观界面、村庄出现、滨河治理的建筑进行措施分类，严重影响防洪安全和村庄环境的进行整体拆除，一般干扰型建筑进行特色改造，植入公共服务功能，采取微更新策略，结合村庄道路和滨水漫道、生态游园进行断点缝合工作，即打通景观、慢行系统的阻挠点和公共活动盲区，提升治理效率。

（2）对治理项目进行了严格的分期分类，根据资金落位和治理内容，分为近期优先实施类、中期统筹建设类、远期目标完善类项目，明确各个部门的职责和分工，划分详细的建设区域，严格控制治理工程进度和质量。同时对沿线乡镇、村庄已有建设项目、计划建设项目进行了梳理，创建了白名单机制，即生态友好型项目、污染可治理型项目、富民提振型项目可进入白名单，其他环境污染严重、土地资源不集约、生活干扰大的项目进行有序清退，保证生活环境质量的提升。同时以"双碳"发展作为目标，融入乡村治理工作，在夯实农业生产能力基础的前提下，发展现代农业与粮食减碳关键技术。打造从耕作、灌溉、施肥等全过程节能减排。加强农业和农村生活废弃物的综合利用和再资源化利用，变废为宝，将原本产生碳排放的废弃物处理过程（例如燃烧和微生物分解）转化为低排放甚至零排放的再资源化过程。增加农业低碳产品和服务供给，并同时普及低碳产品理念，推动低碳生产理念落实到农产品的生产、加工、包装、运输全过程。鼓励乡村地区积极采用新型清洁能源和低碳能源，对主动改炕、使用清洁能源的居民进行设施补贴和奖励，增强居民的积极性。

（3）对乡村人居环境进行特色空间营造。注重长效发展机制，考虑治理完成后的汾河建设工作，应注重地域特色营造，挖掘沿线人文资源、自然资源，植入休闲旅游、康体娱乐、科普教育等功能，打造具有地方特色的休闲旅游线路，将汾河建设成为活力走廊。对于生态特色空间主要凸显生态岸线特征，从维护河流生态、植物生态和生物生态入手，塑造具有流域特色的水生态景观。同时结合治理设施，进行植物科普展示、湿地植物群落恢复与种植，打造科普教育基地，依托生态建设空间的综合利用，对河道湿地、山林、农田等区域植入特色。对于文化特色空间在传

统黄河文化以外的水利文化景观，凸显新时期水利治理工作的成效和习近平总书记对汾河流域的指导精神，延续治水传承，重点挖掘和梳理古河流工程和古治水人、治水事；当代水利枢纽、治水事迹，河流腹地的流域人文和特色创新文化。对于功能特色空间进行整体提升，结合人的使用和生态涵养需求，加强水陆联动，复合多元功能。通过沿线生活区域的二次更新与利用，植入主题景观、文化创意、体验活动、休闲旅游、文化体验等功能特色；通过推动滨水区沿岸用地功能置换，新建水岸公园绿地、趣味绿道、健身器材等，承载健身、康体、运动、集会交流等功能特色；通过系统治理水环境、保护修复水生态、恢复动植物栖息地、自然生态河道等举措，开展治水宣传、生态科普，承载科普教育、治水宣传、文化展示等功能特色。

6.5.5　生态绿色优先，谱写和谐篇章

城乡建设是推动绿色发展、建设"美丽宁武"的重要载体。

（1）推进城乡绿色融合发展，建立健全城乡绿色发展协调机制，统筹生产、生活、生态空间，实施最严格的耕地保护制度，建立水资源刚性约束制度，建设与资源环境承载能力相匹配、重大风险防控相结合的空间格局。协调城乡人居环境、产业结构，构建区域生态网络和沿河生态廊道体系，衔接生态保护红线、环境质量底线、资源利用上线和生态环境准入清单，改善区域生态环境，推进区域设施共享共建，完善城乡公共服务功能、交通联系。

（2）建立人地和谐的美丽宜居环境，以自然资源承载能力和生态环境容量为基础，合理确定城区人口、用水、用地规模，合理确定开发建设密度和强度。提高环境承载能力，打造绿带通风廊道、滨水空间、湿地公园，提高水资源集约节约利用水平。实施海绵城市建设，完善城市防洪排涝体系，提高城市防灾减灾能力，增强城市韧性。实施城市生态修复工程，保护城市山体自然风貌，修复江河、湖泊、湿地，推进立体绿化，构建连续完整的生态基础设施体系。

（3）打造生态宜居美丽乡村。按照产业兴旺、生态宜居、乡风文明、治理有效、生活富裕的总要求，以持续改善农村人居环境为目标，建立乡村建设评价机制，探索县域乡村发展路径。保护塑造乡村风貌，延续乡村历史文脉，严格落实有关规定，不破坏地形地貌、不拆传统民居、不砍老树、不盖高楼。提高镇村设施建设水平，持续推进农村生活垃圾、污水、厕所粪污、畜禽养殖粪污治理，实施农村水系综合整治，推进生态清洁流域建设，加强水土流失综合治理，加强农村防灾减灾能力建设。立足资源优势打造各具特色的农业全产业链，发展多种形式适度规模经营，支持以"公司＋农户"等模式对接市场，培育乡村文化、旅游、休闲、民宿、健康养老、传统手工艺等新业态，强化农产品及其加工副产物综合利用，拓宽农民增收渠道，促进产镇融合、产村融合，推动农村一二三产业融合发展。

第 7 章

机制创新，
探索共治共享模式

7.1 理念创新，全过程工程咨询支持

2017年2月，《国务院办公厅关于促进建筑业持续健康发展的意见》（国办发〔2017〕19号）中首次明确提出"全过程工程咨询"的概念。作为黄河流域重要的生态修复治理区域，宁武县汾河流域在生态修复过程中，山水林田湖草的系统修复是一个巨系统，面临治理的内容驳杂、治理区域较大、涉及生态、人居各个方面，各部门的衔接落位也需要更加重视细节，因此，生态修复工程需要跳出以往的模式，更加注重环节衔接和一体考量，才能最终保障工作的执行力和效率。响应国务院和住房和城乡建设部宏观政策的价值导向，应用全过程工程咨询的理念，做到"对症下药"大幅降低了生态环境修复工程前期规划、过程控制和组织协调存在的困难与风险，确保项目全过程投资、质量、进度、安全得到有效控制，保障项目绩效和社会效益的实现。

7.1.1 问题导向，迎合宁武县治理新挑战

宁武县的生态修复治理工作，从一开始就面临了多重难题。

（1）汾河宁武段的生态环境复杂，具有黄河流域生态问题的通病和自身的问题，例如水土流失严重、资源环境承载能力弱、洪涝灾害治理难度大、周边区域环境问题多、产业倚能倚重、低质低效问题突出、民生发展不足、公共服务、基础设施等历史欠账较多。宁武县的生态治理不仅仅是单纯的生态工程修复，更是以黄河高质量发展整体战略为依据，进行的多维度、多层级、多领域的系统重构，是以生态引领，生活生产多方面共进的全模块工程。

（2）践行"绿水青山就是金山银山"的理念，需要有风险意识、安全意识、民生思考，宁武段汾河流域的治理，需要与山西省全省域的流域治理共同策划，同步进行，不是单一的传统，需要考虑全流域共同协作，促进环境治理有效，促进民生问题改善，发扬黄河汾河文化传统模式，更需要以长远眼光整体谋划，为子孙后代造福，因此单一模式无法解决治理需求。

（3）全域治理和科学统筹的内在要求，是深化流域治理体制和市场化改革的重要实践，需要综合运用现代科学技术、硬性工程措施和柔性调蓄手段，着力防范水之害、破除水之弊、大兴水之利、彰显水之善，为重点流域治理提供经验和借鉴，开创大江大河治理新局面❶。

---

❶ 余东华. 将黄河三角洲打造成大江大河生态保护治理的重要标杆：战略任务与主要路径［J］. 理论学刊，2022（6）：129-138.

（4）生态治理工作任重道远，需要从巩固国家生态安全的角度出发，切实做好汾河生态系统良性永续循环、增强生态屏障质量效能，对于治理工作的中的技术方法、指导思想，提出了新的要求，要遵循自然生态原理，运用系统工程方法，综合提升中游水土保持水平和下游湿地等生态系统稳定性，加快构建坚实稳固、支撑有力的国家生态安全屏障，为欠发达和生态脆弱地区生态文明建设提供示范。这要求工程咨询和建设模式需要更多的一体化模式，对全过程咨询的需求更加强烈。

7.1.2　政策落位，顺应行业建设发展新趋势

改革开放以来，随着工程咨询服务市场化快速发展，逐步专业化的咨询服务业态，包括投资咨询、招标代理、勘察、设计、监理、造价、项目管理等，同时执业准入制度的建立使得工程咨询服务专业化水平持续提升。随着我国固定资产投资项目建设水平逐步提高，为更好地实现投资建设意图，投资者或建设单位在固定资产投资项目决策、工程建设、项目运营过程中，对综合性、跨阶段、一体化的咨询服务需求日益增强。

（1）可以解决工程咨询环节的碎片化问题，可以有效提高委托方项目全生命周期决策的科学性、组织实施的专业化和运行的有效性，确保项目投资效益发挥的需要。

（2）可以实现工程咨询的转型升级、提升企业核心竞争力。采用全过程咨询服务的最终目的是为建设单位固定资产投资及建设活动提供高质量智力技术服务，全面提升投资效益、工程建设质量和运营效率，推动高质量发展，是工程咨询业发展的客观需要和历史选择。

（3）历年来国务院、住房和城乡建设部、国家发展和改革委对全过程咨询的发展非常重视，鼓励工程咨询企业培育和发展，健全全过程工程咨询管理制度，积极延伸服务内容，完善工程建设组织模式，提供高水平全过程技术性和管理性服务，提高全过程工程咨询服务能力和水平，培养了一批有国际竞争力的企业。

（4）2019 年 3 月 15 日，《发展改革委　住房城乡建设部关于推进全过程工程咨询服务发展的指导意见》（发改投资规〔2019〕515 号）提出要深化工程领域咨询服务供给侧结构性改革，破解工程咨询市场供需矛盾，创新咨询服务组织实施方式，大力发展以市场需求为导向、满足委托方多样化需求的全过程工程咨询服务模式，要充分认识推进全过程工程咨询服务发展的意义，发挥投资决策综合性咨询在促进投资高质量发展和投资审批制度改革中的支撑作用，以全过程咨询推动完善工程建设组织模式，鼓励多种形式的全过程工程咨询服务市场化发展。全过程咨询可增强政府投资决策科学性，提高政府投资效益，宁武县生态治理工作既要从问题出发需要接入全过程咨询，又需面临相关行业的变革发展，可以看到全过程咨询带来的项

目推进优势、质量把控优势、落地实施优势、长期跟进优势，在解决问题和尝试政策新导向的共同影响下，创立了宁武生态治理的全过程咨询模式，作为今后重大生态治理类项目工程示范。

7.1.3 任务分解，明确汾河项目建设新需求

全过程工程咨询服务，包括全过程工程咨询管理、项目前期决策咨询（编制可行性研究报告、环境影响评价报告、节能评估报告、社会稳定风险评价报告）、造价咨询、招标代理、工程监理等服务，已开展和即将开展的服务内容。通过对宁武县的生态修复治理工作的全过程评估及分解，将整个工作分为六步。

（1）重视前期工作的系统评估、分析、审核及方案策划。在项目开展初期，就组织团队进行多次现场调研、实地勘测，掌握翔实的基础数据，成立项目技术组及审核组，进行组织协调和集成化管理。重视策划工作的一致性和贯彻力，进行多轮方案的复核和内审，做到项目决策策划的论证、项目决策策划的深化、项目配套管理与报审、项目实施策划的实施一体开展。

（2）在工作开展时进行设计质量把控和信息化管理。应用总工责任制和信息化平台成果跟进等措施，有效衔接了设计前期工作、设计任务的委托、设计合同管理、设计阶段的造价控制、设计阶段的质量控制、设计阶段的进度控制、设计协调及信息管理，设计阶段的报批报建及配套管理、专业深化设计管理。

（3）流程化工作内容及管理，对咨询管理工作开展"五步走"策略。规划及设计咨询管理前置，施工前准备咨询管理入网（主要包括发包与采购管理、施工前各项计划管理、施工前准备阶段建设配套管理、施工前准备阶段政府建设手续办理、开工条件审查），施工过程咨询管理实时把控（包括施工过程的进度控制、施工过程的质量控制、施工过程的投资控制、施工过程的招采控制、施工过程的合同管理、施工过程的设计与技术管理、施工过程的安全文明管理、施工过程的组织与协调管理、施工过程的信息与文档管理），竣工验收及移交咨询管理联合（包括项目联合调试、项目竣工验收准备、项目竣工验收管理、项目竣工结算和审价、项目移交管理），保修及后评估咨询管理长期跟进〔包括项目保修管理、项目决算和审计、项目其他工作（零星改建工程）、项目咨询管理工作总结、项目后评估〕。

（4）专题化研究模式，以专业评估报告作为全项目的重要支撑。遵循客观性、针对性、合规性的原则，根据需求，通过全方位的调查、分析和论证，编制高质量、科学合理的研究、策划和评估报告。对拟建项目的必要性、合理性、建设条件、建设方案和建设时序展开深入的研究，从宏观和微观层面对拟建项目进行技术、经济、环境、社会、风险等方面的分析论证，比选和优化方案，为最终决策提供依据。对规划和建设项目实施后可能造成的环境影响进行分析、预测和评估，提出预防或减

轻不良影响的对策与措施、进行跟踪监测的方法与制度。对可能影响社会稳定的因素展开系统的调查，科学地预测、分析和评估，并制定风险应对策略和预案。主要内容包括项目概况、项目社会稳定风险评估的程序和方法、项目社会稳定风险调查、项目社会稳定风险分析、项目预期社会稳定风险等级评判、项目社会稳定风险防范措施、结论及建议等。

（5）成本控制思维。通过深入广泛的调查，分析同类项目的市场信息，结合多年积累的工程数据，提供工程量清单、招标控制价、结算审价的编制及全过程造价控制服务。在发承包阶段编制清单、最高投标限价、投标报价分析、清标报告。在实施阶段进行过程投资控制，资金使用计划，工程计量与工程款审核，合同价款调整，工程变更、索赔、签证，工程实施阶段造价控制。在竣工结算阶段收集资料归档，编制结算审价报价，全面审查项目各项费用支出，协助业主完成财务竣工决算的审核工作，编写总结性咨询报告。

（6）工程监理规范化、系统化。分阶段规范监理服务，从施工准备期开始，经施工、安装调试、竣工验收等阶段，直至项目修期结束为止，通过"三控、两管、一协调"，确保高质量实现项目目标。

7.1.4　开展实施，衔接项目各阶段工作情况

在服从山西省汾河流域治理总体方针下，针对宁武县汾河山水林田湖草项目在策划阶段的专业结合多、工作任务重、工作周期长等难题，对生态环境修复工程的全过程工程咨询服务工作以全过程统筹、全方位策划、驻场办公的方式开展，形成了"策划—规划—实施"的总体工作模式。

（1）总体控制策划。为保障生态环境修复工程项目建设紧扣国家生态文明建设要求，不偏离方向，有条不紊地顺利实施，进行大量的前期工作，明确项目管理指导原则，进行项目总体资源分析，完成项目体系性目标策划和论证、组织管理策划及资金使用等顶层设计工作，为项目的规划和实施奠定了基础。

（2）项目规划质量把控。项目规划是保障项目投资可控，能够高质量、高效率实施的基础，汾河山水林田湖草工程应建立完备的质量控制体系、投资控制体系、安全控制体系、进度控制体系、合同管理体系、风险管理体系。

（3）项目实施全过程监督。项目实施工作由综合管理、技术管理、现场管理三大板块构成，以优质专家技术资源和先进的管理技术为支撑，确保项目管理创新高效，技术资源丰厚先进，现场施工安全高质，全过程保障项目顺利实施。

（4）确立全过程工程咨询组织架构。将全过程咨询项目管理总部分为前期咨询（可研、稳评、环评、节能）、报批报建与设计管理、造价采购与合同管理、现场管理、信息文档管理、后勤人事财务等部门。

（5）有序开展整体工作进度。

1）第一阶段总体协调：对各个子项目大量的前期信息进行梳理，明确项目的实施难点、任务细节及责任分工，为项目实施推进工作的开展奠定了基础。积极与政府部门沟通，开展对接工作，有效协调明确政府各委办局的权责，建立各委办局与实施单位沟通的桥梁，为市、县政府及主管部门的放心决策提供依据，保证项目的高效推进。组织多轮谈判，完成项目实施分配，有效解决各参建方之间的矛盾和问题。随时督促 EPC 总承包单位保证人力、物力资源的充沛，保证各类项目工作和任务保质完成。针对子项目中存在的技术问题，完成调研、对接、协调工作，统筹各方技术资源，为项目引进先进的技术。组建技术服务中心，建立专家库，为项目管理工作提供高精尖技术支撑。邀请各相关领域专家，组织各类培训工作，包括专项技术培训、无人机培训、内部专项工作培训等，保证项目推进不被人员技能差异所阻碍。

2）第二阶段建章立制：根据生态环境修复工程项目的情况和特征，编制、建立、下发一套完整的项目管理制度，其中包含《工作指导大纲》《报批报建管理办法》《设计管理办法》《造价管理办法》《合同管理办法》《进度管理办法》《质量管理办法》《安全文明施工管理办法》《信息及文档管理办法》《会议、报告管理办法》《资金管理办法》《巡查督导管理办法》《项目评估考核管理办法》等 19 项，以提升项目管理效率和水平，全方位保障生态环境修复工程项目顺利完成。

3）第三阶段报建手续：生态环境修复工程规模大、情况复杂，前期存在大量的报建手续问题，其中包含政府部门协调困难、项目不断调整、项目权属不清等。针对报建中可研报告、规划选址、土地预审、环境评价、资金到位情况、立项审批等内容进行梳理和推进，并将所有项目报建手续状态每周更新一次，专项解决凸显的问题，保证报建进度。

4）第四阶段综合管理：设计管理，针对子项目的设计工作进行推进和梳理。造价管理，完成各相关项目的概算审核工作，基于先进的动态投资控制理论，建立投资数据动态控制系统，及时跟踪、审核项目投资进展，直观反映项目投资节约、正常、超额的情况，严防项目投资超概。现场管理包含项目管理和现场监理两大板块，持续对现场施工的进度、投资、质量、安全进行管理和把控，充分发挥项目管理和监理的职能，完成管理工作和协调工作，保证现场施工安全有序、投资可控、质量优质、进度高效地开展。信息管理，建立文档资料线上线下双重归档模式，保证项目实施过程中产生的大量信息文档资料得到有序存储，建立月报、周报、日报制度，可有效追溯每一项工作过程，并及时向政府和业主反映项目进展情况。

7.1.5　明确作用，积极开展生态修复工作

汾河流域综合治理项目，是大型复杂工程项目群，也是一个复杂的巨系统，具有战略意义大、地域跨度广、项目参与方多、项目类型复杂、涉及专业广、技术难度大等特点。基于本项目的特点和难点，项目整体和局部的前期规划、过程控制和组织协调存在较大的困难和风险。全过程工程咨询通过把试点工程全生命周期内的决策咨询、项目管理、招标代理、造价咨询、工程监理等管理集成化服务，实现服务内容的高度整合，从而助力项目实现更低的投资、更快的工期、更高的品质和更小的风险等目标。

（1）系统性强、整体可控、结果可预期、修复效果有保证。全过程咨询可以由上至下一体协调把控，有效衔接各部分，减少沟通成本，缩短流程化时间，对于项目的过程判断更加严谨务实，同时也具有高效的自我纠错机制，随时调整不合理的工作内容，使工作开展更加落地。

（2）可以节省投资。全过程咨询服务单位单次招标的优势，可使其合同成本大大低于传统模式下决策咨询、项目管理、招标代理、造价咨询、工程监理等参建单位多次发包的合同成本，实现"$1+1>2$"的效益。由于全过程咨询单位服务覆盖全过程，整合了各阶段工作服务内容，更有利于实现全过程投资控制，通过限额设计、优化设计和精细化管理等措施降低"三超"风险，提高投资收益，确保项目的投资目标。

（3）可以加快工期。一方面，可最大限度地处理内部关系，大幅度减少建设单位日常管理工作和人力资源投入，有效减少信息漏斗，优化管理界面；另一方面，创新模式不同于传统模式冗长繁多的招标次数和期限，可有效优化项目组织和简化合同关系，并克服项目管理、招标代理、造价咨询、工程处理等相关单位责任分离、相互脱节的矛盾，缩短项目建设周期。

（4）可以提高品质。各专业过程的衔接和互补，可提前规避和弥补原有单一服务模式下可能出现的管理疏漏和缺陷，全过程咨询单位既注重项目的微观质量，更重视建设品质使用功能等宏观质量。创新模式还可以充分调动全过程咨询单位的主动性、积极性和创造性，促进新技术、新工艺、新方法的应用。

（5）可以减少风险。五方主体责任制与住房和城乡建设部工程质量安全三年提升行动背景下，建设单位的责任风险加大，全过程咨询单位作为项目的主要参与方和负责方，势必发挥全过程管理优势，通过强化管控减少甚至杜绝生产安全事故，从而较大程度降低或规避建设单位主体责任风险。同时，可有效避免因众多管理关系伴生的廉洁风险，有利于规范建筑市场秩序，减少违法违规的行为。❶

---

❶　张鹏，欧镜锋，侯昌明，等. 全过程工程咨询服务模式的创新研究［J］. 华东科技，2023（10）：62－64.

7.2　机制创新，EOD 新模式贯穿项目建设

汾河流域治理的生态价值突出，对推动流域生态保护和高质量发展，具有深远的历史意义和重大战略意义，生态治理的好坏，关乎沿汾地区经济高质量发展，关乎人地矛盾解决，关乎生态安全风险降低，是重在保护、要在治理的关键实践。在生态优先、绿色发展、因地制宜、分类施策的前提下，需要以更高效的工程模式介入。宁武县在生态修复过程中，引入 EOD（Ecology - Oriented Development）模式，即生态环境导向的开发模式，是以习近平生态文明思想为引领，以可持续发展为目标，以生态保护和环境治理为基础，以特色产业运营为支撑，以区域综合开发为载体，采取产业链延伸、联合经营、组合开发等方式，推动公益性较强、收益性差的生态环境治理项目与收益较好的关联产业有效融合，统筹推进，一体化实施，将生态环境治理带来的经济价值内部化，是一种创新性的项目组织实施方式。沿河湿地生态修复与石家庄旅游重点镇发展一体化项目实景如图 7.1 所示。该模式在实践过程中具有很强的生态应用导向和内部流程处理。

图 7.1　沿河湿地生态修复与石家庄旅游重点镇发展一体化项目实景

7.2.1　理念创新引领投融资模式

EOD 项目可以采用政府债券、政府投资基金、政府与社会资本合作（PPP）、组建投资运营公司、开发性金融、环保贷等多种投融资模式。在宁武县生态实践中，

将生态环境治理项目与资源、产业开发项目有效融合，解决生态环境治理缺乏资金来源渠道、总体投入不足、环境效益难以转化为经济收益等瓶颈问题，推动实现生态环境资源化、产业经济绿色化，提升环保产业可持续发展能力，促进生态环境高水平保护和区域经济高质量发展。

将生态引领贯穿于规划、建设、运营的全过程，从生态环境、产业结构、基础设施、城市布局等方面综合考虑。

（1）第一阶段重构生态网络。通过环境治理、生态系统修复、生态网络构建，为城市发展创造良好的生态基底，带动土地升值。

（2）第二阶段整体提升区域环境。通过完善公共设施、交通能力、布局优化、特色塑造等提升整体环境质量，为后续生态产业运营提供优质条件。

（3）第三阶段生态产业导入。通过产业发展激活区域经济，从而增加居民收入、企业利润和政府税收，最终实现自我强化的正反馈回报机制。其收益来源主要为土地溢价及土地出让收入、产业反哺分成收益。❶

通过"流域治理＋片区开发"综合开展，在政府财政支出额度超过财政部规定的上限、项目实施紧迫，但土地市场较为活跃的区域，采用"流域治理＋片区开发"方式实施项目。

7.2.2　实施路径优化，导向明确、多维共建

（1）第一阶段明确生态治理的目标。EOD 模式以解决当前生态环境问题为主，需要开展科学全面的项目前期谋划。结合宁武县具体的区域特征和治理需求，对实施紧迫性强、生态环境效益高、对关联产业有较强价值溢出的项目进行有针对性的项目谋划和顶层设计，确定合理的项目实施边界和目标要求，明确项目的建设内容、技术路线、投资估算等。其中，生态环境治理项目主要涉及区域流域综合整治、山体修复等生态修复与保护等公益性较强、收益性较差的治理项目。

（2）第二阶段识别关联产业。在充分考虑生态环境治理项目的外部经济性和环境质量改善后提升价值的外溢流向的基础上，明确与生态治理项目相关联的产业开发项目。产业开发项目应充分结合当地的实际情况，一方面可以通过利用土地发展生态农业、文化旅游、康养、乡村振兴、特色地产、"光伏＋"和生物质能利用等清洁能源项目，另一方面也可以出售未来产业的开发或经营权，比如基础设施的特许经营权、矿产等资源的开采权等。结合项目的收益水平等综合测算，确定产业开发项目的边界范围和建设内容。

（3）第三阶段分析一体化实施地可行性。在确定了生态环境治理项目和产业开

---

❶　陈婉．"PPP＋EOD"创新城市可持续发展新模式 ［J］．环境经济，2021（15）：26-29.

发项目后，对两者一体化实施地可行性进行分析。从项目的区域特征、实施主体、技术路线、投资估算、相关政策、实施期限等方面，综合分析其可行性，整体测算项目的成本和收益，在保障社会资本投资收益的前提下，尽可能地实现项目的成本收益平衡，最大程度上减少政府的投入。在项目均可行的前提下，进行EOD项目的统筹设计。

（4）第四阶段建立内部反哺机制。将生态环境治理项目和关联产业开发项目一体化实施后，在收益上既考虑产业开发项目自身的盈利能力，也考虑到生态环境治理成效带来的外部经济效益；在成本上既考虑产业开发所需的成本，也考虑生态环境治理的成本。在保证合理利润的基础上，尽可能地实现成本收益平衡。当项目的收益难以覆盖成本时，政府可以使用中央和省级专项资金、政府专项债、国际金融贷款、政府投资基金投资、政府和社会资本合作（PPP）出资等政府资金进行支持。

（5）第五阶段因地制宜推进项目实施。生态环境治理和关联产业类型多样，不同的融合发展路径与操作方式存在较大的差异。因地制宜选择最合适的当地区域实际的EOD项目，将选择好的EOD项目依据实际需求选择分别立项整体实施或整体立项。并加强对项目的监管，确保整个EOD项目的规范实施。❶

7.2.3 联合创立中国电建西北院EDO运营模式

科学开展策划推动项目实行。根据区域生态环境治理需要，围绕当地生态环境治理的重点任务，以带动关联产业价值提升为导向，选择生态环境效益高、实施紧迫性强、对关联产业具有较强的价值溢出的项目，开展EOD项目策划，明确项目建设内容、建设规模、技术路线、运作模式等，达到改善区域生态环境质量、促进区域产业高质量发展的目标。编制项目入库所需资料保证工作不脱节。对于申报EOD项目入库所需的实施方案及可研等相关资料均进行专业研判。其中对于环境治理问题的分析、对于产业项目的安排、对收益来源及项目整体收益与成本平衡的设计、对"环境治理与产业融合发展、一体化实施"的思路等实施方案的主要内容，是编制入库工作的重点。制定切实可行的开发及融资方案。入库之后编制真实落地的投资（合作）开发方案，明确投资开发建设过程中的各项机制和边界条件，包括项目的投融资、土地、资源开发、收益来源、资产处置、招投标等重要事项；明确项目落地过程中各类问题解决路径，包括项目的运作模式，投融资规划、交易结构、收益来源、回报机制、交易边界等，以保证项目的可落地和可实施。结合国开行等金融机构的贷款审核条件，提前做好项目的融资性测试，保证实现项目融资需求。全

---

❶ 李建涛，姚鸿韦，梅德文. 碳中和目标下我国碳市场定价机制研究［J］. 环境保护，2021，49（14）：24-29.

过程关注产业运营。生态项目与产业项目作为一个整体，由一个市场主体一体化实施，要求实施主体既懂工程，又懂后期产业布局与运营。充分考虑前期工程投入与后期运营收益的一体化，利用获得的自然资源资产使用权或特许经营权发展适宜产业，通过产业导入获得运营收入，建立长效的反哺机制，真正形成后期产业经济收入弥补前期公益性投入的一本账。

7.3　技术创新，智慧流域管控打造科技汾河

依托山西省汾河河道综合治理项目工程，构建基于物联网的汾河流域智慧管控平台，实现汾河流域的现代化智慧管控，并指导汾河流域的可持续发展，同时智慧流域管理平台可拓展、可升级，满足未来城市发展需求。

7.3.1　进行关键技术的综合应用

物联网技术助力汾河监测实时高效。将汾河流域的重点监测断面、干流源头/终点等关键节点，河道两岸作为重点监测要素所选择的区域对象，通过部署微型气象站、水文站、微型水质监测站、流量监测站、野外径流泥沙自动测量系统等监测设备，结合人工或自动测站的监测方式，并部署反馈及发布设备，基于 4G/5G 数据传输技术和物联网技术，组成精细化水环境监控网络，构建汾河流域物联网感知系统。集成式 GIS 开发技术实现智能化管控。集成式二次开发借助地理信息系统提供的组件来实现可视化智慧管控平台的开发，将汾河监测功能模块划分为多个组件，每个组件完成不同的可视化功能，重点包括 GIS 可视化技术、多源多尺度数据融合技术及空间数据库技术。

通过 GIS 可视化技术涉及地学数据内插加密、多分辨率数据表达、多维度数据显示、并行处理技术、可视化等，将汾河流域山体、河道等实现动态三维空间展示。多源多尺度数据融合技术构建空间多源多尺度数据表达模型，对多层面、多种传感器、多光谱、多尺度和多分辨率的多源空间数据进行融合、特征提取、评价分析等，实现在空间实时感知和全周期实时监测基础上的全要素的实时评估。空间数据库技术是以空间水文数据、地理数据等作为研究对象，在实现对空间数据的存储和操作的基础上进行空间分析和应用。智能模型辅助信息融合挖掘。智能模型是实现流域智慧化的大脑，通过建立 HEC‐HMS 水文模型可实现多源信息融合、分析、挖掘，为宁武县汾河流域提供决策支持，同时为智慧管控平台仿真模拟提供接口。模型通过对子流域的坡度、流域中心位置、子流域的汇流量等的计算，模拟直接径流、降水损耗、河道汇流等洪涝形成过程。

7.3.2 系统总体架构建设数字汾河系统

汾河智慧流域管控系统围绕"1＋1＋1＋3"的框架进行总体设计，即"一网、一平台、一中心和三个基础体系"。"一网"即监测感知网，建设水务信息、生态环境监测感知物联网，建设一张连通现地设备和监控中心、各应用管理单位的网络系统，实现空间内各类信息的准确、快速感知。"一平台"即智慧流域管控平台，是项目建设过程以及建成后的日常生产与运行管理平台，满足不同管理单位、不同用户的业务管理需求。"一中心"即监控管理中心，集数据采集、存储、处理和分析、运行监视等一体的综合管理中心，为用户提供多媒体浏览和集中展示等功能。"三大基础体系"即标准规范体系、运维管理体系和安全保障体系。标准规范体系是在国家相关标准规范的指导下，根据项目的实际需要制定与智慧工程有关的标准、规范及制度。

7.3.3 打造汾河流域智慧管控平台

汾河智慧流域管控平台采用 B/S＋M/S 架构，基于集成式 GIS 开发技术实现web 端和移动端的系统浏览，平台主要应用功能包括综合监管、数据管理、预警预报、视频监控、考核评估、决策支持等。可进行综合监督，以宁武县汾河流域地形图作为基础，通过互联感知网络、视频监控网络等获取到流域的河道监测断面信息、流域地块信息、水文气象站信息等，针对不同对象进行各类型信息的综合展示和详细信息查询，为应用系统提供一站式分析、展示的"仪表盘"。实现了数据综合管理，通过各监测设备所采集到的数据，基于 Hadoop 分布式计算框架，存储及管理数据，实现对数据的智能分析和计算，进一步加强对流域治理过程的监测与控制。建立了预警预报子系统，主要包括水质超标风险预警预报、水位预警预报、洪涝灾害预警预报、设备故障预警预报等，系统在获取流域气象水文数据监测结果的同时，联动智能模型发出预警预报。建立了决策支持子系统，联动智能模型，采取相应的评价标准对汾河流域进行洪涝模拟，可根据 10 年一遇、50 年一遇等作为输入条件来达到不同的仿真效果，系统在分析结果的基础上，能够预测其影响范围、空间分布特征和时间动态变化。建立了运维管理子系统，主要包括工程数据信息管理、设施设备信息管理、新增信息管理三个功能模块，实现设施设备档案的录入、归档、更新和查看，设备设施档案信息涵盖设备编码、所在位置、分类、技术参数、优先级、采购等信息。❶

---

❶ 刘晓东，王洁瑜，贾新会，侯彦峰，霍云超，胡坤. 基于物联网的汾河流域智慧管控平台研究与应用［J］. 陕西水利，2020（10）：124－126.

模式创新，工程项目管理模式组合创新

实施"PMC＋Partnering"组合管理模式，提升工程项目的工程施工质量、效率以及降低施工成本。"PMC"管理模式（即项目管理合同模式）具有管理专业化、便于实施负债型融资以及业主管理相对简单的优点，但该模式只适合应用于大型的工程项目管理，项目管理也比较困难、复杂，应用范围相对较小。"Partnering"管理模式指的是由两个或者两个以上的组织（合作者）共同合作（出资等），充分利用组合资源的优势并获得相应的商业利益的一种合作模式，该模式参与者共同组建一个工程项目管理团队，由该团队来进行项目运作，以确保共同利益目标的顺利实现。在工程项目管理中，实施"PMC＋Partnering"组合管理模式，充分发挥"PMC"能够提升项目管理水平、便于业主进行项目融资、尽可能降低项目寿命周期内的最低成本、简化业主管理成本，发挥"Partnering"管理模式的资源配置优势、团队力量优势以及共同利益驱动力量优势等，将业主与承包商之间的合作提升到战略高度，有助于达到节约资金、缩短工程项目施工周期、提升工程项目施工质量的目的。

7.4.1 树立建筑项目工程管理理念

理念创新是工程项目管理模式创新的首要条件，只有树立先进、科学的管理理念，"PMC＋Partnering"组合管理模式才能够在工程项目管理中发挥出应有的效用。一方面，业主与承包商之间诚信合作，彼此之间建立战略合作伙伴关系，树立"一荣俱荣、一损俱损"的合作意识，最大限度地促进资源的优化配置，促进工程项目管理目标的顺利实现；另一方面，以"项目管理理念"为指导，处理好各个分部项目目标间的关系，明确工程项目的阶段性目标与最终目标、成本目标与效益目标、工期目标与质量目标等，制订科学的工程项目施工、管理方案，降低工程项目管理风险。

7.4.2 创新建筑项目工程管理体制

传统模式下，工程项目管理体制基本上是建立于"项目模块化"管理基础上的，管理体制比较系统、规范，但是灵活性不足，难以适应复杂的、大型的建筑工程项目工程管理的需求。"PMC＋Partnering"组合管理模式强调业主与承包商之间的"合作"，即工程项目管理需要双方共同做出努力，这就要求必须要创新工程项目管理体制，为业主、承包商之间建立畅通、高效的沟通环境提供体制性保障，便于双方在项目投资、项目进度、项目质量等方面进行协商、沟通。在实践中，一方面，推行、实施项目管理责任制，根据工程项目的规模、复杂程度以及管理的难度大小，明确双方、各个部门的主次责任，变传统的金字塔式管理为扁平化管理，减少管理的层级，降低管理的人力资源成本与时间成本、提高管理效率，使各个部门明确知道自己的职责，从而为工程项目管理创造优越的"人为环境"；另一方面，健全工程项目管理评价指标体系，按照事先约定的事项，对工程项目实施全过程跟踪管理，针对工程项目的施工特点、要求以及"PMC＋Partnering"组合管理模式的特点，制定、完善工程项目管理评价指标体系，并赋予相应的权重，重点从质量、时间以及效益等方面对工程项目进行评价，及时、科学、恰当地进行调整，确保工程项目正常施工。

7.4.3 建立信息化、多元化管理体系

充分利用现代信息技术、计算机技术发展的成果，结合"PMC＋Partnering"组合管理模式的特点，建立信息化、多元化的项目管理体系，搭建现代化的工程项目管理平台，有助于提升工程项目管理的准确性、时效性，从而为建筑工程项目质量管理目标、成本管理目标、工期管理目标的顺利实现奠定坚实的基础。❶

7.4.4 项目策略优先，制定合作内容

明确项目目标，明确与业主之间的责任与授权，建立与业主的工作协调程序，保持 PMC 与业主项目目标的高度一致性；明确项目范围，确立变更和索赔原则；开展资源评价，包括设计院、EPC 承包商及其分包商、技术、材料、人力资源、环境、资金等；制定具有针对性的项目管理方案，包括运用赢得值原理进行进度和费用综合评估及跟踪纠偏等；主要风险和环境因素的识别及应急预案；建立项目管理组织机构，明确管理职责和分工，制定和建立 WBS，对项目进行合理分解，建立项目基础，制订项目执行计划，沟通协调程序，进行项目总体进度控制。❷

7.5 工作创新，社会资本长效合作打通机制

宁武县生态修复治理为重大生态项目，必须以政府主导为核心，市场运作为辅助。发挥政府规划引领作用，科学谋划水利发展重点领域、项目安排。遵循市场规律，完善市场规则，建立政府与社会资本利益共享、风险共担及长期合作关系。根

❶ 张红革. 建筑项目工程管理模式创新分析［J］. 江西建材，2016（2）：300.
❷ 韦新. PMC 专业化工程项目管理的作用和价值［J］. 中国勘察设计，2021（8）：16－21.

据不同类型水利项目的功能属性、投资规模、收益能力、运营管理等特性，加强政策支持和监管服务，实现水利 PPP 项目更好更快发展。加强水资源资产产权制度、水利工程产权制度、水价形成机制、水生态产品价值实现机制等改革协同，创新体制机制和投融资模式，畅通社会资本参与渠道，完善社会资本投入的合理回报机制，激发社会资本的投资活力和创新动力。❶

7.5.1　明确项目的内容和方向

（1）水资源集约节约利用。以粮食生产功能区、重要农产品生产保护区和特色农产品优势区为重点，推进大中型灌区续建配套与现代化改造，推动完善渠首水源工程、骨干渠系、计量监测等设施，开展数字灌区建设。

（2）农村供水工程建设。聚焦民生改善和乡村振兴，优化农村供水水源及工程布局，推动农村规模化供水工程建设。

（3）流域防洪工程体系建设。实施大江大河大湖干流堤防建设和河道整治，加强主要支流和中小河流治理，提高河道泄洪能力。

（4）河湖生态保护修复。山水林田湖草沙一体化保护和治理，实施汾河复苏行动，加强河湖生态治理修复；以水土流失区域为重点，实施国家水土保持重点工程，因地制宜推进生态清洁小流域建设和小水电绿色改造；深入推进地下水超采综合治理，维护河湖健康生命，让越来越多的流域重现生机。

（5）智慧水利建设。建设数字孪生流域、数字孪生水利工程，构建天、空、地一体化水利感知网和数字化场景，实现数字孪生流域多维度、多时空尺度的智慧化模拟，实现预报、预警、预演、预案功能，提高水利数字化、网络化、智能化管理水平。

7.5.2　分类选择合作模式

针对水利项目公益性强、投资规模大、建设周期长、投资回报率低的特点，结合项目实际情况，通过特许经营、购买服务、股权合作等方式，灵活采用建设—运营—移交（BOT）、建设—拥有—运营—移交（BOOT）、建设—拥有—运营（BOO）、移交—运营—移交（TOT）等模式推进水利基础设施建设运营。

（1）综合利用水利枢纽。在确保项目完整性和公益性功能发挥的前提下，结合项目实际情况，合理划分工程模块，根据各模块的主要功能和投资收益水平，采用适宜的合作方式。对防洪堤坝建设等涉及防洪的公益性模块，事关公共安全和公众

---

❶　水利部关于推进水利基础设施政府和社会资本合作（PPP）模式发展的指导意见〔J〕. 中华人民共和国国务院公报，2022（21）：38-41.

利益，以政府为主投资建设和运营管理；对水力发电、供水等经营性模块，引入社会资本投资建设运营，落实水价、电价等政策，政府和社会资本按照出资比例依法享有权益。

（2）供水、灌溉类项目。重点水源和引调水工程，通过向下游水厂等产业链延伸、合理确定供水价格等措施，保证社会资本合理收益。城乡供水一体化项目，以宁武县域为基本单元，统一供水设施运行服务标准，推广城乡供水同城、同网、同质、同价、同管理；对于分散式中小型供水工程，探索以大带小、整体打包，引入专业化供水企业或规模较大的水厂建设运营管理。对于大中型灌区建设和节水改造，应合理划分骨干工程、田间工程和供水单元，完善计量设施，积极引入社会资本参与投资运营，鼓励农民用水合作组织等受益主体投资入股。水费收入能够完全覆盖投资成本的项目，采用"使用者付费"模式；水费收入不足以完全覆盖投资成本的项目，采用"使用者付费＋可行性缺口补贴"模式；也可根据项目实际情况，在一定期限内采用"使用者付费＋可行性缺口补贴"模式，逐步过渡到"使用者付费"模式，确保工程良性运行。

（3）防洪治理、水生态修复类项目。河道治理、蓄滞洪区建设、水库水闸除险加固等防洪治理项目和河湖生态治理保护、水土保持、小水电绿色改造等水生态修复项目，在加大政府投入的同时，充分利用水土资源条件，鼓励通过资产资源匹配、其他收益项目打捆、运行管护购买服务等方式，吸引社会资本参与建设运营，提高政府投资效率和工程管理水平，有效降低工程运行维护成本。智慧水利建设，采取政府购买服务、政府授权企业投资运营等方式，调动社会资本参与建设运维的积极性。❶

7.6 路径创新，景观汾河保护转变措施

汾河流域生态景观管理是一项多部门、跨区域、多行业联合管理的重要生态保护工程需要一个系统的管理措施应通过科学规划和有效管理逐步实现"更完善的政策法规、更灵敏的感知、更系统的智能化、更全面的互通共享、更健全的应急体系、更科学的监管"的管理制度，构建跨行政区域、跨管理部门的区域联动的生态环境一体化管理模式。

---

❶ 水利部关于推进水利基础设施政府和社会资本合作（PPP）模式发展的指导意见［J］. 中华人民共和国国务院公报，2022（21）：38-41.

7.6.1　创新流域生态环境的系统性管理机制

流域水环境管理从水质、水量拓展，加强对水生态系统的监测与管理，建立全方位的水质、水量和水生态系统的综合管理体系；建立以流域为主要对象，形成水—土—气—生一体化管理的体制机制；加强跨区域、跨流域生态环境管理，实现区域流域生态环境保护统一规划、统一标准、统一环评、统一监测、统一执法。

7.6.2　细化河长制实施保障机制

完善各级河长组织架构、相关规定及配套机制，实现河长制全覆盖；加强围垦河湖、非法采砂、河道垃圾和固体废弃堆放、乱占滥用生态空间等专项整治，严格河湖执法；建立河长制信息系统，健全各项规章制度，加强组织领导和协调，明确部门及相关人员职责，严格检测排污口达标情况，建立协调机制；完善河长履职、公众监督、部门监管等工作标准化流程。

7.6.3　构建流域生态环境共治体系

建立完善流域层面的多种利益相关方参与的共管共治体系，完善生态环境信息公开和加强环境决策公众参与机制，强化政府、企业、组织共同参与的联防、联控、联治的协同机制，发挥市级水污染防治工作小组办公室、河长制办公室统筹协调调度、通报督办等职能，形成全社会共同推动生态文明建设的强大合力。

7.6.4　加强水资源开发利用管控体系建设

加强水资源调配体系建设，完善水资源统一配置和开发利用的保障机制，优化水资源配置格局，完善中水利用的管理体制和保障机制；加强地下水、泉域水资源保护与开发保障机制；并根据已划定汾河流域水资源开发利用控制红线、水功能区限制纳污红线、用水效率控制红线完善汾河"三条红线"相关政策及管理规定的实施，落实红线管控的主体责任，制定水资源和水环境红线实施的保障机制；进一步推进水资源行政审批制度改革，明确管理层级，规范审批流程，提高资源开发效率；加强流域水权管理和有偿使用管理体系，落实水资源消耗总量和强度双控管理，明确区域和行业强度的水资源承载能力，健全城乡统筹、事权清晰、职责明确、运转协调的水资源管理体制。❶

7.6.5　完善流域生态补偿机制

加快完善生态环境保护成效与财政转移资金分配相挂钩的生态补偿机制，实现

---

❶　张洁. 晋中市汾河流域水生态环境现状与对策 [J]. 山西水利，2021，37 (5)：8-10.

以水量和水质动态评估为基础，流域的上下游之间横向补偿与省级资金奖补相结合的补偿机制，健全生态保护补偿机制的顶层设计，明确生态保护补偿的领域区域、补偿标准、补偿渠道、补偿方式以及监督考核等内容。

7.6.6　完善区域联动的预警应急机制

建立汾河及上下游联动的"水资源—水环境—水生态"联合预警机制加强区域间预警应急的组织指挥、协同调度、综合保障能力；建立统一领导、扁平化管理、功能全面、反应灵敏、运转高效的环境应急综合指挥系统和突发环境事件应急监控体系，完善区域环境风险评估、环境安全隐患排查和应急响应机制，完善突发环境事件应急预案。提高流域水环境突发事件应急能力，需要建立跨区域跨部门协作机制，疏通应急机制沟通渠道。

7.7　管理创新，生态汾河机制营建提升效能

随着汾河流域治理以及生态旅游的快速发展，生态发展的威胁主体已经从过去单一的周边社区群众向更为繁多、复杂的人群过渡，包括当地政府部门、游客、开发商等。如何有效地组织这些群体，尽可能最大化地发挥社区共建共管的作用，是管理人员和参与者值得思考的问题。针对上述问题，结合其他保护区提出的管理政策，建设"五大共管体系"，即由区域共管、社区共管、旅游共管、开发共管、科研共管共同组成的共管体系。

7.7.1　实行区域共管模式

区域共管体系是流域沿线自然保护管理部门与宁武县政府及国土、民政和旅游等部门联合共管，从区域的发展与保护战略角度出发，统筹、协调保护区与区域其他部门、单位以及人员的工作与关系。区域共管的主要职责是消除当前区域社会经济发展模式对自然保护所构成的直接或间接威胁，构建区域社会经济发展与生态发展的和谐模式，确保区域经济、社会、文化和生态的可持续发展模式，其他共管工作需在区域共管的统筹下进行❶。通过开展区域共管模式，加强与政府部门之间的交流，从区域整体角度出发，制定区域经济发展与流域治理事业的可持续发展政策，解决好流域治理与周边社区、开发商等之间存在的矛盾，引导企业合理利用、开发保护区资源。区域共管的主要任务：①制定整体区域长远的社会、经济和保护区事业和谐发展战略；②统筹、指导其他共管机构的日常工作，协调各部门、各领域、

❶　张晨光. 太宽河国家级自然保护区共建共管体系初探 [J]. 农业技术与装备，2021 (12)：68-69.

各行业之间的利益关系，解决各部门之间存在的矛盾；③建立沟通、评估和监督机制。

7.7.2 推广社区共管机制

社区共管体系主要由保护区及其周边社区的政府、机构和居民组成，是流域治理事业的直接参与者，其主要任务是寻求一条社区社会经济发展和流域治理协调共赢的道路。通过引导社区群众参与流域治理工作，协助工作，将社区群众从保护工作的威胁因素转变为主要的保护因素。社区共管在一定程度上通过引入资金和技术，引导居民开展多种经营，减少社区群众对自然资源的高度依赖性，改变了传统的粗放和单一的利用方式；另外，通过引导居民加入到保护行列当中，有利于保护管理工作顺利开展。社区共管的主要工作是：①拟定保护区与周边社区社会经济可持续发展策略；②协调保护区与周边社区工作，让周边居民参与资源的保护，妥善处理好他们之间可能出现的矛盾；③通过引入资金和技术，积极引导居民寻求新的就业、致富道路。

7.7.3 试行旅游共管策略

旅游共管体系由保护区与当地旅游主管部门等相关部门、旅游活动经营者、旅游者共同组成，其主要职责是合理开展生态旅游项目，减少不必要的生态破坏，真正做到绿色旅游。旅游共管着眼于寻求流域与周边生态旅游的协调性发展，在带动当地旅游经济发展的同时，能够最大限度地减少旅游活动对当地生态造成的破坏，使保护区的旅游活动走向有序化和可持续性。其主要工作是：①合理规划生态旅游路线，降低旅游活动对重点、敏感区的破坏；②定期开展资源保护宣讲活动，让游客意识到保护资源的迫切性及重要性，自觉地加入到保护行列；③建立旅游活动对当地生态系统影响的评价和监督体系。

7.7.4 创新建立开发共管模式

开发共管体系主要由治理部门与资源开发商、科研单位及社区共同组成，其主要职责是对流域内的可利用资源进行合理有效的开发，提高资源的利用效率，挖掘资源的潜在价值，为周边地区的经济发展注入新的活力。通过专家认证与指导，对资源的潜在价值开展科研攻关，开拓新的资源市场。通过开发商投资引入新的技术，社区居民以自行承包、种植、养殖等方式参与社区项目的建设，带动社区群众搞好社区项目的实施，增加农户的经济收入。其主要工作是：①合理开发、研制有价值的资源及其相关产品；②通过投资和新技术，带动周边居民开展多种绿色经营模式。

7.7.5 实行科研共管模式

科研共管体系主要由治理部门与高校、科研单位及周边社区共同组成，其主要职责是对流域内的野生动植物资源、旅游资源、生物多样性、生态系统价值等进行科学、系统的考察、监测与研究。科研共管主要着眼于流域生态的保护事业，通过与高校和科研单位合作，对流域的资源动态进行监测，为流域治理的政策、管理等方面提供科学的理论依据，同时培养一批素质过硬、专业能力强的队伍。其主要工作是：①开展有关野生动植物资源普查与监测；②开展相关的生物多样性保护、野生动植物抚育、繁殖以及生态系统价值等方面的研究。

7.8 体系创新，创新流域管控体系建设

7.8.1 建立流域生态空间管控标准

建立流域生态空间管控的政策法规与标准。加快构建与不同生态功能区发展相适应的区域政策法规，完善生态空间管控配套制度和政策，制定汾河流域生态空间管理条例；以生态空间等级为导向，以污染物排放标准与生态环境保护标准为依据，构建全面、科学、严格的生态空间管控体系，强化生态空间司法保护，推进生态空间与环境资源审判专门化建设。

7.8.2 完善流域生态空间管控体制

按照统一的管理机构、规范的管理制度、高效的管理模式职责，在现有的自然资源厅（局）现有管理部门的基础上，完善汾河流域生态空间管控体系，形成统一的规划权，确保流域生态空间管控的整体部署与建设，明确省、市、县等相关部门的权责，把河岸带空间管控纳入到河长制管理方案中，构建完整统一的行政执法体系。

7.8.3 建立流域水陆统筹监管机制

在流域生态空间功能分类的基础上，构建以流域为基础的水生态空间管控制度，建设生态空间分级管控体系，强化三级生态管控空间管理制度和管理模式，完善流域生态空间遥感和实地监测方案，划定并严守生态保护红线，完善汾河流域相关政策及管理规定，制定生态空间保护红线环境准入正面清单、负面清单管理方法，落实红线管控的主体责任，制定流域生态空间管控的保障机制。

7.8.4　建立流域生态环境绩效评价体系

（1）流域生态环境监管、执法体系建设，创新全面集成网格化管理、多源大数据融合、视频识别分析、水环境治理多场景动态感知物联网等技术建成"天、地、水"一体化的全流域"互联网＋"监管体系，实现工程多视角、多维度、多方位的立体可视化监管，构建智能化监管体系，实现水环境治理智能化管控。❶ 全面梳理汾河流域执法职责，制定权力清单、责任清单，整合执法部门、执法职能，组建生态环境保护综合行政执法队伍，开展综合执法和联动执法行动，落实执法保障，强化执法部门队伍建设，运用新的技术手段、信息手段，创新执法监管方式，发挥公众和社会监督作用，实现汾河流域的水环境、水生态执法的联动化、综合化、严格化、智能化，坚持执法、监督、保障一体化建设。

（2）实施流域生态治理绩效评价考核和责任追究机制。建立基于流域大数据的治理绩效评估体系，以省级政府为主导，在汾河流域建立以工作规则、绩效考核、责任追究为主体的工作制度，逐级分解任务，层层压实责任，构建横向到边、纵向到底的省、市、县、乡、村五级责任体系，逐步构建完善环保信用评价等级，实现跨部门联合奖惩，强化环保信用的约束能力。

7.8.5　建立流域生态体系运行管理体系

建设智慧化生态体系评估标准，以绩效评价结果倒逼落实，打造精准治理、有效监管、多方协作的环境治理新模式。

（1）建立流域工程运营运维服务平台对内运维管理。

1）设备设施管理：基于物联网及互联网技术，完成全流域设备设施上网联网，实现设备设施的状态监测和故障诊断。

2）站点信息管理流域范围内站点、水利基础设施的基本信息管理。

3）巡河管理：河长制、企业河长制等基本信息管理；人员调配、日常巡河、问题反馈及处理的信息化管理。

4）流域工程管理，流域范围内工程信息、清单、图纸等资料的智能化管理。

5）河湖档案管理，流域"一张图"实现地图数据与业务管理数据、在线监测数据的可视化融合展示、空间分析和专题分析。

（2）提升对外运营服务水平。

1）平台公告管理，对平台公告的管理。

2）公众互动管理，公众游览留言审核、回复及管理；公众针对流域问题上报的

---

❶　张洁. 晋中市汾河流域水生态环境现状与对策 ［J］. 山西水利，2021，37（5）：8－10.

审核、回复及管理。

3）信息共享与发布管理，相关数据的共享申请和管理；相关事务和新闻、紧急事件对外发布管理。

4）制度文件管理，流域范围内相关制度文件的额增删改查。

5）对外业务审批，实现流域范围相关项目管理、下河管理等在线审批业务。

6）在线生活服务 Web 和 APP 等多终端平台，提供面向公众的流域景区查询、路线导航、在线购票、电子商务、金融等服务。

后　记

　　生态兴则文明兴，生态衰则文明衰，推动实现人与自然和谐共生的现代化是关乎中华民族永续发展和推进中华民族伟大复兴的根本大计，是推进中国式现代化进程中的重要目标。开展山水林田湖生态保护修复是生态文明建设的重要内容，是贯彻绿色发展理念的有力举措，是破解生态环境难题的必然要求，是构建国家安全体系的基础性措施，关系生态文明建设和美丽中国建设进程，关系国家生态安全和中华民族永续发展。

　　宁武县汾河流域山水林田湖草生态保护修复在充分挖掘流域特征及生态环境问题的基础上，识别重点修复区域，针对水土流失形势严峻、水污染防治不足、水源涵养能力有待提升、农田生态系统脆弱、干流沿线生态环境脆弱等问题，坚持整体性原则，从维护流域生态格局完整性入手，开展流域生态系统的整体保护、系统修复、综合治理，坚持系统性原则，协调山、水、林、田、湖、草六大生态要素，统筹山水林田湖草系统治理，以打造生命共同体为目标，分类分项提出治理方案，统筹"修山、治水、育林、护田、蓄湖、复草"六大措施，从而构建"山青、水碧、林郁、田沃、湖美、草绿"的生态格局。

　　展望未来，构建人与自然和谐的生命共同体任重而道远，宁武县仍将持续推进山水林田湖草系统治理工程，本书以宁武县试点工程为样板，总结实践经验，创新绿色发展模式，加快发展方式绿色转型，持续深入打好蓝天、碧水、净土保卫战，提升生态系统多样性、稳定性、持续性，推动经济社会发展绿色化、低碳化，持续推进生态效益向经济效益的转化，使经济发展与生态环境提升实现良性互动，使生态文明建设向更高层次迈进，构建新发展格局，实现高质量发展。

　　本书由中国电建集团西北勘测设计研究院有限公司组织编写，编写人员多次深入宁武现场开展实地调研、征求相关部门和专家意见和建议，力求本书在理论性、实践性、创新性、典型性、实用性等方面有所突破。本书编写过程中得到了宁武县人民政府、宁武县山水林田湖草生态保护修复项目指挥部、宁武县汾河治理事务中心、宁武县水利局等多个部门和领导的大力支持，在此表示感谢。由于编写时间仓促、资料收集不尽全面，分析总结仍有欠缺，书中难免有错误之处，恳请批评指正。

编　者

2023 年 8 月

参 考 文 献

［1］ 习近平. 高举中国特色社会主义伟大旗帜　为全面建设社会主义现代化国家而团结奋斗——在中国共产党第二十次全国代表大会上的报告［J］. 中华人民共和国国务院公报，2022（30）：4－27.

［2］ 习近平. 决胜全面建成小康社会　夺取新时代中国特色社会主义伟大胜利——在中国共产党第十九次全国代表大会上的报告［J］. 党建，2017（11）：15－34.

［3］ 习近平. 在黄河流域生态保护和高质量发展座谈会上的讲话［J］. 中国水利，2019（20）：1－3.

［4］ 习近平. 努力建设人与自然和谐共生的现代化［J］. 环境与可持续发展，2022，47（2）：4－8.

［5］ 习近平. 弘扬人民友谊　共创美好未来［N］. 人民时报，2013－09－08（3）.

［6］ 中共中央文献研究室. 习近平关于社会主义生态文明建设论述摘编［M］. 北京：中央文献出版社，2017.

［7］ 习近平. 决胜全面建成小康社会　夺取新时代中国特色社会主义伟大胜利［N］. 人民日报，2017－10－28（001）.

［8］ 习近平. 论坚持深化改革［M］. 北京：中央文献出版社，2018.

［9］ 山西省水利厅. 汾河志［M］. 太原：山西人民出版社，2006.

［10］ 寻乌县发展和改革委员会. 山水林田湖草生命共同体建设——寻乌县生态文明试验区建设的实践与探索［M］. 北京：学习出版社，2019.

［11］ 董哲仁. 生态水利工程原理与技术［M］. 北京：中国水利水电出版社，2007.

［12］ 陈俊. 实用地理信息系统［M］. 北京：科学出版社，1998.

［13］ 刘谟炎. 人与自然和谐共生——山水林田湖草生命共同体建设的理论与实践［M］. 北京：人民出版社，2019.

［14］ 内蒙古乌梁素海流域投资建设有限公司，上海同济工程咨询有限公司. 人与自然的和解：以乌梁素海为例的山水林田湖草沙生态保护修复试点工程技术指南［M］. 北京：中国环境出版集团，2020.

［15］ 张修玉，施晨逸，杨子仪. 中国西部边疆少数民族山水林田湖草生态保护修复的方法与思路：以西双版纳傣族自治州为例［M］. 北京：中国环境出版集团，2019.

［16］ 董哲仁，等. 河流生态修复［M］. 北京：中国水利水电出版社，2013.

［17］ 王浩. 流域综合治理理论、技术与应用［M］. 北京：科学出版社，2020.

［18］ 刘冬梅. 生态修复理论与技术［M］. 哈尔滨：哈尔滨工业大学出版社，2017.

［19］ 刘家宏，王浩，秦大. 山西省水生态系统保护与修复研究［M］. 北京：科学出版

社，2014.

[20] 林俊强，彭期冬，等．河流栖息地保护与修复［M］．北京：中国水利水电出版社，2018.

[21] 蒋屏，董福平．河道生态治理工程：人与自然和谐相处的实践［M］．北京：中国水利水电出版社，2003.

[22] 张学峰，等．湿地生态修复技术及案例分析［M］．北京：中国环境出版集团，2022.

[23] 苏慧慧．山西汾河流域公元前730年至2000年旱涝灾害研究［D］．西安：陕西师范大学，2010.

[24] 黄玉宝．基于景观指数的小流域形态下区划方法研究［D］．太原：太原理工大学，2012.

[25] 郭靖凯．区域生态保护修复视角下静乐县土地利用结构优化研究［D］．北京：中国地质大学，2019.

[26] 白钰．山西芦芽山自然保护区生物多样性保护修复策略研究［J］．科技风，2021（26）：124－126.

[27] 王鹏．汾河流域生态环境质量评价与分析［D］．太原：太原理工大学，2011.

[28] 李鹏．汾河上游径流时间序列成分分析和特性研究［D］．太原：太原理工大学，2012.

[29] 韩冬．基于云服务技术的水资源管理时态GIS的研究［D］．太原：太原理工大学，2013.

[30] 张景．汾河流域下游防洪能力分析与对策研究［D］．太原：太原理工大学，2016.

[31] 杨金龙．汾河流域经济空间分异与可持续发展研究［D］．太原：山西大学，2012.

[32] 辛冲．汾河下游河道生境水力参数数值模拟［D］．太原：太原理工大学，2013.

[33] 王威．历史时期山西汾河流域水稻种植变迁研究［D］．南京：南京农业大学，2019.

[34] Blahnik T，Day J．The effects of varied hydraulic and nutrient loading rates on water quality and hydrologic distributions in a natural forested treatment wetland［J］．Wetlands，2000，20（1）：48－61.

[35] 董哲仁．生态水利工程原理与技术［M］．北京：中国水利水电出版社，2007.

[36] 王文君．国内外河流生态修复研究进展［J］．水生态学杂志，2012，33（4）：142－146.

[37] 王薇，李传奇．河流廊道与生态修复［J］．水利水电技术，2003，34（9）：56－58.

[38] 董哲仁．生态水工学的理论框架［J］．水利学报，2003，34（1）：1－6.

[39] 石瑞花．河流功能区划与河道治理模式研究［D］．大连：大连理工大学，2008.

[40] 袁和第．黄土丘陵沟壑区典型小流域水土流失治理技术模式研究［D］．北京：北京林业大学，2020.

[41] 钱逸颖．基于水足迹的区域水资源保护策略研究［D］．上海：上海交通大学，2019.

[42] 李海军．汾河流域生态修复可行性研究［J］．山西水利，2016（11）：5－6.

[43] 张春燕．北京市典型废弃矿山生态修复模式研究［D］．北京：北京林业大学，2019.

[44] 王鑫，王宗礼，陈建徽，刘建宝，王海鹏，张生瑞，许清海，陈发虎．山西宁武天

池区高山湖泊群的形成原因 [J]. 兰州大学学报（自然科学版），2014，50（2）：208－212.

[45] 田民，王育新. 生物多样性保护现状及发展趋势 [J]. 河北林果研究，2008，23（4）：407－409.

[46] 陶晶. 云南哈巴雪山自然保护区生物多样性及保护研究题名 [D]. 北京：中国林业科学研究院，2010.

[47] 彭邦良. 生物多样性研究综述 [J]. 绿色科技，2014（11）：242－244.

[48] 李春宁. 陕西省牛背梁国家级自然保护区生物多样性及其保护研究 [D]. 咸阳：西北农林科技大学，2006.

[49] 滕海键. 1972 年美国《联邦水污染控制法》立法焦点及历史地位评析 [J]. 郑州大学学报（哲学社会科学版），2016（5）：121－128.

[50] AYZ，BXJ，BYL，et al. Project for controlling non－point source pollution in Ningxia Yellow River irrigation region based on Best Management Practices [J]. Journal of Northwest A & F University（Natural Science Edition），2011，39（7）：171－176.

[51] 王小伟，王卫，单永娟，等. 我国经济发展与大气污染物排放的关系研究——基于全国第一次污染源普查数据的实证分析 [J]. 生态经济（中文版），2016，32（5）：165－169.

[52] 刘邵伟. 丰乐河典型小流域农业面源污染分析与治理效果评价 [D]. 合肥：安徽农业大学，2020.

[53] 杨会改，罗俊，刘春莉，等. 湖库型乡镇饮用水水源地非点源污染控制研究 [J]. 中国农村水利水电，2014（11）：63－67

[54] 何敏. 成都市小流域水环境治理模式和经验研究 [J]. 环境科学与管理，2013，38（2）：1－4.

[55] 万君. 长三角地区农业面源污染治理存在的问题及对策 [D]. 合肥：安徽农业大学，2017.

[56] 鞠昌华，朱琳，朱洪标，孙勤芳. 我国农村生活垃圾处置存在的问题及对策 [J]. 安全与环境工程，2015，22（4）：99－103.

[57] 庄长伟，修晨，张荣京，张晓露. 广东南岭生物多样性保护优先区域规划建设策略 [J]. 林业调查规划，2021，46（3）：167－170，177.

[58] 晋京串. 山西水土保持生态建设模式研究 [D]. 咸阳：西北农林科技大学，2005.

[59] 赵倩. 基于生态恢复的河流湿地建设与评价研究 [D]. 大连：大连理工大学，2013.

[60] 代婷婷，刘加强. 城市河道生态治理与环境修复研究 [J]. 中国资源综合利用，2021，39（6）：186－188，192.

[61] 刘晓东，郭劲松，赵鹏宇. 山西宁武天池水量衰减分析 [J]. 工程勘察，2016（6）：47－50.

[62] 张建萍. 浅析山西省矿山环境地质问题的基本特征及主要类型 [J]. 华北国土资源，2004（3）：38－40.

[63] 胡锴，樊娟. 山西省矿山环境地质问题及其防治对策研究 [J]. 地下水，2010，32 (1)：146-148.

[64] 宋凯. 论山西矿山生态环境现状及治理 [J]. 吕梁高等专科学校学报，2010，26 (4)：90-91，94.

[65] 鞠昌华，朱琳，朱洪标，孙勤芳. 我国农村生活垃圾处置存在的问题及对策 [J]. 安全与环境工程，2015，22 (4)：99-103.

[66] 罗敏，闫玉茹. 基于生态保护与修复理念的海洋空间规划的思考 [J]. 城乡规划，2021 (4)：11-20.

[67] 刘亚文. 生态产业化与产业生态化协同发展研究 [J]. 环球市场，2020 (5)：26.

[68] 刘晓东，王洁瑜，贾新会，侯彦峰，霍云超，胡坤. 基于物联网的汾河流域智慧管控平台研究与应用 [J]. 陕西水利，2020 (10)：124-126.

[69] 白钰，曹媛，刘战平. 山西宁武县汾河流域山水林田湖草生态保护修复思路与实践 [J]. 西北水电，2020 (S2)：16-21.

[70] 李小燕，杨永利. 浅谈坡改梯工程在流域治理中的地位和作用 [J]. 陕西水利，2008 (S2)：139-140.

[71] 聂兴山，王志坚，赵昌亮，王小云，王静杰，刘一乐. 山西省黄土残塬沟壑区"固沟保塬"综合治理规划研究 [J]. 山西水土保持科技，2019 (2)：1-8，15.

[72] 陈文辉. 汾河河源保护规划浅析 [J]. 山西水利，2016 (11)：7-8.

[73] 金子，李怡庭，李青山. 浅淡中国水资源与可持续发展 [J]. 东北水利水电，2001 (11)：9-10.

[74] 杜丽艳. 汾河流域生态修复理念及思路探析 [J]. 山西水利，2017 (1)：16-17.

[75] 张松涛，辛瑞刚，龚艳. 龙子祠泉水源地现状和保护措施研究 [J]. 山西水土保持科技，2021 (4)：45-48.

[76] 刘文利，代进，张俊栋. 水源地水质监控预警体系的建立 [J]. 工业安全与环保，2011，37 (3)：15-16.

[77] 张小翌，王德明，杨雪花. 平朔东露天矿不同特性火区的针对性治理方法研究 [J]. 中国煤炭，2018，44 (9)：92-96，116.

[78] 苏彦兵. 山西柳湾煤矿矿山地质环境评价与治理研究 [D]. 太原：太原理工大学，2020.

[79] 郝排山，郝金玉. 山西省忻州市绿色矿山创建与实践 [J]. 资源信息与工程，2020，35 (1)：43-45，48.

[80] 刘建宝. 山西公海记录的末次冰消期以来东亚夏季风演化历史及其机制探讨 [D]. 兰州：兰州大学，2015.

[81] 朱大岗，孟宪刚，邵兆刚，等. 山西宁武地区高山湖泊全新世湖相地层划分及干海组的建立 [J]. 地质通报. 2006 (11)：1303-1310.

[82] 叶碎高，王帅，韩玉玲. 近自然河道植物群落构建及其对生物多样性的影响 [J]. 水土保持通报，2008 (5)：108-111，147.

［83］ 王晶，聂学军，杨伟超. 南水北调西线工程区植被恢复途径与方法研究［J］. 中国人口·资源与环境，2013，23（S1）：188－191.

［84］ 王天社，王博. 提高飞播造林成效的关键措施［J］. 现代农业科技，2013（22）：165，178.

［85］ 辛玉春. 青海天然草地退化与治理技术［J］. 青海草业，2014，23（4）：44－49.

［86］ 李俊生，高吉喜，张晓岚，徐靖. 贵清山自然保护区生物多样性现状和可持续发展对策［J］. 环境科学研究，2006（3）：41－45.

［87］ 王诗慧. 盘锦双台河口湿地生物多样性的调查与保护的研究［D］. 大连：大连海事大学，2015.

［88］ 金昆. 丘陵地区农业基础设施建设模式探讨［J］. 北京农业，2015（9）：267－268.

［89］ 陈波. 乡村污染问题及治理措施［J］. 中国资源综合利用，2021，39（1）：162－164.

［90］ 黄淑文. 微生物菌剂对有机肥的发酵作用试验［J］. 蔬菜，2013（8）：27－28.

［91］ 刘强，王学江，陈玲. 中国村镇水环境治理研究现状探讨［J］. 中国发展，2008（2）：15－18.

［92］ 徐威杰，陈晨，张哲，邵晓龙，张晓惠，张彦. 基于重要生态节点独流减河流域生态廊道构建［J］. 环境科学研究，2018，31（5）：805－813.

［93］ 刘勇. 走产业生态化与生态产业化协同发展之路［N］. 学习时报，2020－12－09.

［94］ 余东华. 将黄河三角洲打造成大江大河生态保护治理的重要标杆：战略任务与主要路径［J］. 理论学刊，2022（6）：129－138.

［95］ 张鹏，欧镜锋，侯昌明，等. 全过程工程咨询服务模式的创新研究［J］. 华东科技，2023（10）：62－64.

［96］ 陈婉. "PPP＋EOD" 创新城市可持续发展新模式［J］. 环境经济，2021（15）：26－29.

［97］ 李建涛，姚鸿韦，梅德文. 碳中和目标下我国碳市场定价机制研究［J］. 环境保护，2021，49（14）：24－29.

［98］ 张红革. 建筑项目工程管理模式创新分析［J］. 江西建材，2016（2）：300.

［99］ 韦新. PMC 专业化工程项目管理的作用和价值［J］. 中国勘察设计，2021（8）：16－21.

［100］ 张洁. 晋中市汾河流域水生态环境现状与对策［J］. 山西水利，2021，37（5）：8－10.

［101］ 张晨光. 太宽河国家级自然保护区共建共管体系初探［J］. 农业技术与装备，2021（12）：68－69.

［102］ 杨钰. 为了一泓清水入黄河——山西坚决打赢汾河流域治理攻坚战［N］. 光明日报，2020－08－05.

［103］ 刘晓东，霍云超，王洁瑜. 基于 HEC－HMS 的汾河流域智慧管控平台探究［J］. 陕西水利，2020（12）：156－158.

［104］ 水利部关于推进水利基础设施政府和社会资本合作（PPP）模式发展的指导意见［J］. 中华人民共和国国务院公报，2022（21）：38－41.